国家制造业信息化
三维 CAD 认证规划教材

工业品设计实例精解

——基于 Pro/E

主　编　田卫军　兰贤辉
副主编　李　郁　侯　伟　何扣芳

北京航空航天大学出版社

内容简介

本书详细介绍了 Pro/E Wildfire 4.0 中文版软件在工业品设计当中的应用，主要讲解了工业品的建模方法和思路。包括常规工业品模型(例如烟灰缸、跳棋盘、风扇叶片、吸尘器、手机壳、咖啡壶、雨伞等)，典型复杂工业品模型(例如轮胎、帽子、玫瑰花、花篮、八爪鱼、汽车、金鱼、戒指和直升机等)。

本书详细介绍了模型设计的相关知识，内容紧密与行业结合，包含了机械行业的大部分工业品的设计，内容新颖实用，实例丰富，可供机械、模具、工业设计等领域的工程技术人员以及 CAD/CAM 研究与应用人员参阅，尤其适用于需要全面掌握和使用 Pro/E 软件进行工业品设计的读者。

本书所有实例的源文件已上传至北京航空航天大学出版社网站的"下载中心"供读者免费下载。

图书在版编目(CIP)数据

工业品设计实例精解：基于 Pro/E / 田卫军，兰贤辉主编. -- 北京：北京航空航天大学出版社，2010.5
ISBN 978-7-5124-0000-9

Ⅰ.①工… Ⅱ.①田…②兰… Ⅲ.①工业产品—计算机辅助设计—应用软件，Pro/ENGINEER Wildfire 4.0
Ⅳ.①TB472-39

中国版本图书馆 CIP 数据核字(2010)第 007256 号

版权所有，侵权必究。

工业品设计实例精解
——基于 Pro/E

主　编　田卫军　兰贤辉
副主编　李　郁　侯　伟　何扣芳

责任编辑　胡　敏

*

北京航空航天大学出版社出版发行

北京市海淀区学院路 37 号(邮编 100191)　http://www.buaapress.com.cn
发行部电话：(010)82317024　传真：(010)82328026
读者信箱：bhpress@263.net　邮购电话：(010)82316936
涿州市新华印刷有限公司印装　各地书店经销

*

开本：787×1 092　1/16　印张：23.25　字数：595 千字
2010 年 5 月第 1 版　2010 年 5 月第 1 次印刷　印数：4 000 册
ISBN 978-7-5124-0000-9　定价：39.50 元

本书编写委员会

顾　　问：魏生民　任军学
主　　编：田卫军　兰贤辉
副 主 编：李　郁　侯　伟　何扣芳
编　　委：潘天丽　田静云　宋佳佳
　　　　　陈　荣　王　婷　李　燕
　　　　　王引卫　董军峰　杜　馨
　　　　　张淑鸽　李文燕　殷　锐
　　　　　李文燕　雷　玲　李建勇

前 言

Pro/Engineer 是一套由设计延伸至生产的机械自动化软件,是新一代的产品造型系统,是一个参数化、基于特征的实体造型系统,并且具有单一数据库功能。它集 CAD/CAM/CAE 功能为一体,覆盖了产品的全生命周期——从概念设计、产品开发、功能分析到制造仿真等。该软件在航天、航空、汽车和机械等工业领域得到了广泛应用。

本书旨在为 Pro/E 用户提供一个坚实的 CAD 基础,内容从使用者的角度出发,通过融经验、技巧于一体的典型实例讲解,系统介绍了 Pro/E Wildire 4.0 工业品建模的主要功能以及进行设计的一般方法和过程。

一本好的书可以成为读者的良师益友,成为读者迈向成功的阶梯,而选择一本好的书需要去与同类书比较,只有比较,才有更好。编者适时根据读者需要,结合自己多年教学、培训与实践经验,以典型案例为主,编写了本书,以求对读者有所帮助。

本书和市场上同类书相比主要有以下特点:

第一,内容丰富、全面。

本书包括 39 个案例,主要有:烟灰缸、树叶、冰激凌、楼梯、跳棋盘、檀香扇、水龙头、风扇叶片、手机壳、吹风机、帽子、轮胎、花篮、玫瑰花、直升机和汽车类等模型的建模,案例全部来源于工程实践,内容全面翔实,能满足不同读者的需要。

第二,内容由浅至深,循序渐进。

本书案例的安排遵循由易到难、层次分明、循序渐进的原则,符合人的逻辑思维,可使读者的设计水平在不知不觉中已有了质的飞跃。

第三,讲解详尽,如师亲临。

本书编者适时根据读者需要,结合自己多年教学、培训与实践经验编写了本书,所以讲解十分详尽,逻辑性强,绝大多数步骤都配有图片说明,内容有实体建模、曲面建模以及混合建模,全面综合运用了各种建模的方法,使用此书犹如老师手把手教导。

第四,服务超值。

对于本书每一个案例的源文件,读者可从北京航空航天大学出版社网站的"下载中心"免费下载,使读者得以牢固掌握 Pro/E 工业品设计的一般性方法,最终实现独立解决实际工程问题的目的。

全书由西北工业大学明德学院田卫军、西部超导材料科技有限公司兰贤辉和3D动力张安鹏主编,李郁、侯伟、何扣芳任副主编,陈荣、田静云、宋佳佳、王婷、李燕、张淑鸽、殷锐、李文燕、李建勇、杨振朝和王引卫等参与了部分章节的编写。其他编写人员还有龙燕、董军峰和韩严强等。

由于作者水平有限,对于书中存在的疏漏之处,望各位读者给予指正,作者在此深表感谢。

编 者

2010年4月

目 录

案例 1　烟灰缸建模 ··· 1

    1.1　模型分析 ··· 1

    1.2　创建烟灰缸 ·· 1

    1.3　简单渲染 ··· 5

案例 2　树叶建模 ··· 6

    2.1　模型分析 ··· 6

    2.2　创建树叶 ··· 6

    2.3　简单渲染 ·· 10

案例 3　冰激凌建模 ··· 11

    3.1　模型分析 ·· 11

    3.2　创建冰激凌 ··· 11

    3.3　简单渲染 ·· 14

案例 4　楼梯建模 ··· 16

    4.1　模型分析 ·· 16

    4.2　创建楼梯 ·· 16

    4.3　简单渲染 ·· 26

案例 5　跳棋棋盘建模 ··· 27

    5.1　零件分析 ·· 27

    5.2　创建跳棋棋盘 ·· 27

    5.3　简单渲染 ·· 36

案例 6　扇子建模 ··· 37

    6.1　模型分析 ·· 37

    6.2　创建扇子模型 ·· 37

    6.3　简单渲染 ·· 44

案例 7　水龙头旋钮建模 ·· 45

    7.1　模型分析 ·· 45

    7.2　创建水龙头旋钮 ··· 45

7.3 简单渲染 ·· 53

案例 8　多叶风扇建模 ·· 55
   8.1 模型分析 ·· 55
   8.2 创建风扇 ·· 55
   8.3 简单渲染 ·· 59

案例 9　移动电话建模 ·· 60
   9.1 模型分析 ·· 60
   9.2 创建移动电话 ·· 60
   9.3 简单渲染 ·· 67

案例 10　充电器建模 ·· 68
   10.1 模型分析 ·· 68
   10.2 创建充电器 ·· 68
   10.3 简单渲染 ·· 75

案例 11　咖啡壶建模 ·· 76
   11.1 模型分析 ·· 76
   11.2 创建咖啡壶 ·· 76
   11.3 简单渲染 ·· 79

案例 12　吸尘器建模 ·· 81
   12.1 模型分析 ·· 81
   12.2 创建吸尘器 ·· 81
   12.3 简单渲染 ·· 86

案例 13　显示器外壳建模 ·· 87
   13.1 模型分析 ·· 87
   13.2 创建显示器外壳 ·· 87
   13.3 简单渲染 ·· 93

案例 14　吹风机建模 ·· 94
   14.1 模型分析 ·· 94
   14.2 创建吹风机 ·· 94
   14.3 简单渲染 ·· 100

案例 15　沐浴露瓶建模 ·· 101
   15.1 模型分析 ·· 101

15.2 创建沐浴露瓶 ·· 101
15.3 简单渲染 ·· 108

案例 16 玫瑰花建模 ·· 109

16.1 模型分析 ·· 109
16.2 创建玫瑰花 ·· 109
16.3 简单渲染 ·· 118

案例 17 轮胎建模 ·· 120

17.1 模型分析 ·· 120
17.2 创建轮胎 ·· 120
17.3 简单渲染 ·· 129

案例 18 帽子建模 ·· 130

18.1 模型分析 ·· 130
18.2 创建帽子 ·· 130
18.3 简单渲染 ·· 137

案例 19 花篮建模 ·· 139

19.1 模型分析 ·· 139
19.2 创建花篮 ·· 139
19.3 简单渲染 ·· 154

案例 20 戒指建模 ·· 156

20.1 模型分析 ·· 156
20.2 创建戒指 ·· 156
20.3 简单渲染 ·· 171

案例 21 金元宝建模 ·· 172

21.1 模型分析 ·· 172
21.2 创建金元宝 ·· 172
21.3 简单渲染 ·· 173

案例 22 田螺建模 ·· 174

22.1 模型分析 ·· 174
22.2 创建田螺 ·· 174
22.3 简单渲染 ·· 176

案例 23 玩具八爪鱼建模 ... 177
23.1 模型分析 ... 177
23.2 创建玩具八爪鱼 ... 177
23.3 简单渲染 ... 182

案例 24 雨伞建模 ... 183
24.1 模型分析 ... 183
24.2 创建雨伞 ... 183
24.3 简单渲染 ... 186

案例 25 拖鞋建模 ... 187
25.1 模型分析 ... 187
25.2 创建拖鞋 ... 187
25.3 简单渲染 ... 191

案例 26 座椅建模 ... 192
26.1 模型分析 ... 192
26.2 创建座椅 ... 192
26.3 简单渲染 ... 197

案例 27 女士鞋建模 ... 198
27.1 模型分析 ... 198
27.2 创建女士鞋 ... 198
27.3 简单渲染 ... 207

案例 28 排球建模 ... 208
28.1 模型分析 ... 208
28.2 创建排球 ... 208
28.3 简单渲染 ... 213

案例 29 大众汽车建模 ... 214
29.1 模型分析 ... 214
29.2 创建大众汽车 ... 214
29.3 简单渲染 ... 221

案例 30 浴缸建模 ... 222
30.1 模型分析 ... 222
30.2 创建浴缸 ... 222

| 30.3 | 简单渲染 | 231 |

案例 31 鼠标建模 232

31.1	模型分析	232
31.2	创建鼠标	232
31.3	简单渲染	241

案例 32 打火机建模 242

32.1	模型分析	242
32.2	创建打火机	242
32.3	简单渲染	254

案例 33 眼药水瓶建模 256

33.1	模型分析	256
33.2	创建眼药水瓶	256
33.3	简单渲染	271

案例 34 台灯建模 272

34.1	模型分析	272
34.2	创建台灯	272
34.3	简单渲染	282

案例 35 玩具小鸡建模 283

35.1	模型分析	283
35.2	创建玩具小鸡	283
35.3	简单渲染	290

案例 36 玩具鲸鱼建模 291

36.1	模型分析	291
36.2	创建鲸鱼	291
36.3	简单渲染	300

案例 37 直升机建模 301

37.1	模型分析	301
37.2	创建直升机	301
37.3	简单渲染	329

案例 38 玩具乌龟汽车建模 330

| 38.1 | 模型分析 | 330 |

38.2 创建玩具乌龟汽车 …………………………………… 330
38.3 简单渲染 …………………………………………… 350

案例 39　鲤鱼建模 …………………………………………… 352

39.1 模型分析 …………………………………………… 352
39.2 创建鲤鱼 …………………………………………… 352
39.3 简单渲染 …………………………………………… 359

案例 1　烟灰缸建模

1.1　模型分析

烟灰缸的外形如图 1-1 所示,由缸壁、缸底和烟槽等基本结构特征组成。
烟灰缸的建模的具体操作步骤如下:
① 创建拉伸特征。
② 创建拔模特征。
③ 创建抽壳特征。
④ 创建切槽特征。
⑤ 创建倒圆角特征。
⑥ 简单渲染。

图 1-1　烟灰缸模型

1.2　创建烟灰缸

(1) 新建文件

启动 Pro/E Wildfire 4.0,单击工具栏"新建"工具按钮,或选择"文件"→"新建"菜单项。选择系统默认"零件"选项,子类型"实体"方式,"名称"文本框中输入 Ashtray,同时注意不勾选"使用缺省模板"复选框。选择公制模板 mmns-part-solid,然后单击"确定"按钮。

(2) 创建拉伸特征

选择"插入"→"拉伸"菜单项或单击"特征"工具栏"拉伸"工具按钮,出现如图 1-2 所示"拉伸命令"控制面板,选择"实体方式"按钮。单击"放置"→"定义"选项,选择 FRONT 基准平面为草绘平面,单击"草绘"按钮,草绘截面如图 1-3 所示,完毕后单击"确认"按钮✓,返回到三维模式,输入拉伸深度值 35,单击"确认"按钮☑,结果如图 1-4 所示。

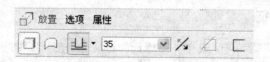

图 1-2　"拉伸命令"控制面板

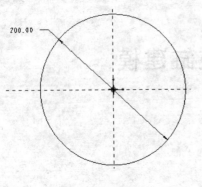

图1-3 草绘截面　　　　　　图1-4 实体拉伸特征创建

(3) 创建拔模特征

选择"插入"→"斜度"菜单项,或单击"特征"工具栏"拔模"工具按钮,出现如图1-5所示对话框,然后单击"参照"上滑面板,按住Ctrl键选取两个半圆柱面为拔模曲面,单击拔模枢轴框选择圆柱底面,拖动方向选反向,拔模度数输入20,如图1-6所示,完毕后单击"确认"按钮,结果如图1-7所示。

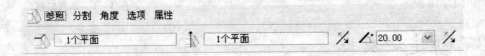

图1-5 "拔模命令"控制面板

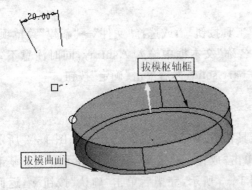

图1-6 拔模曲面选择　　　　　　图1-7 拔模特征创建

(4) 创建抽壳特征

选择"插入"→"壳"菜单项,或单击"特征"工具栏"壳"工具按钮,单击参照选取如图1-8所示圆台表面为移除曲面,然后输入壳厚度值为10,单击"确认"按钮,结果如图1-9所示。

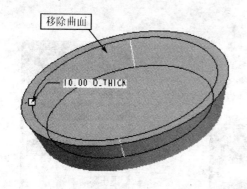

图1-8 抽壳参照选取

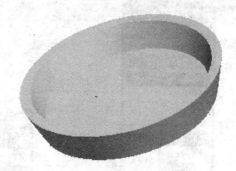

图1-9 壳特征创建

(5) 创建切槽特征

选择"插入"→"拉伸"菜单项,或单击"特征"工具栏"拉伸"工具按钮,选择"去除材料"按钮,选择 RIGHT 基准平面为草绘平面,单击草绘器"圆"工具按钮,绘制如图1-10所示截面,完毕后单击"确认"按钮;返回到三维模式,拉伸深度方式为"两侧贯穿",完毕后单击"确认"按钮,结果如图1-11所示。

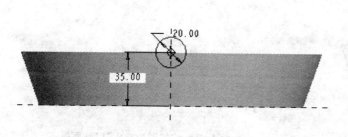

图1-10 草绘截面

图1-11 拉伸特征创建

(6) 创建复制特征

选择"编辑"→"特征操作"菜单项,然后依次选取"复制"→"移动"→"独立"→"完成"选项,如图1-12所示,弹出"特征"菜单,选取上步创建的切槽特征。单击"完成"按钮,如图1-13所示,然后依次单击"旋转"→"曲线/边/轴"选项,选取圆台中线为旋转中心,如图1-14所示。单击"正向"选项,系统出现提示信息,输入旋转角度值90,最后依次选择"完成移动"→"完成"→"确定"选项,结果如图1-15所示。

(7) 创建圆角特征

选择"插入"→"倒圆角"菜单项,或单击工具栏"倒圆角"工具按钮,如图1-16所示。单击壳体的底边,如图1-17所示,输入半径值为30,单击"确认"按钮,完成结果如图1-18所示。

图 1-12 "复制"菜单　　　　图 1-13 "特征选取"菜单　　　　图 1-14 "移动特征"菜单

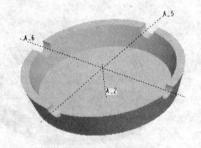 

图 1-15 复制特征创建　　　　图 1-16 "倒圆角命令"控制面板

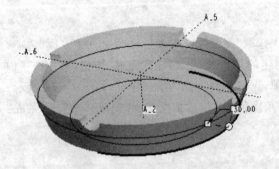 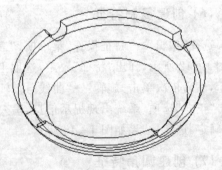

图 1-17 倒圆角边选取　　　　图 1-18 倒圆角特征创建

同理可以选择外边沿如图 1-19 和图 1-20 所示，进行倒圆角。

案例1 烟灰缸建模

图1-19 倒圆角边选取

图1-20 倒圆角边选取

1.3 简单渲染

选择"视图"→"颜色外观"菜单项，出现"外观编辑器"对话框，设置如图1-21所示，"指定"颜色到"零件"模型，完毕后单击"应用"按钮，结果如图1-22所示。

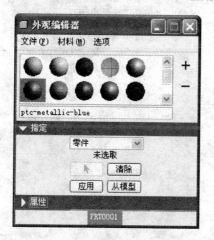

图1-21 "外观编辑器"对话框

图1-22 烟灰缸

案例 2　树叶建模

2.1　模型分析

树叶外形如图 2-1 所示,由叶柄、叶茎和叶片等基本结构特征组成。

树叶建模的具体操作步骤如下:
① 创建草绘特征。
② 创建填充特征。
③ 创建加厚特征。
④ 创建拉伸特征。
⑤ 创建倒圆角特征。
⑥ 创建草绘特征。
⑦ 创建可变剖面扫描特征。
⑧ 创建扭曲特征。
⑨ 简单渲染。

图 2-1　树叶模型

2.2　创建树叶

(1) 新建文件

启动 Pro/E Wildfire 4.0,单击工具栏"新建"工具按钮 ,或单击菜单"文件"→"新建"项。选择系统默认"零件"选项,子类型"实体"方式,"名称"文本框中输入 shuye,同时注意不勾选"使用缺省模板"复选框。选择公制模板 mmns-part-solid,然后单击"确定"按钮。

(2) 创建草绘特征

选择"插入"→"模型基准"→"草绘"菜单项,或单击工具栏"旋转"工具按钮 ,选择 TOP 基准平面为草绘平面,单击"草绘"按钮,进入二维草绘模式。草绘截面如图 2-2 所示,草绘完成后单击"确认"按钮 ✔ 确认。

(3) 创建填充特征

选择"编辑"→"填充"菜单项,出现如图 2-3 所示"填充命令"控制面板,选择上一步的草绘特征为参照,完毕后单击"确认"按钮 ✔ 完成填充。

(4) 创建加厚特征

选择上一步创建的填充特征,然后选择"编辑"→"加厚"菜单项,出现如图 2-4 所示"加厚命令"控制面板,输入厚度值为 1,完毕后单击"确认"按钮✓完成加厚。

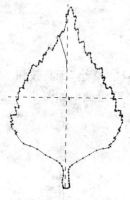

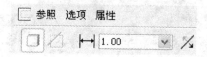

图 2-3 "填充命令"控制面板

图 2-2 草 绘

图 2-4 "加厚命令"控制面板

(5) 创建拉伸特征

选择"插入"→"拉伸"菜单项或单击"特征"工具栏"拉伸"工具按钮,出现如图 2-5 所示"拉伸命令"控制面板,选择"实体方式"按钮,指定拉伸深度为"对称方式",输入深度值为 5,然后单击"放置"→"定义"选项,选择 TOP 基准平面为草绘平面,单击"草绘"按钮。然后绘制截面如图 2-6 所示,完毕后单击"确认"按钮✓,进入三维模式,直接单击"确认"按钮✓,结果如图 2-7 所示。

图 2-5 "拉伸命令"控制面板

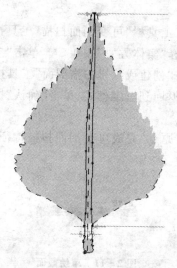

图 2-6 草绘截面

图 2-7 拉伸特征创建

(6) 创建倒圆角特征

选择"插入"→"倒圆角"菜单项或单击工具栏的"倒圆角"工具按钮，出现如图2-8所示"拉伸特征"控制面板。选择叶柄的四条棱线为参照，输入半径值为1，完毕后直接单击"确认"按钮完成倒角。

(7) 创建草绘特征

选择"插入"→"模型基准"→"草绘"菜单项，或单击工具栏"草绘"工具按钮，选择 TOP 基准平面为草绘平面，单击"草绘"按钮，进入二维草绘模式。草绘截面如图2-9所示，草绘完成，单击"确认"按钮✓确认。

图2-8 "倒圆角"特征创建　　　　　　图2-9 草　绘

(8) 创建可变剖面扫描特征

选择"插入"→"可变剖面扫描"菜单项或单击"特征"工具栏"可变剖面扫描"工具按钮，出现如图2-10所示"可变剖面扫描命令"控制面板，选择"实体方式"按钮。单击"参照"按钮，选择上一步草绘中的任一曲线为扫描原点轨迹，单击"创建或编辑扫描剖面"工具按钮，草绘剖面如图2-11所示。完毕后单击"确认"按钮✓，返回到三维模式，单击"确认"按钮✓，如图2-12所示。

重复上一步骤，依次选取草绘所有曲线为扫描轨迹原点，完成可变剖面扫描特征创建如图2-13所示。

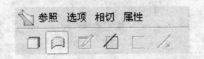 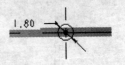

图2-10 "可变剖面扫描特征"控制面板　　　　图2-11 草绘截面

图 2-12 可变剖面扫描特征创建 　　　　图 2-13 可变剖面扫描特征创建

(9) 创建扭曲特征

选择"插入"→"扭曲"菜单项,出现如图 2-14 所示"扭曲"控制面板,单击"参照"按钮,出现如图 2-15 所示上滑面板。选取树叶为"几何参照",然后在"方向"下的框中单击,接着选取 TOP 基准平面为方向参照,此时图 2-14 中所有按钮激活,此时单击"启动扭转"工具按钮,如图 2-16 所示。单击"切换"按钮切换到下一轴,使其绕 TOP 和 RIGHT 基准平面的交线旋转,在图形窗口中单击出现的尺寸值,将其修改为 45,按下 Enter 键,完毕后单击"确认"按钮(把所有草绘隐藏),如图 2-17 所示。

图 2-14 "扭曲特征"控制面板

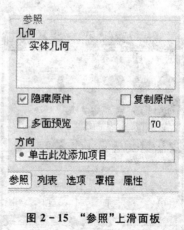

图 2-15 "参照"上滑面板

图 2-16 "扭转"工具设置

图 2-17 扭曲特征创建

2.3 简单渲染

选择"视图"→"颜色外观"菜单项,出现"外观编辑器"对话框,设置如图 2-18 所示,"指定"颜色到"零件"模型,完毕后单击"应用"按钮。结果如图 2-19 所示。

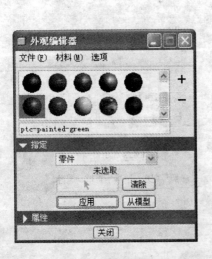

图 2-18 "外观编辑器"对话框

图 2-19 树 叶

案例3 冰激凌建模

3.1 模型分析

冰激凌外形如图3-1所示,主要由手柄和奶油等基本结构特征组成。

冰激凌建模的具体操作步骤如下:
① 创建旋转特征。
② 创建草绘特征。
③ 创建扫描混合特征。
④ 创建可变剖面扫描特征。
⑤ 创建倒圆角特征。
⑥ 简单渲染。

图3-1 冰激凌模型

3.2 创建冰激凌

(1) 新建文件

启动 Pro/E Wildfire 4.0,单击工具栏"新建"工具按钮,或单击"文件"→"新建"菜单项。选择系统默认"零件"选项,子类型"实体"方式,"名称"文本框中输入 bingjiling,同时注意不勾选"使用缺省模板"复选框。选择公制模板 mmns-part-solid,然后单击"确定"按钮。

(2) 创建旋转特征

选择"插入"→"旋转"菜单项或单击"特征"工具栏"旋转"工具按钮,出现如图3-2所示"旋转命令"控制面板,选择"实体方式"按钮。单击"位置"→"定义"选项,选择FRONT基准平面为草绘平面,然后单击"草绘"按钮,草绘截面如图3-3所示,完毕后单击"确认"按钮,返回到三维模式,单击"确认"按钮,如图3-4所示。

图3-2 "旋转命令"控制面板

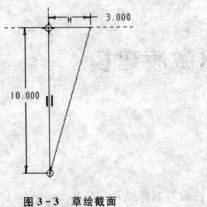

图 3-3 草绘截面　　　　　　　图 3-4 实体旋转特征创建

(3) 创建草绘特征

单击"特征"工具栏"草绘"工具按钮，选择 FRONT 基准平面为草绘平面,草绘截面如图 3-5 所示,完毕后单击"确认"按钮 ✓。

(4) 创建扫描混合特征

选择"插入"→"扫描混合"菜单项,出现如图 3-6 所示"扫描混合"控制面板,选择"曲面方式"按钮。单击"参照"按钮,选择上一步草绘特征为原点轨迹,然后单击"剖面"按钮,弹出如图 3-7 所示"剖面"上滑面板,选择图 3-5 中草绘特征的上端点,然后单击"剖面"上滑面板中的"草绘"按钮,草绘截面如图 3-8 所示,完毕后单击"确认"按钮 ✓ 确认。接着单击"剖面"上滑面板中的"插入"按钮,选择图 3-5 中草绘特征的另外一个端点,然后单击"剖面"上滑面板中的"草绘"按钮,草绘截面如图 3-9 所示,完毕后单击"确认"按钮 ✓ 确认。最后单击"确认"按钮,创建扫描混合特征如图 3-10 所示。

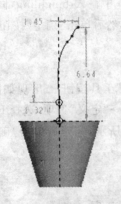

图 3-5 草绘特征创建

图 3-6 "扫描混合"控制面板

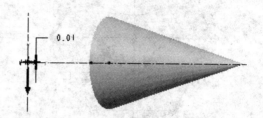

图3-7 "剖面"上滑面板　　　　　图3-8 草绘截面

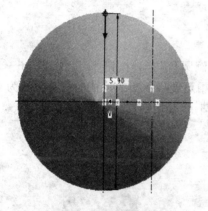

图3-9 草绘截面　　　　　图3-10 扫描混合特征创建

(5) 创建可变剖面扫描特征

选择"插入"→"可变剖面扫描"菜单项或单击"特征"工具栏"可变剖面扫描"工具按钮，出现如图3-11所示"可变剖面扫描命令"控制面板，选择"曲面方式"按钮。单击"参照"按钮，选择图3-5中草绘特征为扫描原点轨迹，按住Ctrl键，选取图3-10中扫描混合曲面的任一侧边为链，完毕后单击按钮创建或编辑扫描剖面命令，草绘剖面如图3-12所示。然后选择"工具"→"关系"菜单项，在编辑框中输入关系式为"sd16＝trajpar＊360＊1(其中sd16对应的是角度为360的尺寸)",然后单击"确定"按钮,完毕后单击"确认"按钮，返回到三维模式,单击"确认"按钮，结果如图3-13所示。

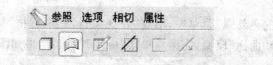

图3-11 "可变剖面扫描特征"控制面板

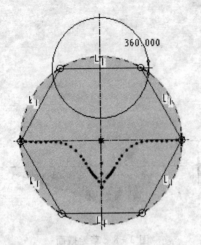

图 3-12 草绘截面

图 3-13 可变剖面扫面特征创建

(6) 创建倒圆角特征

选择"插入"→"倒圆角"菜单项或单击工具栏的"倒圆角"工具按钮，出现如图 3-14 所示"拉伸特征"控制面板。按住 Ctrl 键，选择图 3-13 中可变剖面扫描特征的六条棱线为参照，输入半径值为 0.5，完毕后单击"确认"按钮 ✓ 完成倒圆角，如图 3-15 所示。

图 3-14 "倒圆角"控制面板

图 3-15 倒圆角特征创建

3.3 简单渲染

选择"视图"→"颜色外观"菜单项，出现"外观编辑器"对话框，如图 3-16 所示，"指定"用户选定的颜色到各个"曲面"模型，完毕后单击"应用"按钮，结果如图 3-17 所示。

案例3 冰激凌建模

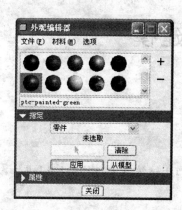

图3-16 "外观编辑器"对话框

图3-17 冰激凌

案例 4　楼梯建模

4.1　模型分析

楼梯外形如图 4-1 所示,由中心柱体、链上柱体和两边链等基本结构特征组成。
楼梯建模的具体操作步骤如下:
① 创建曲线特征。
② 创建拉伸特征。
③ 创建基准点特征。
④ 创建基准轴特征。
⑤ 创建基准平面特征。
⑥ 创建旋转特征。
⑦ 创建阵列特征。
⑧ 创建坐标系特征。
⑨ 创建曲线特征。
⑩ 创建基准点、线、面特征。
⑪ 创建拉伸特征。
⑫ 创建阵列特征。
⑬ 创建基准点、线、面特征。
⑭ 创建扫描特征。
⑮ 创建阵列特征。
⑯ 简单渲染。

图 4-1　楼梯模型

4.2　创建楼梯

(1) 新建文件

启动 Pro/E Wildfire 4.0,单击工具栏"新建"工具按钮,或单击"文件"→"新建"菜单项。选择系统默认"零件"选项,子类型"实体"方式,"名称"文本框中输入 louti,同时注意不勾选"使用缺省模板"复选框。选择公制模板 mmns-part-solid,然后单击"确定"按钮。

(2) 创建曲线特征

选择"插入"→"模型基准"→"曲线"菜单项,或单击工具栏的"基准曲线"工具按钮,出现如图 4-2 所示"菜单管理器"菜单,选择"从方程"选项建立渐开线,然后单击"完成"选项确认,此时系统提示选择坐标系,在工作区或模型树直接单击系统默认坐标系,最后单击"确定"按钮,进行坐标系创建类型的选择,单击如图4-3所示"圆柱"坐标系,出现如图4-4所示记事本窗口,在记事本窗口点划线下方输入曲线方程,曲线方程输入完毕后,单击记事本"文件"→"保存"选项。最后单击"曲线"对话框"确定"按钮,生成如图4-5所示曲线。

图4-2 菜单管理器

图4-3 "坐标系类型"菜单

图4-4 记事本窗口

(3) 创建拉伸特征

选择"插入"→"拉伸"菜单项或单击"特征"工具栏"拉伸"工具按钮,出现如图4-6所示"拉伸命令"控制面板,选择"实体方式"按钮,指定拉伸深度值为100,然后单击"放置"→"定义"选项,选择FRONT基准平面为草绘平面,单击"草绘"按钮。然后绘制截面如图4-7所示,完毕后单击"确认"按钮✔,进入三维模式,直接单击"确认"按钮✔,结果如图4-8所示。

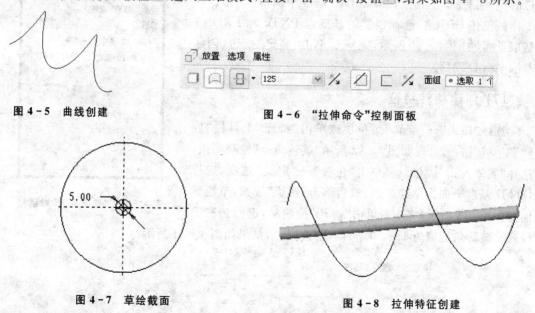

图4-5 曲线创建　　　　图4-6 "拉伸命令"控制面板

图4-7 草绘截面　　　　图4-8 拉伸特征创建

(4) 创建基准点

选择"插入"→"模型基准"→"点"→"点"菜单项或单击工具栏的"基准点"工具按钮,出现"基准点"对话框。选择步骤(2)中创建的曲线为参照,偏移为 0.02,如图 4-9 所示,完毕后单击"确定"按钮,完成 PNT0 创建。

(5) 创建基准轴特征

选择"插入"→"模型基准"→"轴"菜单项或单击工具栏的"基准轴"工具按钮,出现"基准轴"对话框。在工作区按住 Ctrl 键,选择步骤(2)中创建的曲线和 PNT0 基准点,基准轴的约束类型如图 4-10 所示,完毕后单击"确定"按钮完成 A_3 创建。

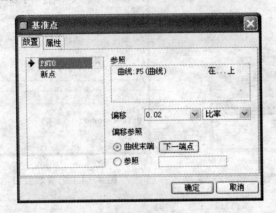

图 4-9 "基准点"对话框

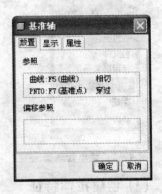

图 4-10 "基准轴"对话框

(6) 创建基准平面特征

选择"插入"→"模型基准"→"平面"菜单项或单击工具栏的"基准平面"工具按钮,出现"基准平面"对话框。在工作区按住 Ctrl 键,选择创建的基准点 PNT0 和 FRONT 基准平面,如图 4-11 所示,完毕后单击"确定"按钮,创建基准平面 DTM1。

(7) 创建旋转特征

选择"插入"→"旋转"菜单项或单击"特征"工具栏"旋转"工具按钮,出现如图 4-12 所示"旋转命令"控制面板,选择"实体方式"按钮。单击"位置"→"定义"选项,选择 DTM1 基准平面为草绘平面,然后单击"草绘"按钮,草绘截面如图 4-13 所示,完毕后单击"确认"按钮,返回到三维模式。旋转角度值为 180,单击"确认"按钮,结果如图 4-14 所示。

图 4-11 "基准平面"对话框

图 4-12 "旋转命令"控制面板

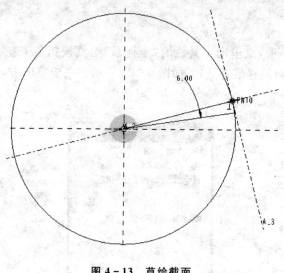
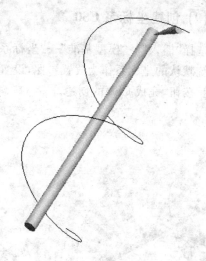

图 4-13 草绘截面　　　　　图 4-14 实体旋转特征创建

(8) 创建孔阵列特征

① 在模型树当中首先选取"PNT0",按 Shift 键单击"旋转 1"选项,如图 4-15 所示,然后右击,出现如图 4-16 所示快捷菜单,选择"组"选项,创建阵列组,如图 4-17 所示。

图 4-15 组成员选取　　图 4-16 "旋转 1"等的右键快捷菜单　　图 4-17 组创建

② 在工作区或在模型树上,首先选择上步创建的组特征,此时工具栏的"阵列"工具按钮 将被激活,或者选择"编辑"→"阵列"菜单项,出现如图 4-18 所示的"阵列"控制面板,阵列方式选择"尺寸"阵列,阵列个数为 50 个,然后在工作区选择 0.02REL 为阵列参照,完毕后直接单击"确认"按钮,完成阵列特征,如图 4-19 所示。

图 4-18 "阵列"控制面板

(9) 创建坐标系 CS0

选择"插入"→"模型基准"→"坐标系"菜单项，或单击工具栏的"坐标系"工具按钮，选择系统默认的坐标系作为放置参照，设置 Z 方向偏移值为 -10，如图 4-20 所示。完毕后单击"确定"按钮，完成 CS0 的创建。

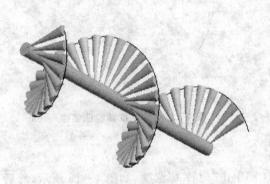

图 4-19 阵列特征创建

图 4-20 "坐标系"对话框

(10) 创建曲线特征

选择"插入"→"模型基准"→"曲线"菜单项，或单击工具栏的"基准曲线"工具按钮，出现如图 4-21 所示菜单管理器，选择"从方程"方式建立渐开线，然后单击"完成"选项确认，此时系统提示选择坐标系，在工作区或模型树中直接单击 CS0 坐标系，最后单击"确定"按钮，进行坐标系创建类型的选择。单击如图 4-22 所示"圆柱"坐标系，出现如图 4-23 所示记事本窗口，在记事本窗口虚线下方输入曲线方程，完毕后单击记事本"文件"→"保存"选项。最后单击"曲线"对话框的"确定"按钮，生成如图 4-24 所示曲线。

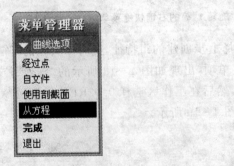

图 4-21 菜单管理器

图 4-22 "坐标系类型"菜单

图 4-23 记事本窗口

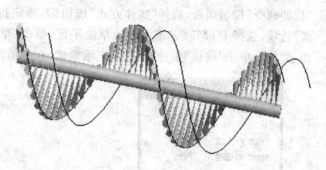

图 4-24 曲线创建

(11) 创建基准点

选择"插入"→"模型基准"→"点"→"点"菜单项或单击工具栏的"基准点"工具按钮，出现"基准点"对话框。选择步骤(10)中创建的曲线为参照，偏移值设为 0.02，如图 4-25 所示，完毕后单击"确定"按钮，完成 PNT50 创建。

图 4-25 "基准点"对话框

图 4-26 "基准轴"对话框

(12) 创建基准轴特征

选择"插入"→"模型基准"→"轴"菜单项或单击工具栏的"基准轴"工具按钮，出现"基准轴"对话框。在工作区按住 Ctrl 键，选择步骤(10)中创建的曲线和 PNT50 基准点，基准轴的约束类型如图 4-26 所示，完毕后单击"确定"按钮完成 A_104 创建。

(13) 创建基准平面特征

选择"插入"→"模型基准"→"平面"菜单项或单击工具栏的"基准平面"工具按钮，出现"基准平面"对话框。在工作区按住 Ctrl 键，选择创建的基准点 PNT50 和 FRONT 基准平面，如图 4-27 所示，完毕后单击"确定"按钮，创建基准平面 DTM51。

(14) 创建拉伸特征

选择"插入→拉伸"菜单项或单击"特征"工具栏"拉伸"工具按钮，出现如图4-28所示"拉伸命令"控制面板，选择"实体方式"按钮，指定拉伸深度值为10，然后单击"放置"→"定义"选项，选择DTM51基准平面为草绘平面，单击"草绘"按钮。然后绘制如图4-29所示截面，完成后单击"确认"按钮，进入三维模式，直接单击"确认"按钮，结果如图4-30所示。

图4-27 "基准平面"对话框

图4-28 "拉伸命令"控制面板

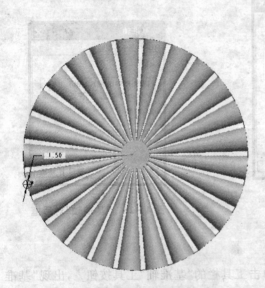

图4-29 草绘截面

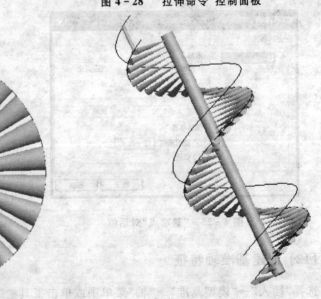

图4-30 拉伸特征创建

(15) 创建孔阵列特征

① 在模型树当中首先选取"PNT50"选项，按Shift键单击"拉伸2"选项，如图4-31所示，然后右击，出现如图4-32所示快捷菜单，选择"组"选项，创建阵列组，如图4-33所示。

图4-31 组成员选取　　图4-32 "拉伸2"等的右键快捷菜单　　图4-33 组创建

② 在工作区或在模型树上,首先选择上一步创建的组特征,此时工具栏的"阵列"工具按钮将被激活,或者选择"编辑"→"阵列"菜单项,出现如图4-34所示对话框,阵列方式选择"尺寸"阵列,阵列个数为50个,然后在工作区选择0.02REL为阵列参照,完毕后直接单击"确认"按钮,完成阵列特征,结果如图4-35所示。

图4-34 "阵列"控制面板

(16) 创建基准点

选择"插入"→"模型基准"→"点"→"点"菜单项或单击工具栏的"基准点"工具按钮,出现"基准点"对话框。选择步骤(10)中创建的曲线为参照,偏移值设为0.01,如图4-36所示,完毕后单击"确定"按钮,完成PNT100创建。

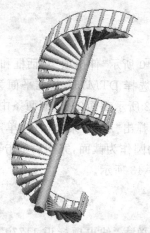

图4-35 阵列特征创建

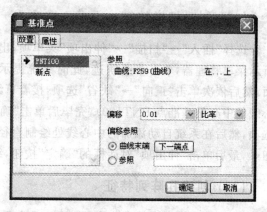

图4-36 "基准点"对话框

(17) 创建基准轴特征

选择"插入"→"模型基准"→"轴"菜单项或单击工具栏的"基准轴"工具按钮，出现"基准轴"对话框。在工作区按住 Ctrl 键，选择步骤(10)中创建的曲线和 PNT100 基准点，基准轴的约束类型如图 4-37 所示，完毕后单击"确定"按钮完成 A_209 创建。

(18) 创建基准平面特征

选择"插入"→"模型基准"→"平面"菜单项或单击工具栏的"基准平面"工具按钮，出现"基准平面"对话框。在工作区按住 Ctrl 键，选择创建的基准点 PNT100 和步骤(10)中创建的曲线，如图 4-38 所示，完毕后单击"确定"按钮，创建基准平面 DTM101。

重复步骤(18)，在工作区按住 Ctrl 键，选择步骤(12)中创建的 A_209 基准轴和基准点 PNT46，创建基准平面 DTM102。

重复步骤(18)，在工作区按住 Ctrl 键，选择步骤(12)中创建的 A_209 基准轴和 DTM102 基准平面，设置如图 4-39 所示，创建基准平面 DTM103。

图 4-37 "基准轴"对话框

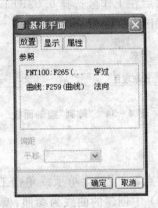
图 4-38 "基准平面"对话框

图 4-39 "基准平面"对话框

(19) 创建扫描特征

选择"插入"→"扫描"→"伸出项"菜单项，出现如图 4-40 所示"伸出项"对话框和图 4-41 所示菜单管理器，单击草绘轨迹，此时系统提示选择平面，选择 DTM152 基准平面为草绘平面，然后依次单击"正向"→"缺省"选项，接着草绘如图 4-42 所示截面(先绘制两条中心线，中心线的中心是基准点 PNT100)，完毕后单击"确认"按钮✓，弹出"属性"菜单，直接单击"完成"选项，然后在系统自动添加的中心线处绘制直径值为 0.5 的圆作为截面，完毕后单击"确认"按钮✓，最后单击"伸出项"对话框的"确定"按钮，结果如图 4-43 所示。

(20) 创建孔阵列特征

① 在模型树当中首先选取"PNT100"选项，按 Shift 键单击"伸出项标识 11770"选项，如图 4-44 所示，然后右击，出现如图 4-45 所示快捷菜单，选择"组"选项，创建阵列组，如图 4-46 所示。

案例 4　楼梯建模

图 4-40　"伸出项"对话框

图 4-41　菜单管理器

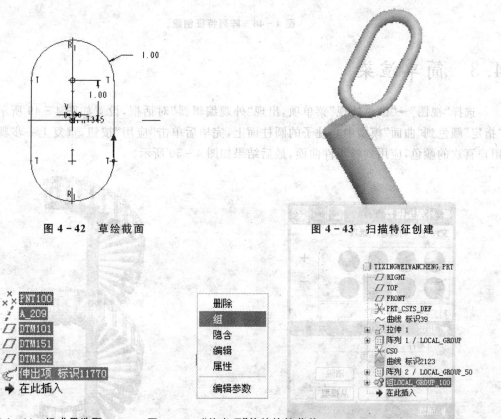

图 4-42　草绘截面　　　图 4-43　扫描特征创建

图 4-44　组成员选取　　图 4-45　"伸出项"等的快捷菜单　　图 4-46　组创建

② 在工作区或在模型树上，首先选择上一步创建的组特征，此时工具栏的"阵列"工具按钮 将被激活，或者选择"编辑"→"阵列"菜单项，出现如图 4-47 所示对话框，阵列方式选择"尺寸"阵列，阵列个数为 100 个，然后按住 Ctrl 键在工作区选择 0.01REL 和 45 为阵列参照，完毕后单击"确认"按钮 ，完成阵列特征，结果如图 4-48 所示。

图 4-47　"阵列"控制面板

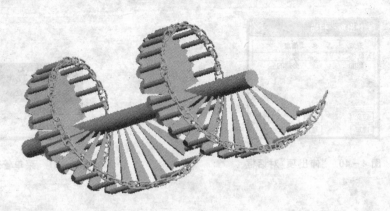

图 4-48 阵列特征创建

4.3 简单渲染

选择"视图"→"颜色外观"菜单项,出现"外观编辑器"对话框,设置如图 4-49 所示参数,"指定"颜色到"曲面"模型中心柱子的圆柱面上,完毕后单击"应用"按钮,重复上一步骤,设置用户喜欢的颜色,应用到各零件曲面,最后结果如图 4-50 所示。

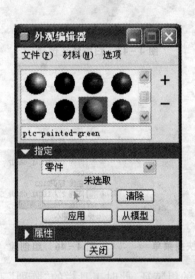

图 4-49 "外观编辑器"对话框

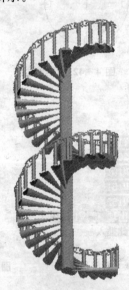

图 4-50 楼梯

案例 5　跳棋棋盘建模

5.1　零件分析

跳棋棋盘外形如图 5-1 所示,主要由珠孔、棋子槽等基本结构特征组成。
跳棋棋盘建模的具体操作步骤如下:
① 创建棋盘主体旋转特征。
② 创建拉伸特征。
③ 创建拔模特征。
④ 创建阵列、倒圆角特征。
⑤ 创建复制特征。
⑥ 简单渲染。

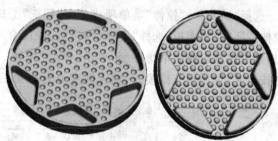

图 5-1　跳棋棋盘模型

5.2　创建跳棋棋盘

(1) 新建文件

启动 Pro/E Wildfire 4.0,单击工具栏"新建"工具按钮，或单击"文件"→"新建"菜单项。选择系统默认"零件"选项,子类型"实体"方式,"名称"文本框中输入 tiaoqipan,同时注意不勾选"使用缺省模板"复选框。选择公制模板 mmns-part-solid,然后单击"确定"按钮。

(2) 创建棋盘旋转主体

选择"插入"→"旋转"菜单项,或单击工具栏"旋转"工具按钮，出现如图 5-2 所示控制面板。选择旋转方式为实体类型(系统一般默认为此类型),旋转角度 360°。选择 FRONT 基准平面为草绘平面,单击"草绘"按钮,进入二维草绘模式,草绘截面如图 5-3 所示,完毕后单击"确认"按钮。进入三维模式,单击"确认"按钮形成棋盘主体,如图 5-4 所示。

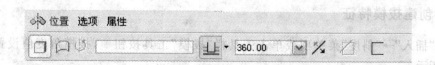

图 5-2　"旋转特征"控制面板

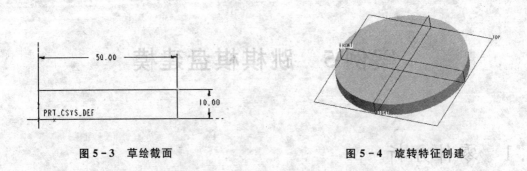

图5-3 草绘截面　　　　　图5-4 旋转特征创建

(3) 创建减材料拉伸实体特征

选择"插入"→"拉伸"菜单项或单击"特征"工具栏"拉伸"工具按钮，出现如图5-5所示"拉伸特征"控制面板，选择"去除材料"按钮，输入深度值为8，单击"放置"→"定义"选项，选择棋盘主体上表面为草绘平面，单击"草绘"按钮。草绘截面如图5-6所示，完毕后单击"确认"按钮，返回到三维模式，输入深度值为5，最后单击"确认"按钮，结果如图5-7所示。

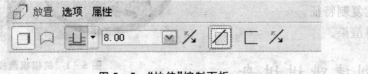

图5-5 "拉伸"控制面板

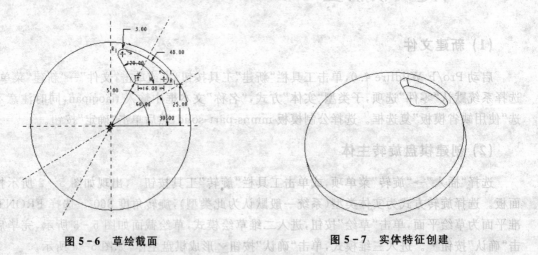

图5-6 草绘截面　　　　　图5-7 实体特征创建

(4) 创建拔模特征

选择"插入"→"斜度"菜单项或单击工具栏"拔模"工具按钮，拔模角度值设置为8，如图5-8所示。

在工作区按住Ctrl键，选取上步创建的实体特征内表面作为拔模曲面，如图5-9所示。"参照"控制面板被激活，在"参照"控制面板中，单击"拔模枢轴"添加项目，选取实体上表面作为拔模枢轴，同时该平面也被用作拖动方向的参照，单击"方向"按钮确认拔模方向，完毕后

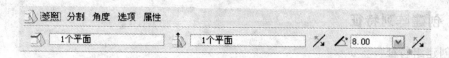

图 5-8 "拔模"控制面板

单击"确认"按钮☑出现拔模特征如图 5-10 所示。

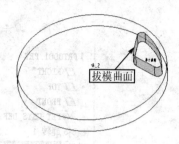

图 5-9 选取拔模面

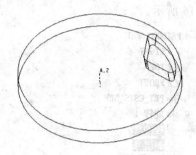

图 5-10 拔模特征创建

注：拔模特征是将单独曲面或一系列曲面中添加一个介于-30°~+30°之间的拔模角度。仅当曲面是由列表圆柱面或平面形成时，才可拔模。曲面边的边界周围有圆角时不能拔模。拔模曲面是指要拔模的模型的曲面。拔模枢轴是指曲面围绕其旋转的拔模曲面上的线或曲线（也称作中立曲线）。可通过选取平面或选取拔模曲面上的单个曲线链来定义拔模枢轴。拖动方向（也称作拔模方向）是指用于测量拔模角度的方向。通常为模具开模的方向。可通过选取平面（在这种情况下拖动方向垂直于此平面）、直边、基准轴或坐标系的轴来定义。拔模角度是指拔模方向与生成的拔模曲面之间的角度。

（5）创建圆角特征

选择"插入"→"倒圆角"菜单项，或单击工具栏"倒圆角"工具按钮，出现如图 5-11 所示控制面板。单击"设置"上滑面板，在工作区选择如图 5-12 所示的上边线作为倒圆角特征的放置参照，设置倒圆角半径值为

图 5-11 "倒圆角"控制面板

1.0。创建组"设置 1"，单击"新组"选项，在工作区选择下底线设置圆角半径值为 1.5，创建组"设置 2"，完毕后单击"确认"按钮☑出现圆角特征如图 5-13 所示。

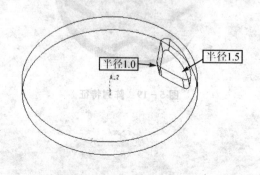

图 5-12 倒圆角边选择

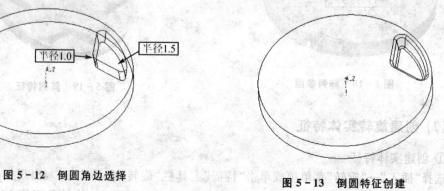

图 5-13 倒圆特征创建

(6) 创建阵列特征

① 创建组特征

在模型树当中首先选取拉伸特征,然后按 Shift 键单击最后一项倒圆角特征进行复选,如图 5-14 所示,然后右击,出现如图 5-15 所示的快捷菜单,选择"组"选项,创建阵列组,如图 5-16 所示。

图 5-14 组成员选择　　　图 5-15 "拉伸 1"等的快捷菜单　　　图 5-16 组创建

② 创建阵列特征

在工作区或在模型树上首先选择上步创建的组 LOCAL_GROUP,此时工具栏的"阵列"工具按钮将被激活,或者选择"编辑"→"阵列"菜单项,出现如图 5-17 所示的"阵列"控制面板,阵列方式选择"轴"阵列方式,阵列个数为 6,阵列角度值为 60,然后在工作区选择旋转轴线作为阵列参照,如图 5-18 所示,完毕后单击"确认"按钮,阵列结果如图 5-19 所示。

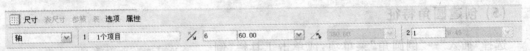

图 5-17 "阵列"控制面板

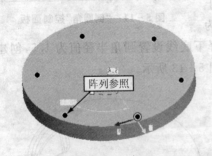

图 5-18 阵列参照

图 5-19 阵列特征

(7) 创建旋转实体特征

① 创建实体特征

选择"插入"→"旋转"菜单项或单击"特征"工具栏"旋转"工具按钮,出现如图 5-20 所示控制面板。选择旋转方式为实体类型(系统一般默认为此类型),旋转角度值 360。选择"去除材料"方式。单击"位置"→"定义"选项,选择 RIGHT 基准平面为草绘平面,然后单击"草绘"按钮,草绘截面如图 5-21 所示,完毕后单击"确认"按钮✓,返回到三维模式,单击去除材料按钮⌀,完毕后单击"确认"按钮✓,结果如图 5-22 所示。

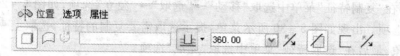

图 5-20 "旋转"操控面板

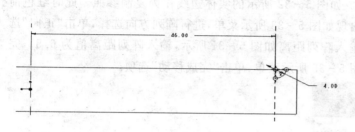

图 5-21 草绘截面

图 5-22 实体特征创建

② 创建圆角特征。

选择"插入"→"倒圆角"菜单项,或单击工具栏"倒圆角"工具按钮⌒,出现如图 5-23 所示控制面板,在工作区选择上一步创建的旋转实体特征边线作为参照,设置倒圆半径值为 0.5。完毕后单击"确认"按钮✓出现如图 5-24 所示圆角特征。

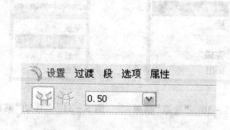

图 5-23 "倒圆角"操控面板

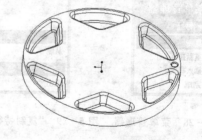

图 5-24 圆角特征

③ 创建组特征

在模型树当中按住 Ctrl 键选取上面创建的旋转实体特征和倒圆角特征,如图 5-25 所示,然后右击,出现如图 5-26 所示快捷菜单,选择"组"选项,创建阵列组,如图 5-27 所示。

图 5-25 组成员选择

图 5-26 "旋转 2"等的快捷菜单

图 5-27 组创建

(8) 创建第一个复制特征

① 选择"编辑"→"特征操作"菜单项，出现如图5-28所示特征菜单管理器，单击其中的"复制"选项，在"复制特征"菜单中选取"移动"→"选取"→"独立"选项，如图5-29所示，然后单击"完成"选项。出现如图5-30所示菜单，提示选取需要复制的特征，选取上一步创建的组作为复制对象，最后在"选取特征"菜单中选取"完成"选项。

② 在随后弹出的"移动特征"菜单中选取"平移"选项，在"选取方向"菜单中选取"曲线/边/轴"选项，如图5-31所示。选取如图5-32所示的实体边线作为复制参照。此时红色箭头指示特征移动方向，选择完毕，出现如图5-33所示菜单，进行阵列方向选择，单击"正向"选项确认图示阵列方向。系统提示输入阵列距离如图5-34所示，输入阵列距离值为6.5。完毕后单击"确认"按钮✓。出现如图5-35所示菜单，单击"完成移动"选项。

图5-28 菜单管理器　　图5-29 "复制特征"菜单　　图5-30 "选取"菜单　　图5-31 "移动"菜单

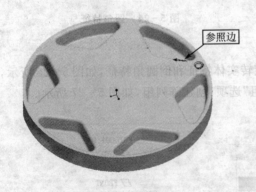

图5-32 边线选择

图5-34 "阵列距离"控制面板　　图5-33 视图方向选择

③ 确认完毕,依次选择"确定"(选取)→"完成"(组)→"确定"选项,创建复制特征如图 5-36 所示。

(9) 创建第二、三、四、五复制特征

创建过程和上一步中复制阵列孔的方式相同,以第一个组为复制对象,依次输入距离值为:6.5、13、19.5、26,单击"确定"和"完成"选项完成复制特征创建,结果如图 5-37 所示。

(10) 创建其余孔复制特征

① 在模型树当中首先选取创建的第一个局部组,按 Shift 键单击最后创建的局部组特征进行复选,如图 5-38 所示,然后右击,出现如图 5-39 所示的快捷菜单,选择"组"选项,创建阵列组,如图 5-40 所示。

图 5-35 "移动特征"菜单

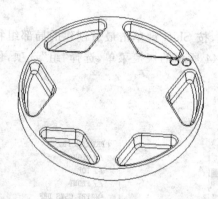

图 5-36 复制特征创建

图 5-37 复制特征创建

图 5-38 组成员选择

图 5-39 快捷菜单

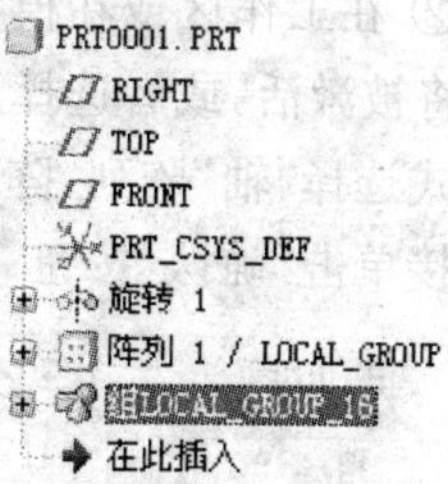

图 5-40 组创建

② 创建过程和上一步中复制阵列孔的方式相同,复制移动方向如图 5-41 所示,以上一步创建的组为复制对象,依次输入距离值为:6.5、13、19.5。单击"确定"和"完成"选项完成复制特征创建,结果如图 5-42 所示。

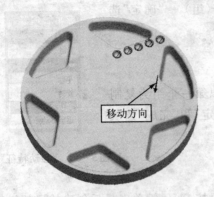
图 5-41 复制特征创建

图 5-42 复制特征创建

(11) 创建孔阵列特征

① 在模型树当中首先选取创建的第一个局部组,按 Shift 键单击最后创建的局部组特征进行复选,如图 5-43 所示,然后右击,出现如图 5-44 所示的快捷菜单,选择"组"选项,创建阵列组,如图 5-45 所示。

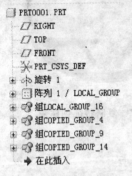
图 5-43 组成员选取

图 5-44 快捷菜单

图 5-45 组创建

② 在工作区或在模型树上,首先选择上一步创建的组特征,此时工具栏的"阵列"工具按钮将被激活,或者选择系统菜单栏"编辑"→"阵列"菜单项,出现如图 5-46 所示对话框,阵列方式选择"轴"阵列,阵列个数为 6 个,然后在工作区选择棋盘回转轴线作为阵列参照,完毕后直接单击"确认"按钮,完成阵列特征,结果如图 5-47 所示。

图 5-46 "阵列"控制面板

(12) 创建中心孔特征

① 创建过程和前面孔的创建方式相同,选择"插入"→"旋转"菜单项或单击"特征"工具栏"旋转"工具按钮,选择"去除材料",单击"位置"→"定义"选项,选择 FRONT 基准平面为草

绘平面,然后单击"草绘"按钮,进入二维草绘模式,绘制如图 5-48 所示截面,完毕后单击"确认"按钮☑,最后单击"确认"按钮☑,结果如图 5-49 所示。

图 5-47 阵列特征创建

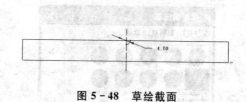

图 5-48 草绘截面

② 创建圆角特征。选择"插入"→"倒圆角"菜单项,或单击工具栏"倒圆角"工具按钮，在工作区按住 Ctrl 键选择上步创建的中心孔特征和棋盘盘外沿边线作为参照,设置倒圆半径值为 0.5。完毕后单击"确认"按钮☑,完成倒角如图 5-50 所示。

图 5-49 孔特征创建

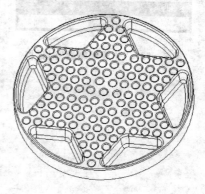

图 5-50 倒圆角特征创建

(13) 创建壳特征

选择"插入"→"壳"菜单项,或单击工具栏"壳"工具按钮出现如图 5-51 所示控制面板,设置壳壁厚度值为 0.5。在工作区选择棋盘底面,单击"确认"按钮☑,完成抽壳特征创建,如图 5-52 所示。

图 5-51 "壳"控制面板

图 5-52 壳特征创建

5.3 简单渲染

选择"视图"→"颜色和外观"菜单项或单击"颜色和外观"工具按钮 ,出现"外观编辑器"对话框,如图 5-53 所示,选择 ptc_metallic_steel_light 材料,分配外观为"零件",单击"应用"按钮,结果如图 5-54 所示。

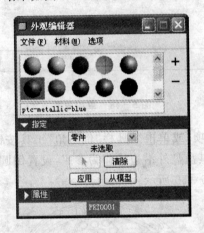 

图 5-53 "外观编辑器"对话框　　　　图 5-54 跳棋棋盘

案例 6 扇子建模

6.1 模型分析

扇子外形如图 6-1 所示,由扇叶、扇边柄和装饰带等基本结构特征组成。
扇子建模的具体操作步骤如下:
① 创建基准轴特征。
② 创建拉伸特征。
③ 创建阵列特征。
④ 创建拉伸特征。
⑤ 创建倒圆角特征。
⑥ 创建旋转特征。
⑦ 创建拉伸特征。
⑧ 创建旋转特征。
⑨ 创建造型特征。
⑩ 创建可变剖面扫描特征。
⑪ 创建旋转特征。
⑫ 创建扭曲特征。
⑬ 简单渲染。

图 6-1 扇子模型

6.2 创建扇子模型

(1) 新建文件

启动 Pro/E Wildfire 4.0,单击工具栏"新建"工具按钮,或单击"文件"→"新建"菜单项。选择系统默认"零件"选项,子类型"实体"方式,"名称"文本框中输入 shanzi,同时注意不勾选"使用缺省模板"复选框。选择公制模板 mmns-part-solid,然后单击"确定"按钮。

(2) 创建基准轴特征

选择"插入"→"模型基准"→"轴"菜单项或单击工具栏的"基准轴"工具按钮,出现"基准轴"对话框。在工作区按住 Ctrl 键,选择 TOP 和 FRONT 基准平面为参照,基准轴的约束类型如图 6-2 所示,完毕后单击"确定"按钮完成 A_1 创建。

(3) 创建拉伸特征

选择"插入"→"拉伸"菜单项或单击"特征"工具栏"拉伸"工具按钮，出现如图6-3所示"拉伸命令"控制面板，选择"实体方式"按钮，指定拉伸深度值为0.6，然后单击"放置"→"定义"选项，选择RIGHT基准平面为草绘平面，单击"草绘"按钮。然后绘制截面如图6-4所示，完毕后单击"确认"按钮，进入三维模式，直接单击"确认"按钮，结果如图6-5所示。

图6-2 "基准轴"对话框

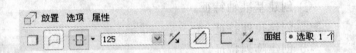

图6-3 "拉伸命令"控制面板

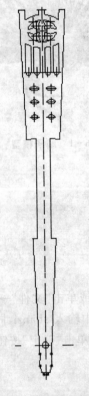

图6-4 草绘截面

图6-5 拉伸特征创建

(4) 创建孔阵列特征

在工作区或在模型树上，首先选择上一步创建的拉伸特征，此时工具栏的"阵列"工具按钮将被激活，或者选择"编辑"→"阵列"菜单项，出现如图6-6所示对话框，阵列方式选择"轴"阵列，阵列个数为24个，角度值为8，然后在工作区选择A_1基准轴为阵列参照，完毕后直接单击"确认"按钮，完成阵列特征，如图6-7所示。

图6-6 "阵列"控制面板

图6-7 阵列特征创建

图6-8 草绘截面

(5) 创建拉伸特征

选择"插入"→"拉伸"菜单项或单击"特征"工具栏"拉伸"工具按钮，选择"实体方式"按钮，指定拉伸深度值为2，然后单击"放置"→"定义"选项，选择RIGHT基准平面为草绘平面，单击"草绘"按钮。然后绘制如图6-8所示截面，完毕后单击"确认"按钮，进入三维模式，直接单击"确认"按钮，结果如图6-9所示。

重复上一步骤，创建另一边的扇边柄如图6-10所示。

图6-9 拉伸特征创建

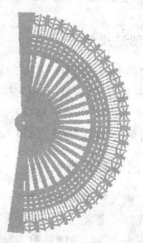

图6-10 拉伸特征创建

(6) 创建倒圆角特征

选择"插入"→"倒圆角"菜单项或单击工具栏的"倒圆角"工具按钮，出现如图6-11所示"拉伸特征控制"面板。选择扇边柄的所有棱线为参照，输入半径值为1，完毕后直接单击"确认"按钮完成倒角。

图6-11 "倒圆角特征"控制面板

(7) 创建旋转特征

选择"插入"→"旋转"菜单项或单击工具栏的"旋转"工具按钮，出现如图6-12所示"旋转特征"控制面板，选择"实体方式"按钮。单击"位置"→"定义"选项，选择FRONT基准平面为草绘平面，然后单击"草绘"按钮，草绘截面如图6-13所示，完毕后单击"确认"按钮，返回到三维模式，单击"确认"按钮，结果如图6-14所示。

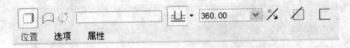

图6-12 "旋转特征"控制面板

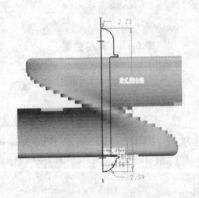

图6-13 草绘截面

图6-14 旋转特征创建

(8) 创建拉伸特征

选择"插入"→"拉伸"菜单项或单击"特征"工具栏"拉伸"工具按钮，选择"实体方式"按钮，选择"对称方式"按钮，指定拉伸深度值为5，且选择"去除材料"按钮，然后单击"放置"→"定义"选项，选择FRONT基准平面为草绘平面，单击"草绘"按钮。然后绘制截面如图6-15所示，完毕后单击"确认"按钮，进入三维模式，直接单击"确认"按钮，结果如图6-16所示。

(9) 创建旋转特征

选择"插入"→"旋转"菜单项或单击工具栏的"旋转"工具按钮，选择"实体方式"按钮。单击"位置"→"定义"选项，选择FRONT基准平面为草绘平面，然后单击"草绘"按钮，草绘截面如图6-17所示，完毕后单击"确认"按钮，返回到三维模式，单击"确认"按钮，结果如图6-18所示。

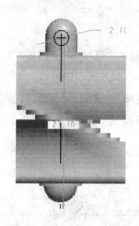

图 6-15 拉伸特征创建

图 6-16 拉伸特征创建

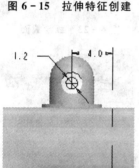

图 6-17 草绘截面

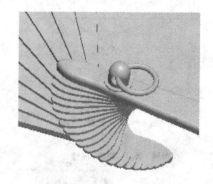

图 6-18 旋转特征创建

(10) 创建造型特征

选择"插入"→"造型"菜单项，或单击工具栏"造型"工具按钮，在弹出的工具栏中单击"创建曲线"工具按钮，出现如图 6-19 所示"曲线"控制面板，任意绘制一曲线，然后选择工具栏"编辑曲线"工具按钮，出现如图 6-20 所示"编辑曲线"控制面板，选中曲线为参照并右击，在弹出的菜单中选择"添加点"选项，曲线上会自动添加一个点，然后拖动点，把曲线拖动到合适的位置。完毕后单击"确认"按钮，结果如图 6-21 所示。

图 6-19 "曲线"控制面板

图 6-20 "曲线"控制面板

(11) 创建可变剖面扫描特征

选择"插入"→"可变剖面扫描"菜单项或单击"特征"工具栏"可变剖面扫描"工具按钮，出现如图 6-22 所示"可变剖面扫描命令"控制面板，选择"实体方式"按钮。单击"参照"选项，选择上一步创建的曲线为扫描原点轨迹，单击"创建或编辑扫描剖面"工具按钮，草绘剖面如图 6-23 所示。完毕后单击"确认"按钮，返回到三维模式，单击"确认"按钮，结果如图 6-24 所示。

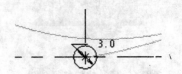

图 6-23 草绘截面

图 6-21 曲线创建

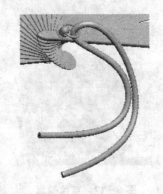

图 6-24 可变剖面扫描特征

图 6-22 "可变剖面扫描特征"控制面板

(12) 创建旋转特征

选择"插入"→"旋转"菜单项或单击工具栏的"旋转"工具按钮，选择"实体方式"按钮。单击"位置"→"定义"选项，选择 RIGHT 基准平面为草绘平面，然后单击"草绘"按钮，草绘截面如图 6-25 所示，完毕后单击"确认"按钮，返回到三维模式，单击"确认"按钮，结果如图 6-26 所示。

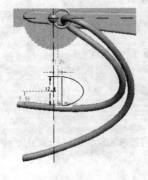

图 6-25 草绘截面

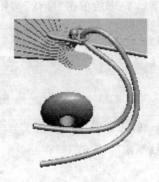

图 6-26 旋转特征创建

(13) 创建扭曲特征

选择"插入"→"扭曲"菜单项,出现如图 6-27 所示"扭曲"控制面板,单击"参照"按钮,出现如图 6-28 所示上滑面板。选取上一步创建的旋转特征为"几何参照",然后在"方向"选项下的框中单击,接着选取 RIGHT 基准平面为方向参照,此时图 6-27 中所有按钮激活,此时单击"启动变换"工具按钮,如图 6-29 所示。然后在绘图窗口中通过拖动把上一步创建的旋转特征放在合适的位置,如图 6-30 所示。完毕后单击"确认"按钮☑,结果如图 6-30 所示。

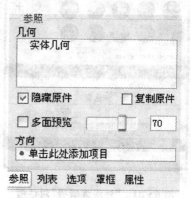

图 6-27 "扭曲特征"控制面板

图 6-28 "参照"上滑面板

图 6-29 变换工具

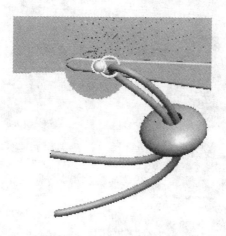

图 6-30 扭转特征创建

6.3 简单渲染

选择"视图"→"颜色外观"菜单项,出现"外观编辑器"对话框,如图 6-31 所示,设置自己喜欢的颜色,"指定"颜色到各个"曲面"模型,完毕后单击"应用"按钮,结果如图 6-32 所示。

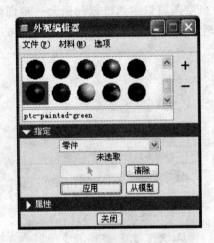

图 6-31 "外观编辑器"对话框

图 6-32 扇 子

案例 7　水龙头旋钮建模

7.1　模型分析

水龙头外形如图 7-1 所示，主要由手柄、连接头等基本结构特征组成。
水龙头旋钮建模的具体操作步骤如下：
① 创建连接头旋转特征。
② 创建基准平面、基准点特征。
③ 创建手柄扫描轨迹特征。
④ 创建扫描混合特征。
⑤ 创建安装孔、螺栓孔特征。
⑥ 创建倒圆角特征。
⑦ 简单渲染。

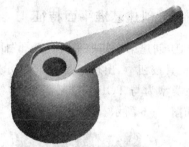

图 7-1　水龙头旋钮模型

7.2　创建水龙头旋钮

(1) 新建文件

启动 Pro/E Wildfire 4.0，单击工具栏"新建"工具按钮，或单击"文件"→"新建"菜单项。选择系统默认"零件"选项，子类型"实体"方式，"名称"文本框中输入 shuilongtouxuanniu，同时注意不勾选"使用缺省模板"复选项。选择公制模板 mmns-part-solid，然后单击"确定"按钮。

(2) 创建旋转特征

选择"插入"→"旋转"菜单项或单击"特征"工具栏"旋转"工具按钮，出现如图 7-2 所示"旋转命令"控制面板，选择"实体方式"按钮。单击"位置"→"定义"选项，选择 FRONT 基准平面为草绘平面，然后单击"草绘"按钮，草绘截面如图 7-3 所示，完毕后单击"确认"按钮，返回到三维模式，单击"确认"按钮，结果如图 7-4 所示。

图 7-2　"旋转命令"控制面板

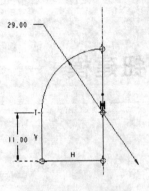

图7-3 草绘截面　　　　　　　　图7-4 实体旋转特征创建

(3) 创建基准平面特征

① 创建第一基准平面。选择"插入"→"模型基准"→"平面"菜单项或单击工具栏"基准平面"工具按钮，出现如图7-5所示"基准平面"对话框。选择 TOP 基准平面为参考平面,其约束类型为与 TOP 基准平面平行"偏移",偏距值为14,单击"确定"按钮完成 DTM1 创建,结果如图7-6所示。

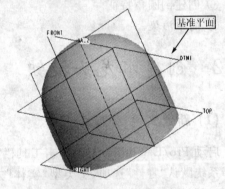

图7-5 "基准平面"对话框　　　　图7-6 基准平面创建

② 创建第二基准平面。选择系统菜单栏"插入"→"模型基准"→"平面"菜单项或单击工具栏"基准平面"工具按钮，出现如图7-7所示"基准平面"对话框。选择 FRONT 基准平面为参考平面,其约束类型为 FRONT 基准平面平行"偏移",偏距值为14,单击"确定"按钮完成 DTM2 创建,结果如图7-8所示。

③ 创建第三基准平面。创建过程同第二基准平面过程相同,选择 FRONT 基准平面为参考平面,其约束类型为 FRONT 基准平面平行"偏移",偏距值为45,单击"确定"按钮完成 DTM3 创建,结果如图7-9所示。

(4) 创建扫描轨迹特征

选择"插入"→"模型基准"→"草绘"菜单项,或单击工具栏"旋转"工具按钮，选择 RIGHT 基准平面为草绘平面,单击"草绘"按钮确认,进入二维草绘模式。草绘手柄控制轨迹曲线如图7-10所示,草绘完成,单击"确认"按钮✓确认。

案例7 水龙头旋钮建模

图7-7 "基准平面"对话框

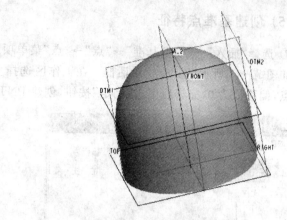

图7-8 基准平面创建

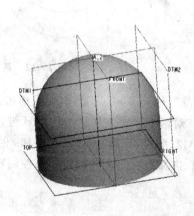

图7-9 基准平面创建

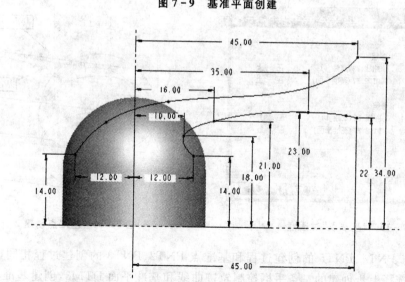

图7-10 草绘轨迹基准线

47

(5) 创建基准点特征

① 选择"插入"→"模型基准"→"点"→"点"菜单项或单击工具栏的"基准点"工具按钮 ××，出现如图7-11所示"基准点"对话框。在工作区选择上步创建的两条手柄控制轨迹曲线，单击端点，偏移值为0，完毕后单击"确定"按钮，创建PNT0、PNT1基准点如图7-12所示。

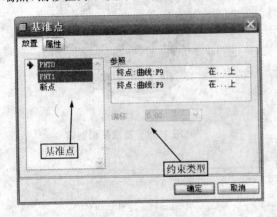

图7-11 "基准点"对话框　　　　图7-12 基准点创建1

② 选择系统菜单栏"插入"→"模型基准"→"点"→"点"菜单项或单击工具栏的"基准点"工具按钮 ××，出现如图7-13所示"基准点"对话框。在工作区按住Ctrl键，选择上一步创建的一条手柄控制轨迹曲线和基准平面DTM2，完毕后单击"确定"按钮，创建PNT2，基准点PNT3创建过程和基准点PNT2过程相同，选择上一步创建的另一条控制轨迹曲线，基准点创建完毕，结果如图7-14所示。

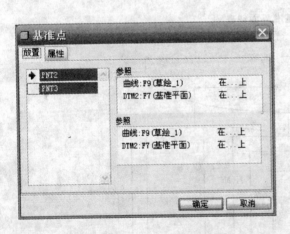
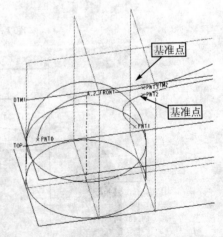

图7-13 "基准点"对话框　　　　图7-14 基准点创建2

③ 基准点PNT4、PNT5的创建过程和基准点PNT2、PNT3的创建过程相同，在工作区按住Ctrl键，选择上步创建的一条手柄控制轨迹曲线和基准平面DTM3，创建基准点PNT4，按住Ctrl键，选择另一条控制轨迹曲线和基准平面DTM3，创建基准点PNT5，创建完毕的结果如图7-15所示。

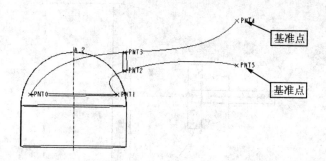

图 7-15 基准点创建 3

(6) 创建控制截面特征

① 选择"插入"→"模型基准"→"草绘"菜单项,或单击工具栏"旋转"工具按钮,选择 DTM1 基准平面为草绘平面,单击"草绘"按钮确认,进入二维草绘模式。绘制一个过两点 PNT0、PNT1 的圆,最后单击"草绘器"工具栏上的"分割图元"工具按钮,在圆上创建 4 个断点,位置如图 7-16 所示。完毕后单击"确认"按钮确认。

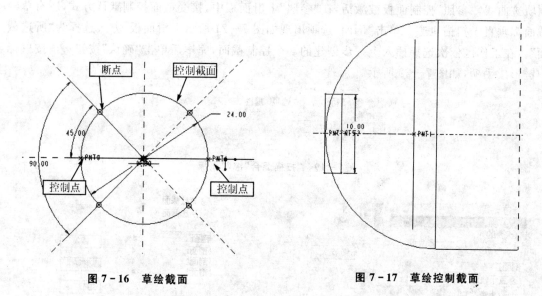

图 7-16 草绘截面　　　　　图 7-17 草绘控制截面

② 选择"插入"→"模型基准"→"草绘"菜单项,或单击工具栏"旋转"工具按钮,出现如图 7-25 所示对话框。选择 DTM2 基准平面为草绘平面,单击"草绘"按钮确认,进入二维草绘模式,绘制一个过两点 PNT2、PNT3,宽度值为 7 的矩形,如图 7-17 所示,完毕后单击"确认"按钮确认。

③ 选择"插入"→"模型基准"→"草绘"菜单项,或单击工具栏"旋转"工具按钮,选择 DTM3 基准平面为草绘平面,单击"草绘"按钮确认,进入二维草绘模式,绘制一个过两点 PNT4、PNT5,宽度值为 2 的矩形,如图 7-18 所示,完毕后单击"确认"按钮确认。

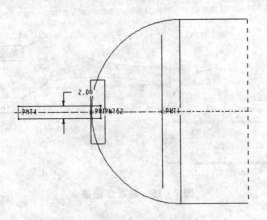

图 7-18 草绘控制截面

(7) 创建扫描混合特征

选择"插入"→"扫描混合"菜单项,出现如图 7-19 所示控制面板。单击控制面板上的"参照"选项,出现如图 7-20 所示上滑面板,在工作区按住 Ctrl 键,复选上一步创建的两条旋钮控制轨迹曲线,"参照"控制面板被激活,在"参照"上滑面板中,接受截面控制默认方式,所有草绘截面都垂直于扫描轨迹。单击"剖面"选项出现如图 7-21 所示上滑面板,方式选择为"所选截面"。在工作区依次选择插入上一步创建的 3 个控制截面,完毕后单击"确认"按钮✓或按鼠标中键形成手柄,如图 7-22 所示。

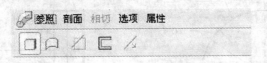

图 7-19 "扫描混合"控制面板

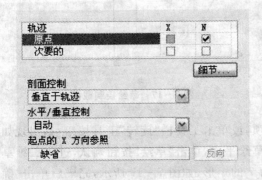

图 7-20 "参照"上滑面板

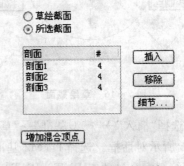

图 7-21 "剖面"上滑面板

(8) 创建安装孔特征

① 选择"插入"→"拉伸"菜单项或单击工具栏"拉伸"工具按钮,选择控制面板"去除材料"按钮,如图 7-23 所示。选择 TOP 基面作为草绘平面,草绘平面参照方向系统自动捕捉

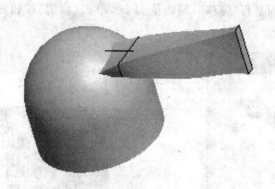

图 7-22 扫描混合特征创建

为 RIGHT 基面,并垂直于草绘平面,位于草绘平面右侧,然后单击"草绘"按钮,进入二维草绘模式,草绘截面如图 7-24 所示。完毕后单击"确认"按钮 ✓,返回到三维模式,输入拉伸深度值为 16,单击"确认"按钮 ✓ 形成安装孔,如图 7-25 所示。

图 7-23 "拉伸操控"面板

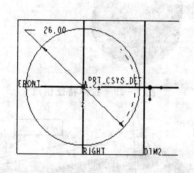

图 7-24 草绘截面

图 7-25 拉伸特征创建

② 创建基准平面。选择"插入"→"模型基准"→"平面"菜单项或单击工具栏"基准平面"工具按钮,出现如图 7-26 所示"基准平面"对话框。选择步骤①创建安装孔特征的内底面,其约束类型为 DTM4 基准平面平行"偏移",偏距值为 2,单击"确定"按钮完成 DTM4 基准平面创建,结果如图 7-27 所示。

③ 创建安装螺栓孔。创建过程和安装孔创建过程相同,选择"插入"→"拉伸"菜单项或单击工具栏"拉伸"工具按钮,选择控制面板"去除材料"按钮,拉伸方式为"穿透",草绘平面选择 DTM4 基准平面,草绘一个直径值为 8 的圆,如图 7-28 所示,创建完毕后单击"确认"按钮 ✓ 或按鼠标中键确认形成安装螺栓孔,如图 7-29 所示。

④ 创建基准平面。选择"插入"→"模型基准"→"平面"菜单项或单击工具栏"基准平面"工具按钮,出现如图 7-30 所示"基准平面"对话框。选择 TOP 基准平面,其约束类型为创

建平面与 TOP 基准平面平行"偏移",偏距值为 20,单击"确定"按钮完成 DTM5 基准平面创建,结果如图 7-31 所示。

图 7-26 "基准平面"对话框

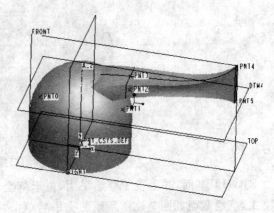

图 7-27 基准平面创建

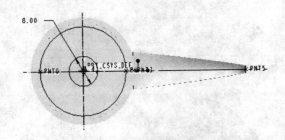

图 7-28 草绘截面

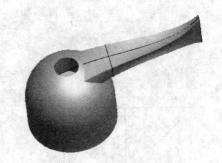

图 7-29 拉伸特征创建

图 7-30 "基准平面"对话框

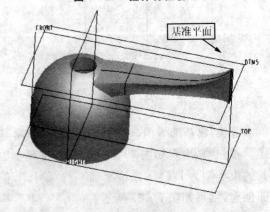

图 7-31 基准平面创建

⑤ 创建安装螺栓孔。选择"插入"→"拉伸"菜单项或单击工具栏"拉伸"工具按钮,选择控制面板"去除材料"按钮,拉伸方式为"穿透",草绘平面选择 DTM5 基准平面,草绘一个直径值为 15 的圆,如图 7-32 所示,创建完毕单击"确认"按钮形成安装螺栓孔,如图 7-33 所示。

⑥ 创建安装螺栓孔。选择"插入"→"拉伸"菜单项或单击工具栏"拉伸"工具按钮，指定深度值3,选择控制面板"去除材料"按钮，草绘平面选择 DTM4 基准平面,草绘一个边长值8.2 的正方形,如图 7-34 所示,创建完毕后单击"确认"按钮形成安装螺栓孔,如图 7-35 所示。

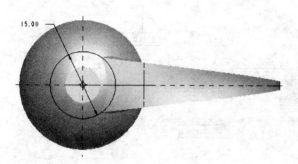

图 7-32 草绘截面

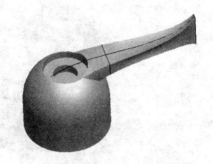

图 7-33 拉伸特征创建

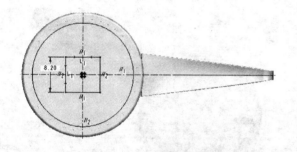

图 7-34 草绘截面

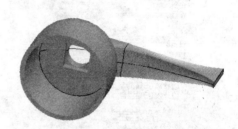

图 7-35 拉伸特征创建

(9) 创建倒圆角特征

单击工具栏"倒圆角"工具按钮或选择"插入"→"倒圆角"菜单项,出现如图 7-36 所示控制面板。单击"设置"选项出现上滑面板,单击"新组"选项,在工作区依次选择水龙头轮廓边线,如图 7-37 所示,进行圆角角度设置,如图 7-38 所示,完成设置,单击"确认"按钮出现圆角特征如图 7-39 所示。

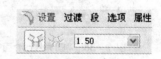

图 7-36 "倒圆角"控制面板

7.3 简单渲染

选择"视图"→"颜色和外观"菜单项或单击"颜色和外观"工具按钮，出现"外观编辑器"对话框,如图 7-40 所示,选择 ptc_metallic_steel_light 材料,分配外观为"零件",单击"应用"按钮,结果如图 7-41 所示。

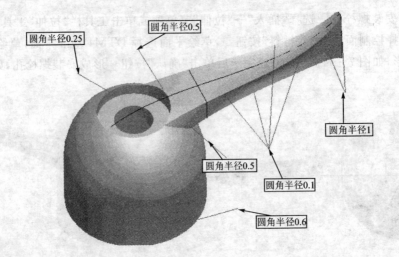

图 7-37 圆角边线选择

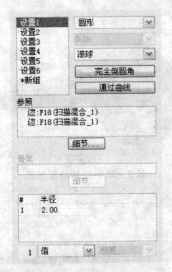

图 7-38 "圆角"上滑面板

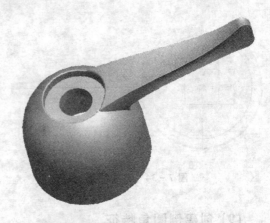

图 7-39 圆角特征创建

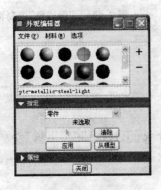

图 7-40 "外观编辑器"对话框

图 7-41 水龙头旋钮

案例 8 多叶风扇建模

8.1 模型分析

风扇的外形如图 8-1 所示,由基体和叶片等基本结构特征组成。

风扇的建模的具体操作步骤如下:
① 创建旋转特征。
② 创建基准特征。
③ 创建拉伸特征
④ 创建复制特征
⑤ 创建阵列特征。
⑥ 简单渲染。

图 8-1 多页风扇模型

8.2 创建风扇

(1) 新建文件

启动 Pro/E Wildfire 4.0,单击工具栏"新建"工具按钮,或单击"文件"→"新建"菜单项。选择系统默认"零件"选项,子类型"实体"方式,"名称"文本框中输入 fan,同时注意不勾选"使用缺省模板"复选框。选择公制模板 mmns-part-solid,然后单击"确定"按钮。

(2) 创建旋转特征

选择"插入"→"旋转"菜单项或单击"特征"工具栏"旋转"工具按钮,出现如图 8-2 所示"旋转命令"控制面板,选择"实体方式"按钮。单击"位置"→"定义"选项,选择 TOP 基准平面为草绘平面,然后单击"草绘"按钮,草绘截面如图 8-3 所示,完毕后单击"确认"按钮,返回到三维模式,然后单击"确认"按钮,结果如图 8-4 所示。

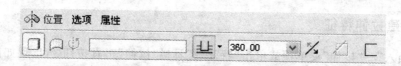

图 8-2 "旋转特征"控制面板

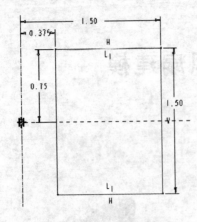

图 8-3　草绘截面　　　　　　　　图 8-4　旋转特征创建

(3) 创建基准特征

选择"插入"→"模型基准"→"轴"菜单项或单击"特征"工具栏"基准轴"工具按钮，出现如图 8-5 所示"基准轴"对话框，按住 Ctrl 键，选择 TOP 基准平面和 FRONT 基准平面为参照，然后单击对话框中"确定"按钮，创建基准轴 A-3，如图 8-6 所示。

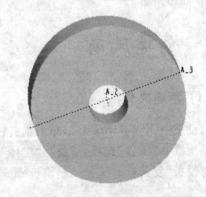

图 8-5　"基准轴"对话框　　　　　图 8-6　基准轴特征创建

选择"插入"→"模型基准"→"平面"菜单项或单击"特征"工具栏"基准平面"工具按钮，出现如图 8-7 所示"基准平面"对话框，按住 Ctrl 键，选择 TOP 基准平面和 A-3 基准轴为参照，然后在"旋转"文本框中输入 70，完毕后单击对话框中"确定"按钮，创建基准平面 DTM1，如图 8-8 所示。

(4) 创建拉伸特征

选择"插入"→"拉伸"菜单项或单击"特征"工具栏"拉伸"工具按钮，出现如图 8-9 所示"拉伸命令"控制面板，选择"实体方式"按钮。单击"放置"→"定义"选项，选择上一步创建的 DTM1 基准平面为草绘平面，然后单击"草绘"按钮，弹出如图 8-10 所示"参照"对话框，按住 Ctrl 键，选择 RIGHT 基准平面和 A-3 基准轴为参照，完毕后单击"关闭"按钮，草绘截面如

图 8-11 所示,完毕后单击"确认"按钮☑,返回到三维模式,输入深度值为 0.05,完毕后单击"确认"按钮☑,结果如图 8-12 所示。

图 8-7 "基准平面"对话框

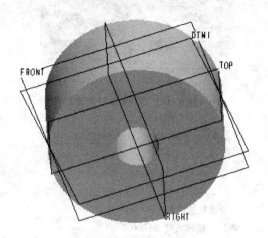

图 8-8 基准平面特征创建

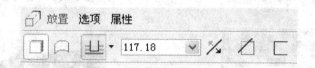

图 8-9 "拉伸特征"控制面板

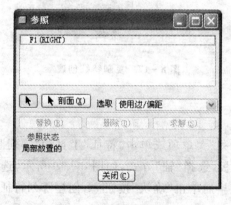

图 8-10 "参照"对话框

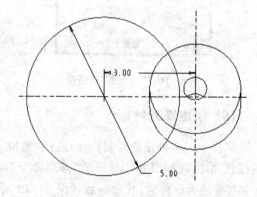

图 8-11 草绘截面

(5) 创建复制特征

选择"编辑"→"特征操作"菜单项,出现如图 8-13 所示特征菜单,依次选择"复制"→"移动"→"完成"选项,选择上一步创建的拉伸特征,依次选择"旋转"→"曲线/边/轴"选项,然后选择旋转轴 A-2,单击"正向"选项。系统提示输入旋转角度值,如图 8-14 所示。输入角度值为 90,单击"确认"按钮☑,然后单击"完成移动"选项,弹出如图 8-15 所示"组可变尺寸"菜单,直接单击"完成"选项,再单击如图 8-16 所示"组元素"对话框中的"确定"按钮,最后单击如图 8-13 所示中的"完成"选项,完成如图 8-17 所示复制特征。

图8-12 拉伸特征创建 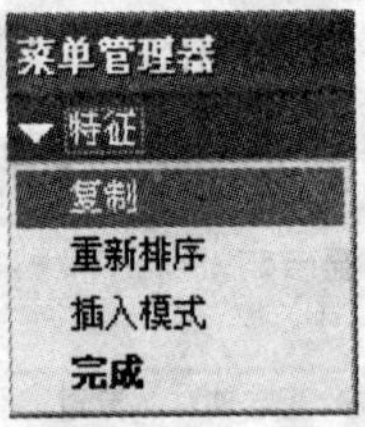　　　　　图8-13 "特征"菜单

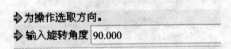

图8-14 系统提示　　　　　图8-15 "组可变尺寸"菜单

图8-16 "组元素"对话框 　　　　图8-17 复制特征创建

(6) 创建阵列特征

选择上一步创建的复制特征,选择"编辑"→"阵列"菜单项或单击"特征"工具栏"阵列"工具按钮，出现如图8-18所示"阵列命令"控制面板,选择"轴"方式,如图8-19所示,选择A_2基准轴为旋转轴,其余参数如图8-19所示,完毕后单击"确认"按钮，创建阵列特征如图8-20所示。

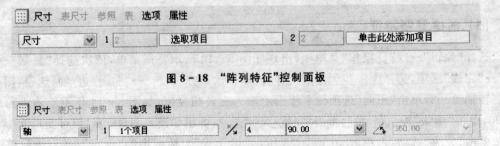

图8-18 "阵列特征"控制面板

图8-19 "轴方式阵列特征"控制面板

图 8-20 阵列特征创建

8.3 简单渲染

选择"视图"→"颜色和外观"菜单项，出现"外观编辑器"对话框，设置如图 8-21 所示参数，"指定"颜色到"零件"模型，完毕后单击"应用"按钮，结果如图 8-22 所示。

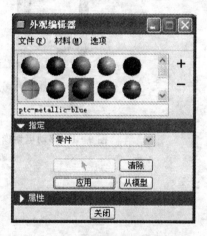

图 8-21 "外观编辑器"对话框

图 8-22 多叶风扇

案例9　移动电话建模

9.1　模型分析

移动电话的外形如图9-1所示,主要由主壳体、天线、数字按键、方向键、屏幕和听筒等组成。移动电话的建模的具体操作步骤如下:

① 创建拉伸特征。
② 创建倒圆角特征。
③ 创建抽壳特征。
④ 创建拉伸特征。
⑤ 创建阵列特征。
⑥ 创建拉伸特征。
⑦ 创建基准特征。
⑧ 创建拉伸特征。
⑨ 创建圆角特征。
⑩ 创建拉伸特征。
⑪ 简单渲染。

图9-1　移动电话模型

9.2　创建移动电话

(1) 新建文件

启动 Pro/E Wildfire 4.0,单击工具栏"新建"工具按钮,或单击"文件"→"新建"菜单项。选择系统默认"零件"项,子类型"实体"方式,"名称"文本框中输入 yddh,同时注意不勾选"使用缺省模板"复选框。选择公制模板 mmns-part-solid,然后单击"确定"按钮。

(2) 创建拉伸特征

选择"插入"→"拉伸"菜单项或单击"特征"工具栏"拉伸"工具按钮,出现如图9-2所示"拉伸命令"控制面板,选择"实体方式"选项。单击"放置"→"定义"选项,选择 TOP 基准平面为草绘平面,然后单击"草绘"按钮,草绘截面如图9-3所示,完毕后单击"确认"按钮✓,返回到三维模式,输入拉伸深度值为25,单击"确认"按钮,结果如图9-4所示。

选择"插入"→"拉伸"菜单项或单击"特征"工具栏"拉伸"工具按钮,出现如图9-5所示"拉伸命令"控制面板,选择"实体方式"选项。单击"放置"→"定义"选项,选择 RIGHT 基准平面为草绘平面,然后单击"草绘"按钮,草绘如图9-6所示截面,完毕后单击"确认"按钮✓,

返回到三维模式,选择"穿透方式"按钮,单击"选项"按钮,第二侧也选择"穿透方式"按钮,选择"去除材料方式"按钮,单击"确认"按钮,结果如图9-7所示。

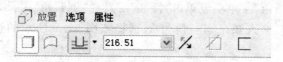

图9-2 "拉伸特征"控制面板

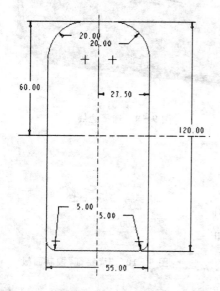

图9-3 草绘截面

图9-4 拉伸特征创建

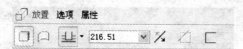

图9-5 "拉伸特征"控制面板

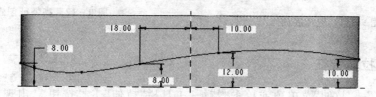

图9-6 草绘截面

图9-7 拉伸特征创建

(3) 创建倒圆角特征

选择"插入"→"倒圆角"菜单项或单击"特征"工具栏"倒圆角"工具按钮，出现如图 9-8 所示"倒圆角"控制面板，输入圆角半径值为 2，选择如图 9-9 所示的边线。完毕后单击"确认"按钮。

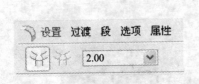

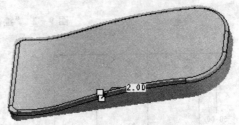

图 9-8 "倒圆角特征"控制面板　　　　　图 9-9 选择边线

(4) 创建抽壳特征

选择"插入"→"壳"菜单项或单击"特征"工具栏"壳"工具按钮，出现如图 9-10 所示"壳特征"控制面板，输入厚度值为 2，选择底面为移除表面，如图 9-11 所示。然后单击"确认"按钮，结果如图 9-12 所示。

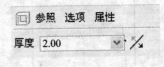

图 9-10 "壳特征"控制面板

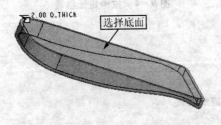

图 9-11 选择底面　　　　　图 9-12 壳特征创建

(5) 创建拉伸特征

选择"插入"→"拉伸"菜单项或单击"特征"工具栏"拉伸"工具按钮，出现如图 9-13 所示"拉伸命令"控制面板，选择"实体方式"按钮。单击"放置"→"定义"选项，选择 TOP 基准平面为草绘平面，然后单击"草绘"按钮，草绘截面如图 9-14 所示，完毕后单击"确认"按钮，返回到三维模式，选择"穿透方式"按钮，选择"去除材料"按钮，单击"确认"按钮，结果如图 9-15 所示。

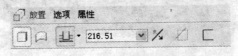

图 9-13 "拉伸特征"控制面板

案例9 移动电话建模

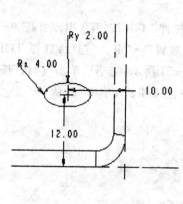

图9-14 草绘截面

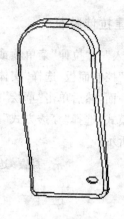

图9-15 拉伸特征创建

(6) 创建阵列特征

选择上一步创建的拉伸特征,选择"编辑"→"阵列"菜单项或单击"特征"工具栏"阵列"工具按钮,出现如图9-16所示的"阵列特征"控制面板,修改参数如图9-17所示,其中"1"和"2"选项框中的边选择如图9-18所示。完毕后单击"确认"按钮,结果如图9-19所示。

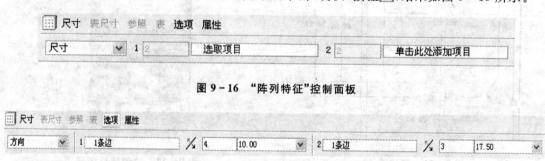

图9-16 "阵列特征"控制面板

图9-17 修改参数

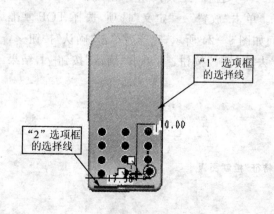

图9-18 选择边线

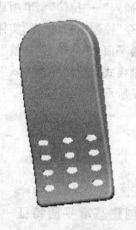

图9-19 阵列特征创建

(7) 创建拉伸特征

选择"插入"→"拉伸"菜单项或单击"特征"工具栏"拉伸"工具按钮，出现如图9-20所示"拉伸命令"控制面板，选择"实体方式"按钮。单击"放置"→"定义"选项，选择TOP基准平面为草绘平面，然后单击"草绘"按钮，草绘截面如图9-21所示，完毕后单击"确认"按钮✓，返回到三维模式，选择"穿透方式"按钮，选择"去除材料"按钮，单击"确认"按钮✓，结果如图9-22所示。

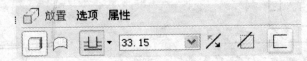

图9-20 "拉伸特征"控制面板

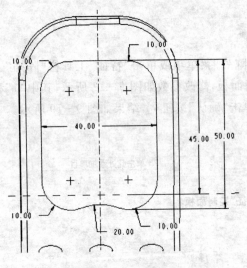

图9-21 草绘截面

图9-22 拉伸特征创建

选择"插入"→"拉伸"菜单项或单击"特征"工具栏"拉伸"工具按钮，出现如图9-23所示"拉伸命令"控制面板，选择"实体方式"按钮。单击"放置"→"定义"选项，选择TOP基准平面为草绘平面，然后单击"草绘"按钮，草绘截面如图9-24所示，完毕后单击"确认"按钮✓，返回到三维模式，选择"穿透方式"按钮，选择"去除材料"按钮，单击"确认"按钮✓，结果如图9-25所示。

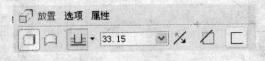

图9-23 "拉伸特征"控制面板

(8) 创建基准平面特征

选择"插入"→"模型基准"→"平面"菜单项或单击"特征"工具栏"基准平面"工具按钮，出现"基准平面"对话框，选择模型顶部为参照面，偏移量值输入20，如图9-26所示。完毕后单击"确定"按钮,基准平面 DTM1 如图 9-27 所示。

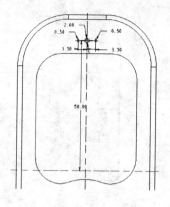

图 9-24 草绘截面

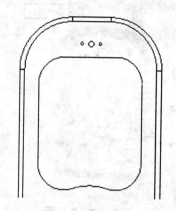

图 9-25 拉伸特征创建

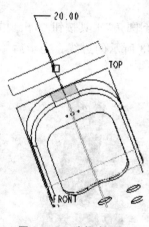

图 9-26 选择参照面

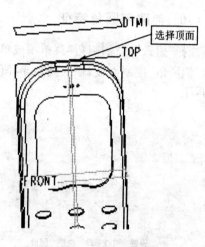

图 9-27 基准面创建

(9) 创建拉伸特征

选择"插入"→"拉伸"菜单项或单击"特征"工具栏"拉伸"工具按钮,出现如图 9-28 所示"拉伸命令"控制面板,选择"实体方式"按钮。单击"放置"→"定义"选项,选择 DTM1 基准平面为草绘平面,然后单击"草绘"按钮,草绘截面如图 9-29 所示,完毕后单击"确认"按钮,返回到三维模式,选择"拉伸至点、线、面方式"按钮,选择如图 9-30 所示的面,单击"确认"按钮,结果如图 9-31 所示。

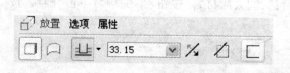

图 9-28 "拉伸特征"控制面板

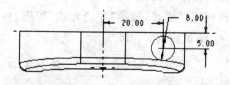

图 9-29 "拉伸特征"控制面板

图 9-30 选择面

图 9-31 拉伸特征创建

(10) 创建倒圆角特征

选择"插入"→"倒圆角"菜单项或单击"特征"工具栏"倒圆角"工具按钮，出现如图 9-32 所示"倒圆角"控制面板，输入圆角半径值 2，选择如图 9-33 所示的边线。完毕后单击"确认"按钮。

图 9-32 "倒圆角特征"控制面板

图 9-33 选择边线

(11) 创建拉伸特征

选择"插入"→"拉伸"菜单项或单击"特征"工具栏"拉伸"工具按钮，出现如图 9-34 所示"拉伸命令"控制面板，选择"实体方式"按钮。单击"放置"→"定义"选项，选择 TOP 基准平面为草绘平面，然后单击"草绘"按钮，草绘截面如图 9-35 所示，完毕后单击"确认"按钮，返回到三维模式，选择"穿透方式"按钮，然后选择"去除材料"按钮，完毕后单击"确认"按钮，结果如图 9-36 所示。

图 9-34 "拉伸特征"控制面板

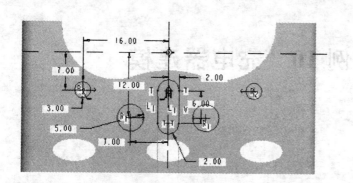

图 9-35 草绘截面　　　　　　　　　　　图 9-36 拉伸特征创建

9.3 简单渲染

选择"视图"→"颜色和外观"菜单项,出现"外观编辑器"对话框,设置如图 9-37 所示参数,"指定"颜色到"零件"模型,完毕后单击"应用"按钮,结果如图 9-38 所示。

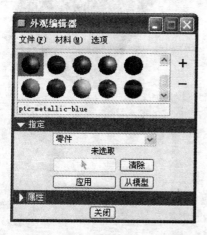

图 9-37 "外观编辑器"对话框　　　　　　图 9-38 移动电话

案例 10　充电器建模

10.1　模型分析

充电器的外形如图 10-1 所示,由壁体和凹槽等基本结构特征组成。

充电器的建模的具体操作步骤如下:

① 创建拉伸特征。
② 创建基准特征。
③ 创建拉伸特征。
④ 创建拔模特征。
⑤ 创建基准特征。
⑥ 创建旋转特征。
⑦ 创建复制特征。
⑧ 创建抽壳特征。
⑨ 创建拉伸特征。
⑩ 创建复制特征。
⑪ 简单渲染。

图 10-1　充电器模型

10.2　创建充电器

(1) 新建文件

启动 Pro/E Wildfire 4.0,单击工具栏"新建"工具按钮，或单击"文件"→"新建"菜单项。选择系统默认"零件"选项,子类型"实体"方式,"名称"文本框中输入 cdq,同时注意不勾选"使用缺省模板"复选框。选择公制模板 mmns-part-solid,然后单击"确定"按钮。

(2) 创建拉伸特征

选择"插入"→"拉伸"菜单项或单击"特征"工具栏"拉伸"工具按钮，出现如图 10-2 所示"拉伸命令"控制面板,选择"实体方式"按钮。单击"放置"→"定义"选项,选择 RIGHT 基准平面为草绘平面,然后单击"草绘"按钮,草绘截面如图 10-3 所示,完毕后单击"确认"按钮，返回到三维模式,输入拉伸深度值为 60,单击"确认"按钮，结果如图 10-4 所示。

选择"插入"→"拉伸"菜单项或单击"特征"工具栏"拉伸"工具按钮，出现如图 10-5 所示"拉伸命令"控制面板,选择"实体方式"按钮。单击"放置"→"定义"选项,选择 FRONT 基准平面为草绘平面,然后单击"草绘"按钮,草绘截面如图 10-6 所示,完毕后单击"确认"按钮

✓，返回到三维模式，输入拉伸深度值为30，单击"确认"按钮☑，结果如图10-7所示。

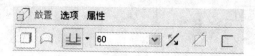

图10-2　"拉伸特征"控制面板

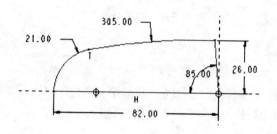

图10-3　草绘截面

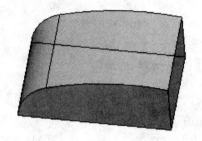

图10-4　拉伸特征创建

图10-5　"拉伸特征"控制面板

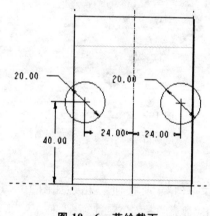

图10-6　草绘截面

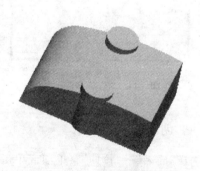

图10-7　拉伸特征创建

选择"插入"→"拉伸"菜单项或单击"特征"工具栏"拉伸"工具按钮，出现如图10-8所示"拉伸命令"控制面板，选择"实体方式"按钮。单击"放置"→"定义"选项，选择RIGHT基准平面为草绘平面，然后单击"草绘"按钮，草绘截面如图10-9所示，完毕后单击"确认"按钮✓，返回到三维模式，选择"穿透方式"按钮，单击"选项"按钮，第二侧也选择穿透，再单击"去除材料"按钮，单击"确认"按钮☑，结果如图10-10所示。

图10-8　"拉伸特征"控制面板

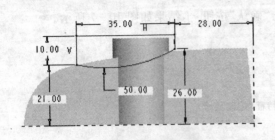
图10-9 草绘截面

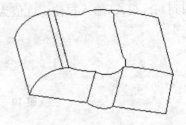
图10-10 拉伸特征创建

(3) 创建基准特征

选择"插入"→"模型基准"→"平面"菜单项或单击"特征"工具栏"基准平面"工具按钮，出现如图10-11所示"基准平面"对话框，选择RIGHT基准平面为参照面，输入平移值30，单击"确定"按钮，创建基准平面DTM1如图10-12所示。

图10-11 "基准平面"对话框

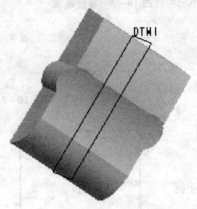
图10-12 基准平面创建

(4) 创建拉伸特征

选择"插入"→"拉伸"菜单项或单击"特征"工具栏"拉伸"工具按钮，出现如图10-13所示"拉伸命令"控制面板，选择"实体方式"按钮。单击"放置"→"定义"选项，选择上一步创建的DTM1基准平面为草绘平面，然后单击"草绘"按钮，草绘截面如图10-14所示，完毕后单击"确认"按钮✓，返回到三维模式，选择"对称方式"，输入拉伸深度值为50，再单击"去除材料"按钮，单击"确认"按钮✓，结果如图10-15所示。

图10-13 "拉伸特征"控制面板

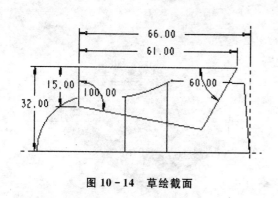

图 10-14 草绘截面

图 10-15 拉伸特征创建

(5) 创建拔模特征

选择"插入"→"斜度"菜单项或单击"特征"工具栏"拔模"工具按钮 ，出现如图 10-16 所示"拔模命令"控制面板，单击"参照"选项，弹出上滑面板，按住 Ctrl 键选取如图 10-17 所示的两个内侧面为拔模曲面，单击拔模枢轴框，选择 TOP 基准平面为拔模枢轴，拖动方向选择反向，拔模度数输入 3，完毕后单击"确认"按钮 ，结果如图 10-18 所示。

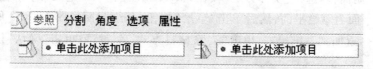

图 10-16 "拔模特征"控制面板

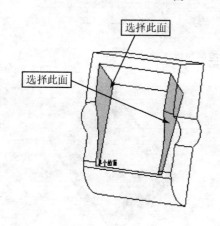

图 10-17 选取曲面

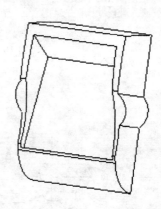

图 10-18 创建拔模特征

(6) 创建基准特征

选择"插入"→"模型基准"→"平面"菜单项或单击"特征"工具栏"基准平面"工具按钮 ，出现如图 10-19 所示"基准平面"对话框，选择 FRONT 基准平面为参照面，输入平移值 80，单击"确定"按钮，创建基准平面 DTM2 如图 10-20 所示。

图 10-19 "基准平面"对话框

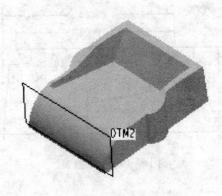

图 10-20 创建基准平面

(7) 创建旋转特征

选择"插入"→"旋转"菜单项或单击"特征"工具栏"旋转"工具按钮，出现如图 10-21 所示"旋转命令"控制面板，选择"实体方式"按钮。单击"位置"→"定义"选项，选择上一步创建的 DTM2 基准平面为草绘平面，然后单击"草绘"按钮，草绘截面如图 10-22 所示，完毕后单击"确认"按钮，返回到三维模式，单击"去除材料方式"，然后单击"确认"按钮，结果如图 10-23 所示。

图 10-21 "旋转特征"控制面板

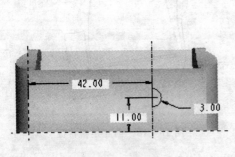

图 10-22 草绘截面

图 10-23 旋转特征创建

(8) 创建复制特征

选择"编辑"→"特征操作"菜单项，弹出"特征"菜单，单击"复制"选项，然后依次选择"镜像"→"选取"→"独立"选项，如图 10-24 所示。单击"完成"选项弹出选取菜单，单击上一步创建的旋转特征，单击"完成"选项。弹出设置平面菜单，选取DTM1基准平面作为镜像平面，单击"完成"选项。镜像特征如图10-25所示。

图10-24 "复制"菜单

图10-25 镜像特征创建

(9) 创建抽壳特征

选择"插入"→"壳"菜单项或单击"特征"工具栏"壳"工具按钮，出现如图10-26所示"壳特征"控制面板，输入厚度值为0.5，选择底面作为移除表面，如图10-27所示。然后单击"确认"按钮，结果如图10-28所示。

图10-26 "抽壳特征"控制面板

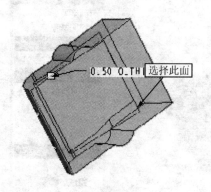

图10-27 选择移除面

图10-28 抽壳特征创建

(10) 创建拉伸特征

选择"插入"→"拉伸"菜单项或单击"特征"工具栏"拉伸"工具按钮，出现如图10-29所示"拉伸命令"控制面板，选择"实体方式"按钮。单击"放置"→"定义"选项，选择如图10-30所示的面为草绘平面，然后单击"草绘"按钮，草绘截面如图10-31所示，完毕后单击"确认"按钮✓,返回到三维模式,选择"穿透方式"按钮,再单击"去除材料"按钮,单击"确认"按钮✓,结果如图10-32所示。

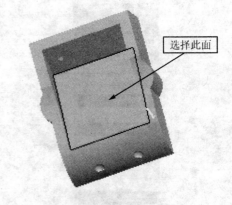

图10-30 选择面

图10-29 "拉伸特征"控制面板

(11) 创建复制特征

选择"编辑"→"特征操作"菜单项,弹出"特征"菜单,单击"复制"选项,然后依次选择"镜像"→"选取"→"独立"选项,如图10-33所示。单击"完成"选项弹出选取菜单,单击上一步创建的拉伸特征,单击"完成"选项。弹出设置平面菜单,选取DTM1基准平面作为镜像平面,单击"完成"选项。镜像特征如图10-34所示。

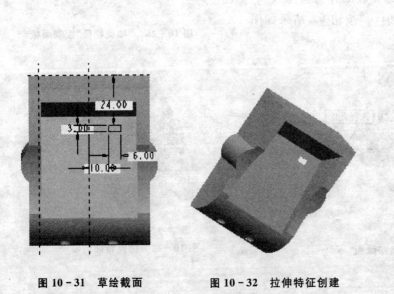

图10-31 草绘截面　　　图10-32 拉伸特征创建　　　图10-33 "复制"菜单

(12) 创建倒圆角特征

选择"插入"→"倒圆角"菜单项或单击"特征"工具栏"倒圆角"工具按钮,出现如图10-35所示"倒圆角"控制面板,输入圆角半径值0.25,按住Ctrl键依次选择如图10-36所示的边线。完毕后单击"确认"按钮☑。

图 10-34 复制特征创建　　图 10-35 "倒圆角"控制面板　　图 10-36 选择边线

10.3　简单渲染

选择"视图"→"颜色和外观"菜单项，出现"外观编辑器"对话框，设置如图 10-37 所示参数，"指定"颜色到"零件"模型，完毕后单击"应用"按钮，结果如图 10-38 所示。

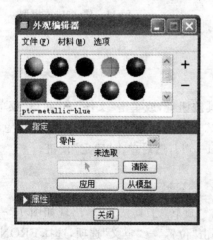

图 10-37　"外观编辑器"对话框　　　　　图 10-38　充电器

案例 11　咖啡壶建模

11.1　模型分析

咖啡壶的外形如图 11-1 所示,由咖啡壶体、固定圈体和壶柄等基本结构特征组成。

咖啡壶的建模的具体操作步骤如下:
① 创建旋转特征。
② 创建抽壳特征。
③ 创建基准平面特征。
④ 创建拉伸特征。
⑤ 创建扫描特征。
⑥ 创建倒圆角特征。
⑦ 简单渲染。

图 11-1　咖啡壶模型

11.2　创建咖啡壶

(1) 新建文件

启动 Pro/E Wildfire 4.0,单击工具栏"新建"工具按钮,或单击"文件"→"新建"菜单项。选择系统默认"零件"选项,子类型"实体"方式,"名称"文本框中输入 coffeepot,同时注意不勾选"使用缺省模板"复选框。选择公制模板 mmns-part-solid,然后单击"确定"按钮。

(2) 创建旋转特征

选择"插入"→"旋转"菜单项或单击"特征"工具栏"旋转"工具按钮,出现如图 11-2 所示"旋转命令"控制面板,选择"实体方式"按钮。单击"位置"→"定义"选项,选择 FRONT 基准平面为草绘平面,然后单击"草绘"按钮,草绘截面如图 11-3 所示,完毕后单击"确认"按钮,返回到三维模式,单击"确认"按钮,结果如图 11-4 所示。

图 11-2　"旋转命令"控制面板

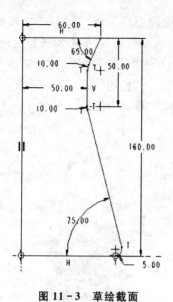

图 11-3 草绘截面   图 11-4 实体旋转特征创建

(3) 创建抽壳特征

选择"插入"→"壳"菜单项,或单击"特征"工具栏"壳"工具按钮 ,输入厚度值 2,然后单击"参照"上滑面板,选择壶体上表面为移除的曲面,如图 11-5 所示,完毕后单击"确认"按钮 ,结果如图 11-6 所示。

(4) 创建基准平面特征

选择"插入"→"模型基准"→"平面"菜单项,或单击"特征"工具栏"基准平面"工具按钮 ,选择如图 11-7 所示的曲线,然后在"基准平面"对话框中单击"确定"按钮,完成基准平面的创建。

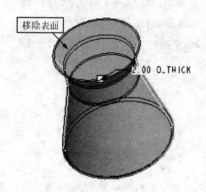  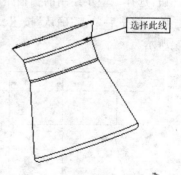

图 11-5 抽壳参照选取   图 11-6 抽壳特征创建   图 11-7 参照线的选择

(5) 创建拉伸特征

选择"插入"→"拉伸"菜单项或单击"特征"工具栏"拉伸"工具按钮 ,出现如图 11-8 所示"拉伸命令"控制面板,选择"实体方式"按钮,选择"拉伸至点"、线、平面方式"按钮,然后选择如图 11-9 所示的曲线。单击加厚草绘按钮,输入厚度值 5,单击 选择反向。单击"放置"→"定义"选项,选择 DTM1 基准平面为草绘平面,单击"草绘"按钮。出现"参照"对话框,单击"关闭"→"是"按钮。选择系统菜单栏"草绘"→"边"→"使用"菜单项,选取图 11-7 所示的曲线,完毕后单击"确认"按钮,返回到三维模式,单击"确认"按钮,如图 11-10 所示。

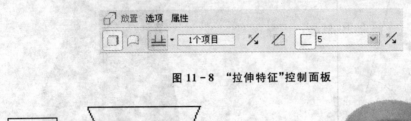

图 11-8　"拉伸特征"控制面板

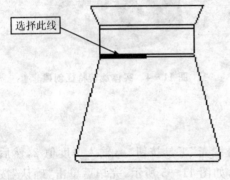

图 11-9　参照线的选择

图 11-10　拉伸特征创建

(6) 创建扫描特征

单击"特征"工具栏草绘工具按钮,选取 RIGHT 基准平面为草绘平面。草绘扫描路径如图 11-11 所示,完毕后单击"确认"按钮。选择"插入"→"扫描混合"菜单项,或单击工具栏"扫描"工具按钮,选择"实体方式"按钮,单击"选项"→"恒定剖面"选项,单击"相切"按钮,选择上一步绘制的扫描路径,如图 11-12 所示,单击 按钮创建如图 11-13 所示扫描剖面。完毕后单击"确认"按钮 确认,返回到三维模式,单击"确认"按钮,结果如图 11-14 所示。

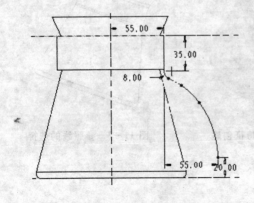

图 11-11　草绘扫描路径

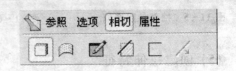

图 11-12　"扫描特征"控制面板

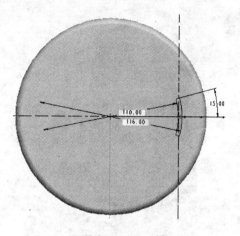

图 11-13 草绘扫描剖面

图 11-14 扫描特征创建

(7) 创建倒圆角特征

选择"插入"→"倒圆角"菜单项,或单击工具栏"倒圆角"工具按钮,出现如图 11-15 所示控制面板,输入半径值 1,按住 Ctrl 键选择如图 11-16 所示边线,单击"确认"按钮,完成倒圆角特征。

图 11-15 "倒圆角特征"控制面板

图 11-16 边线选择

11.3 简单渲染

选择"视图"→"颜色和外观"菜单项,出现"外观编辑器"对话框,设置如图 11-17 所示参数,"指定"颜色到"零件"模型,完毕后单击"应用"按钮,结果如图 11-18 所示。

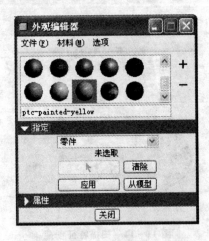

图 11-17 "外观编辑器"对话框

图 11-18 咖啡壶

案例 12　吸尘器建模

12.1　模型分析

吸尘器的外形如图 12-1 所示,由底体和壁体等基本结构特征组成。

吸尘器的建模的具体操作步骤如下:

① 创建旋转特征。
② 创建扫描特征。
③ 创建倒圆角特征。
④ 创建抽壳特征。
⑤ 创建拉伸特征。
⑥ 创建阵列特征。
⑦ 简单渲染。

图 12-1　吸尘器模型

12.2　创建吸尘器

(1) 新建文件

启动 Pro/E Wildfire 4.0,单击工具栏"新建"工具按钮,或单击"文件"→"新建"菜单项。选择系统默认"零件"选项,子类型"实体"方式,"名称"文本框中输入 xcq,同时注意不勾选"使用缺省模板"复选框。选择公制模板 mmns-part-solid,然后单击"确定"按钮。

(2) 创建旋转特征

选择"插入"→"旋转"菜单项或单击"特征"工具栏"旋转"工具按钮,出现如图 12-2 所示"旋转命令"控制面板,选择"实体方式"按钮。单击"位置"→"定义"选项,选择 TOP 基准平面为草绘平面,然后单击"草绘"按钮,草绘截面如图 12-3 所示,完毕后单击"确认"按钮,返回到三维模式,然后单击"确认"按钮,结果如图 12-4 所示。

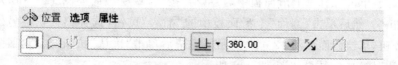

图 12-2　"旋转特征"控制面板

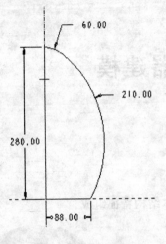

图 12-3 草绘截面

图 12-4 旋转特征创建

（3）创建草绘特征

单击"草绘"工具按钮，选择 RIGHT 基准平面为扫描轨迹草绘平面，草绘扫描轨迹如图 12-5 所示。完毕后单击"确认"按钮 ✓ 。

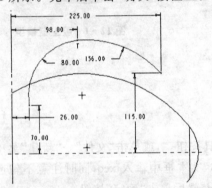

图 12-5 草绘扫描轨迹

图 12-6 "扫描混合特征"控制面板

（4）创建扫描混合特征

选择"插入"→"扫描混合"菜单项，出现如图 12-6 所示"扫描特征"控制面板，选择"实体方式"按钮 。单击"参照"按钮，选择上一步创建的草绘特征为扫描轨迹，如图 12-7 所示，然后单击箭头，使其方向相反。接着单击"剖面"按钮，弹出上滑面板，如图 12-8 所示，选择箭头所在一端的端点，单击"剖面"上滑面板中的"草绘"按钮，草绘截面如图 12-9 所示，完毕后单击"确认"按钮 ✓ 。然后单击"剖面"上滑面板中的"插入"按钮，选择扫描轨迹另外一个端点，单击"草绘"按钮，草绘截面如图 12-10 所示。完毕后单击"确认"按钮 ✓ 。返回到三维模式，然后单击"确认"按钮 ✓ ，结果如图 12-11 所示。

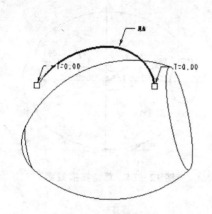

图 12-7 选择草绘轨迹

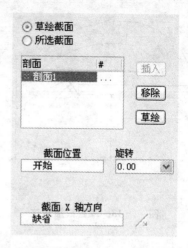

图 12-8 "剖面"上滑面板

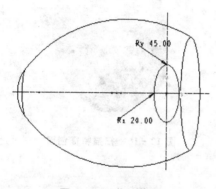

图 12-9 草绘截面

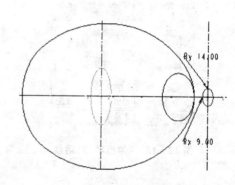

图 12-10 草绘截面

(5) 创建扫描特征

选择"插入"→"扫描"→"伸出项"菜单项,出现如图 12-12 所示扫描轨迹菜单,单击"草绘轨迹"选项,选择 RIGHT 基准平面为草绘平面,选择"设置草绘平面"→"正向"→"顶"选项,选择 TOP 基准平面为参考面,草绘扫描轨迹如图 12-13 所示,完毕后单击"确认"按钮 ✓。弹出"属性"菜单,单击"完成"选项,然后草绘扫描截面如图 12-14 所示,完毕后单击"确认"按钮✓。然后单击如图 12-15 所示"伸出项"对话框中的"确认"按钮,扫描特征如图 12-16 所示。

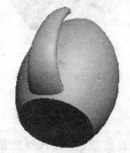

图 12-11 扫描特征创建

图 12-12 "扫描轨迹"菜单

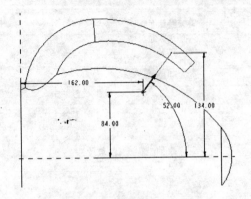

图 12-13　草绘扫描轨迹

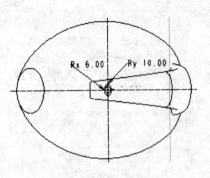

图 12-14　草绘扫描截面

图 12-15　"伸出项"对话框

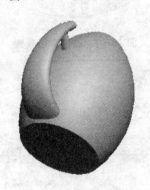

图 12-16　扫描特征创建

(6) 创建倒圆角特征

选择"插入"→"倒圆角"菜单项，或单击工具栏"倒圆角"工具按钮 ，如图 12-17 所示，输入半径值 3，按住 Ctrl 键选择如图 12-18 所示边线，单击"确认"按钮 ，完成倒圆角特征。

图 12-17　"倒圆角特征"控制面板

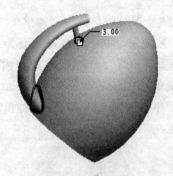

图 12-18　选择边线

(7) 创建抽壳特征

选择"插入"→"壳"菜单项，或单击"特征"工具栏"壳"工具按钮 ，输入厚度值为 1.5，然后单击"参照"上滑面板，选择壶体上表面作为移除表曲，如图 12-19 所示，完毕后单击"确认"

按钮✓，结果如图12-20所示。

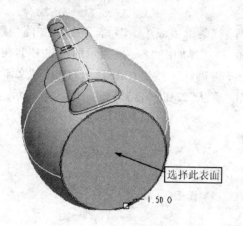

图12-19 选择移除表面

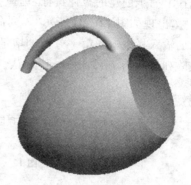

图12-20 壳特征创建

（8）创建拉伸特征

选择"插入"→"拉伸"菜单项或单击"特征"工具栏"拉伸"工具按钮，出现如图12-21所示"拉伸命令"控制面板，选择"实体方式"按钮。单击"放置"→"定义"选项，选择RIGHT基准平面为草绘平面，然后单击"草绘"按钮，草绘截面如图12-22所示，完毕后单击"确认"按钮✓，返回到三维模式，选择"穿透方式"按钮，单击"选项"按钮，在上滑面板中第二侧也选择穿透，然后选择"去除材料方式"，单击"确认"按钮✓，结果如图12-23所示。

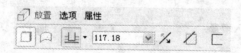

图12-21 "拉伸特征"控制面板

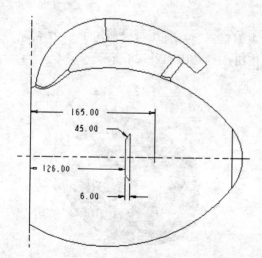

图12-22 草绘截面

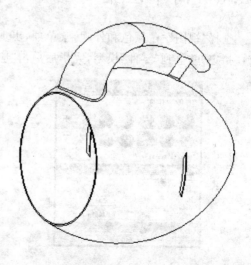

图12-23 拉伸特征创建

(9) 创建阵列特征

选择上一步创建的拉伸特征,选择"编辑"→"阵列"菜单项或单击"特征"工具栏"阵列"工具按钮,出现如图 12-24 所示"阵列命令"控制面板,选择如图 12-25 所示的尺寸 126,在图中所示的输入栏中输入第一方向的增量 12,按 Enter 键确认。然后在图 12-24 中"1"文本框中输入阵列个数为 7,按 Enter 键确认。完毕后单击"确认"按钮,结果如图 12-26 所示。

图 12-24 "阵列特征"控制面板

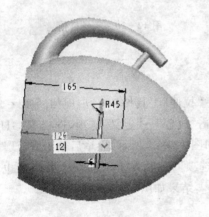

图 12-25 输入增量

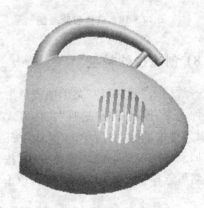

图 12-26 阵列特征创建

12.3 简单渲染

选择"视图"→"颜色和外观"菜单项,出现"外观编辑器"对话框,设置如图 12-27 所示参数,"指定"颜色到"零件"模型,完毕后单击"应用"按钮,结果如图 12-28 所示。

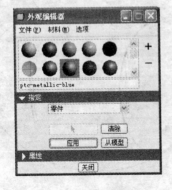

图 12-27 "外观编辑器"对话框

图 12-28 吸尘器

案例 13 显示器外壳建模

13.1 模型分析

显示器外壳的外形如图 13-1 所示,由显示器壳体和凹槽基本结构特征组成。

显示器外壳的建模的具体操作步骤如下:
① 创建拉伸特征。
② 创建倒角特征。
③ 创建抽壳特征。
④ 创建基准特征。
⑤ 创建拉伸特征。
⑥ 创建阵列特征。
⑦ 简单渲染。

图 13-1 显示器外壳模型

13.2 创建显示器外壳

(1) 新建文件

启动 Pro/E Wildfire 4.0,单击工具栏"新建"工具按钮,或单击"文件"→"新建"菜单项。选择系统默认"零件"选项,子类型"实体"方式,"名称"文本框中输入 xsqwk,同时注意不勾选"使用缺省模板"复选框。选择公制模板 mmns-part-solid,然后单击"确定"按钮。

(2) 创建拉伸特征

选择"插入"→"拉伸"菜单项或单击"特征"工具栏"拉伸"工具按钮,出现如图 13-2 所示"拉伸命令"控制面板,选择"实体方式"按钮。单击"放置"→"定义"选项,选择 TOP 基准平面为草绘平面,然后单击"草绘"按钮,草绘截面如图 13-3 所示,完毕后单击"确认"按钮,返回到三维模式,输入拉伸深度为 320,单击"确认"按钮,结果如图 13-4 所示。

图 13-2 "拉伸特征"控制面板

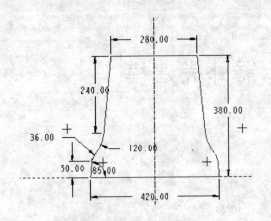

图 13-3 草绘截面

图 13-4 拉伸特征创建

选择"插入"→"拉伸"菜单项或单击"特征"工具栏"拉伸"工具按钮，出现如图 13-5 所示"拉伸命令"控制面板，选择"实体方式"按钮。单击"放置"→"定义"选项，选择 RIGHT 基准平面为草绘平面，然后单击"草绘"按钮，草绘截面如图 13-6 所示，完毕后单击"确认"按钮✓，返回到三维模式，选择"穿透方式"按钮，单击"选项"按钮，在第二侧的框中也选择"穿透"按钮，单击"去除材料"按钮，完毕后单击"确认"按钮✓，结果如图 13-7 所示。

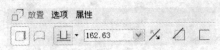

图 13-5 "拉伸特征"控制面板

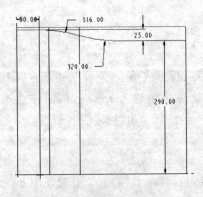

图 13-6 草绘截面

图 13-7 拉伸特征创建

选择"插入"→"拉伸"菜单项或单击"特征"工具栏"拉伸"工具按钮，出现如图 13-8 所示"拉伸命令"控制面板，选择"实体方式"按钮。单击"放置"→"定义"选项，选择 RIGHT 基准平面为草绘平面，然后单击"草绘"按钮，草绘截面如图 13-9 所示，完毕单击"确认"按钮✓，返回到三维模式，选择"穿透方式"按钮，单击"选项"按钮，在第二侧的框中也选择"穿透"按钮，单击"去除材料"按钮，完毕后单击"确认"按钮✓，结果如图 13-10 所示。

选择"插入"→"拉伸"菜单项或单击"特征"工具栏"拉伸"工具按钮，出现如图 13-11 所示"拉伸命令"控制面板，选择"实体方式"按钮。单击"放置"→"定义"选项，选择 RIGHT 基准平面为草绘平面,然后单击"草绘"按钮,草绘截面如图 13-12 所示,完毕后单击"确认"按钮✓,返回到三维模式,选择"对称方式"按钮,输入 240,完毕后单击"确认"按钮✓,结果如图 13-13 所示。

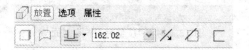

图 13-8 "拉伸特征"控制面板

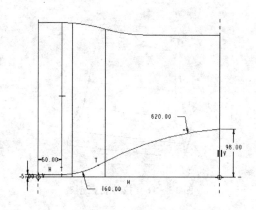

图 13-9 草绘截面

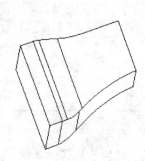

图 13-10 拉伸特征创建

图 13-11 "拉伸特征"控制面板

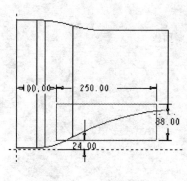

图 13-12 草绘截面

图 13-13 拉伸特征创建

选择"插入"→"拉伸"菜单项或单击"特征"工具栏"拉伸"工具按钮,出现如图 13-14 所示"拉伸命令"控制面板,选择"实体方式"按钮。单击"放置"→"定义"选项,选择 TOP 基准平面为草绘平面,然后单击"草绘"按钮,草绘截面如图 13-15 所示,完毕后单击"确认"按钮✓,返回到三维模式,选择"穿透方式"按钮,单击"去除材料"按钮,完毕后单击"确认"按钮☑,结果如图13-16所示。

图13-14 "拉伸特征"控制面板

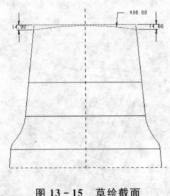

图13-15 草绘截面

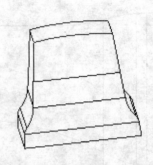

图13-16 拉伸特征创建

(3) 创建倒角特征

选择"插入"→"倒圆角"菜单项或单击"特征"工具栏"倒圆角"工具按钮,出现如图13-17所示"倒圆角命令"控制面板,输入半径值10,选择如图13-18所示边线,完毕后单击"确认"按钮☑,结果如图13-19所示。

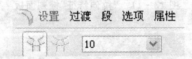

图13-17 "拉伸特征"控制面板

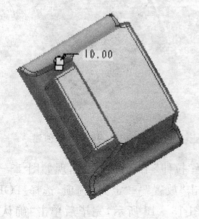

图13-18 边线选择

图13-19 倒角特征创建

(4) 创建抽壳特征

选择"插入"→"壳"菜单项或单击"特征"工具栏"壳"工具按钮 ,出现如图 13-20 所示"壳命令"控制面板,输入壳厚度值 2,选择显示器前表面为移除表面,如图 13-21 所示,完毕后单击"确认"按钮 ,结果如图 13-22 所示。

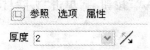

图 13-20 "壳特征"控制面板

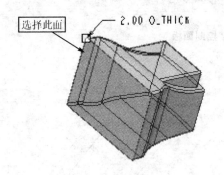

图 13-21 表面选择

图 13-22 抽壳特征创建

(5) 创建基准平面特征

选择"插入"→"模型基准"→"平面"菜单项或单击"特征"工具栏"基准平面"工具按钮 ,出现"基准平面"对话框,选择 TOP 基准平面为参照面,偏移量值输入 200,如图 13-23 所示,完毕后单击"确定"按钮,基准平面 DTM1 如图 13-24 所示。

图 13-23 参照面选择

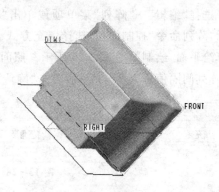

图 13-24 基准平面创建

(6) 创建拉伸特征

选择"插入"→"拉伸"菜单项或单击"特征"工具栏"拉伸"工具按钮，出现如图 13-25 所示"拉伸命令"控制面板，选择"实体方式"按钮。单击"放置"→"定义"选项，选择 DTM1 基准平面为草绘平面，然后单击"草绘"按钮，草绘截面如图 13-26 所示，完毕后单击"确认"按钮，返回到三维模式，选择"穿透方式"按钮，单击"去除材料"按钮，完毕后单击"确认"按钮，结果如图 13-27 所示。

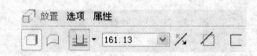

图 13-25 "拉伸特征"控制面板

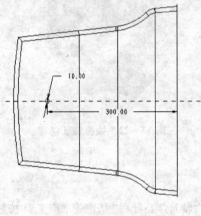

图 13-26 草绘截面

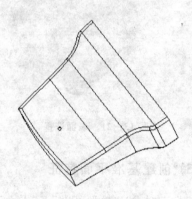

图 13-27 拉伸特征创建

(7) 创建阵列特征

选择"编辑"→"阵列"菜单项或单击"特征"工具栏"拉伸"工具按钮，出现如图 13-28 所示"阵列命令"控制面板，选择填充方式。单击"参照"→"定义"选项，选择 DTM1 基准平面为草绘平面，绘制如图 13-29 所示参照面，完毕后单击"确认"按钮。选择以三角形阵列方式，阵列间隔值输入 20，完毕后单击"确认"按钮，结果如图 13-30 所示。

图 13-28 "阵列特征"控制面板

案例 13　显示器外壳建模

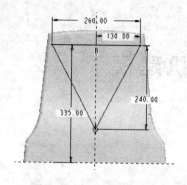

图 13-29　草绘参照面

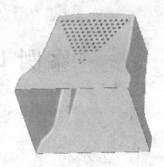

图 13-30　阵列特征创建

13.3　简单渲染

选择"视图"→"颜色和外观"菜单项，出现"外观编辑器"对话框，设置如图 13-31 所示参数，"指定"颜色到"零件"模型，完毕后单击"应用"按钮，结果如图 13-32 所示。

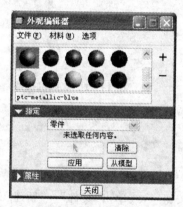

图 13-31　"外观编辑器"对话框

图 13-32　显示器

案例 14　吹风机建模

14.1　模型分析

吹风机的外形如图 14-1 所示，主要由基体、尾体和手柄等基本结构组成。

吹风机的建模的具体操作步骤如下：

① 创建旋转特征。
② 创建混合实体特征。
③ 创建倒圆角特征。
④ 创建抽壳特征。
⑤ 创建基准特征。
⑥ 创建拉伸特征。
⑦ 创建阵列特征。
⑧ 简单渲染。

图 14-1　吹风机模型

14.2　创建吹风机

(1) 新建文件

启动 Pro/E Wildfire 4.0，单击工具栏"新建"工具按钮，或单击"文件"→"新建"菜单项。选择系统默认"零件"选项，子类型"实体"方式，"名称"文本框中输入 cfj，同时注意不勾选"使用缺省模板"复选框。选择公制模板 mmns-part-solid，然后单击"确定"按钮。

(2) 创建旋转特征

选择"插入"→"旋转"菜单项或单击"特征"工具栏"旋转"工具按钮，出现如图 14-2 所示"旋转命令"控制面板，选择"实体方式"按钮。单击"位置"→"定义"选项，选择 TOP 基准平面为草绘平面，然后单击"草绘"按钮，草绘截面如图 14-3 所示，完毕后单击"确认"按钮，返回到三维模式，然后单击"确认"按钮，结果如图 14-4 所示。

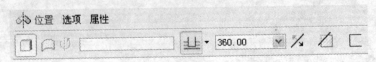

图 14-2　"旋转特征"控制面板

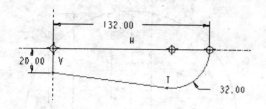

图 14-3 草绘截面

图 14-4 旋转特征创建

(3) 创建混合实体特征

选择"插入"→"混合"→"伸出项"菜单项，弹出"混合选项"菜单，选择"平行"→"规则截面"→"草绘截面"选项，如图 14-5 所示。然后单击"完成"选项，弹出"属性"菜单，如图 14-6 所示，单击"完成"选项，弹出"设置草绘平面"菜单，直接选取 RIGHT 基准平面为草绘平面，然后单击"反向"选项，完毕后按 Enter 键确认，如图 14-7 所示。单击"缺省"选项进行草绘，草绘截面如图 14-8 所示。

图 14-5 "混合选项"菜单

图 14-6 "属性"菜单

图 14-7 "设置草绘平面"菜单

然后选择"编辑"→"修剪"→"分割"菜单项，依次选择如图 14-9 所示的 P1、P2、P3、P4 点，再选择"草绘"→"特征工具"→"切换剖面"菜单项，选择"草绘"工具，以 P5 点为起点绘制如图 14-10 所示截面。完毕后单击"确认"按钮 ✓，弹出"深度"菜单，选择"盲孔"选项，单击"完成"选项。系统提示"输入截面 2 的深度"，输入 35，完毕后单击"确认"按钮 ✓，如图 14-11 所示。最后单击如图 14-12 所示的"伸出项"对话框中的"确认"按钮，完成结果如图 14-13 所示。

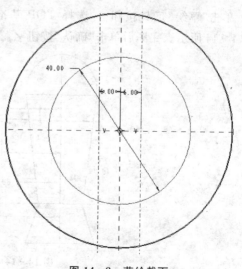

图 14-8 草绘截面

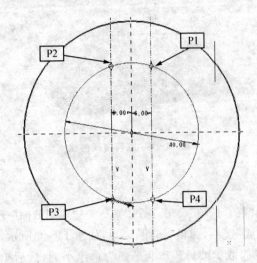

图 14-9 分割点选择

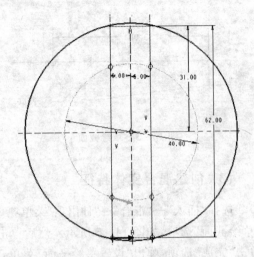

图 14-10 草绘截面

➡ 输入截面2的深度 35

图 14-11 系统提示

图 14-12 "伸出项"对话框

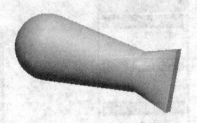

图 14-13 混合实体特征创建

(4) 创建草绘特征

单击"草绘"工具按钮，选择 TOP 基准平面为扫描轨迹草绘平面，草绘扫描轨迹如图 14-14 所示。完毕后单击"确认"按钮 ✔。

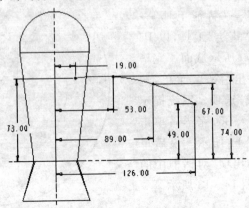

图 14-14 草绘扫描轨迹

(5) 创建扫描混合特征

选择"插入"→"扫描混合"菜单项,出现如图 14-15 所示"扫描特征"控制面板,选择"实体方式"按钮。单击"参照"选项,选择上一步创建的草绘特征为扫描轨迹,如图 14-16 所示,然后在箭头上单击,使其方向相反。接着单击"剖面"选项,弹出上滑面板,如图 14-17 所示,选择箭头所在一端的端点,单击剖面上滑面板中的"草绘"按钮,草绘截面如图 14-18 所示,完毕后单击"确认"按钮√。然后单击"剖面"上滑面板中的"插入"按钮,选择扫描轨迹另外一个端点,单击"草绘"按钮,草绘截面如图 14-19 所示。完毕后单击"确认"按钮√。返回到三维模式,单击"相切"选项,终止截面条件改成"平滑",然后单击"确认"按钮√,结果如图 14-20 所示。

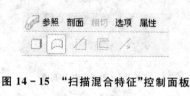

图 14-15 "扫描混合特征"控制面板

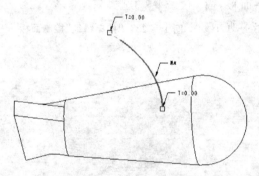

图 14-16 选择草绘轨迹

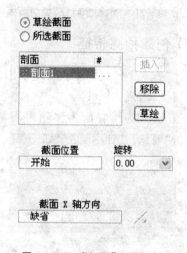

图 14-17 "剖面"上滑面板

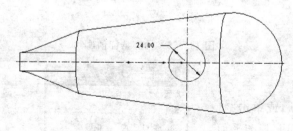

图 14-18 草绘截面

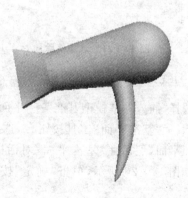

图 14-20 扫描特征创建

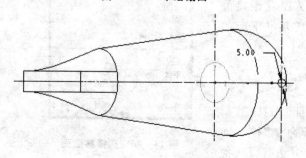

图 14-19 草绘截面

(6) 创建倒圆角特征

选择"插入"→"倒圆角"菜单项或单击"特征"工具栏"倒圆角"工具按钮，出现如图 14-21 所示"倒圆角"控制面板，输入圆角半径值3，按住 Ctrl 键依次选择如图 14-22 所示的边线。完毕后单击"确认"按钮。

图 14-21　"倒圆角特征"控制面板　　　　图 14-22　选择边线

(7) 创建抽壳特征

选择"插入"→"壳"菜单项或单击"特征"工具栏"壳"工具按钮，出现如图 14-23 所示"壳特征"控制面板，输入厚度值 0.5，选择底面为移除表面，如图 14-24 所示。然后单击"确认"按钮，结果如图 14-25 所示。

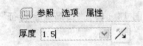

图 14-23　"抽壳特征"控制面板

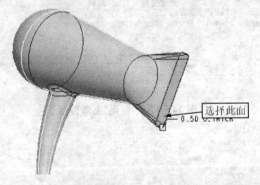

图 14-24　选择移除面　　　　图 14-25　抽壳特征创建

(8) 创建基准平面特征

选择"插入"→"模型基准"→"平面"菜单项，或单击"特征"工具栏"基准平面"工具按钮，选择 RIGHT 基准平面为参照平面，然后在"基准平面"对话框中输入平移距离值 100，如图 14-26 所示，单击"确定"按钮，完成基准平面的创建。

(9) 创建拉伸特征

选择"插入"→"拉伸"菜单项或单击"特征"工具栏"拉伸"工具按钮，出现如图 14-27 所示"拉伸命令"控制面板，选择"实体方式"按钮。单击"放置"→"定义"选项，选择上一步创建的 DTM1 基准平面为草绘平面，然后单击"草绘"按钮，草绘截面如图 14-28 所

图 14-26　选择移除面

示,完毕后单击"确认"按钮✓,返回到三维模式,选择穿透和去除材料,单击"确认"按钮✓,如图14-29所示。

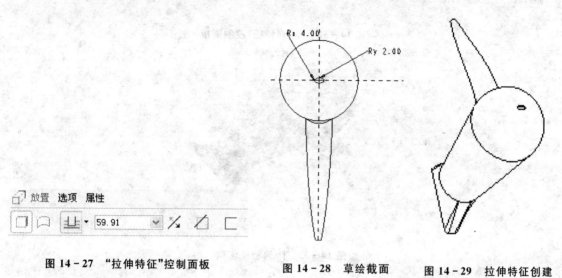

图14-27 "拉伸特征"控制面板　　图14-28 草绘截面　　图14-29 拉伸特征创建

(10) 创建阵列特征

选择上一步创建的拉伸特征,选择"编辑"→"阵列"菜单项或单击"特征"工具栏"阵列"工具按钮,出现如图14-30所示的"阵列特征"控制面板,选择"填充"方式,单击"参照"→"定义"选项,选择DTM1基准平面为草绘平面,单击"草绘"按钮,草绘截面如图14-31所示,完毕后单击"确认"按钮✓,修改"阵列特征"控制面板中的值,如图14-32所示。完毕后单击"确认"按钮✓,结果如图14-33所示。

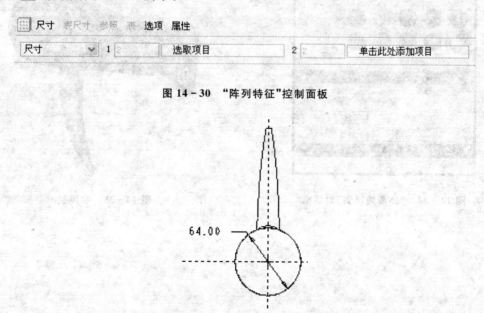

图14-30 "阵列特征"控制面板

图14-31 草绘截面

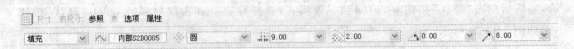

图 14-32 "阵列特征"控制面板

图 14-33 阵列特征创建

14.3 简单渲染

选择"视图"→"颜色和外观"菜单项出现"外观编辑器"对话框,设置如图 14-34 所示指示,"指定"颜色到"零件"模型,完毕后单击"应用"按钮,结果如图 14-35 所示。

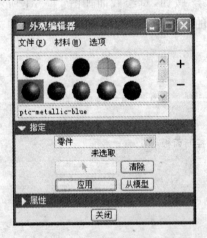

图 14-34 "外观编辑器"对话框

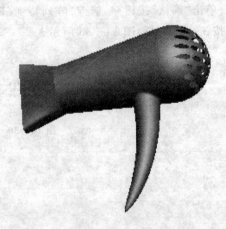

图 14-35 吹风机

案例 15　沐浴露瓶建模

15.1　模型分析

沐浴露瓶的外形如图 15-1 所示，主要由瓶体、喷头、手提等组成。沐浴露瓶的建模的具体操作步骤如下：
① 创建混合特征。
② 创建旋转特征。
③ 创建扫描特征。
④ 创建切剪扫描特征。
⑤ 创建草绘特征。
⑥ 创建基准特征。
⑦ 创建草绘特征。
⑧ 创建镜像特征。
⑨ 创建边界混合特征。
⑩ 创建实体化特征。
⑪ 创建倒圆角特征。
⑫ 简单渲染。

图 15-1　沐浴露瓶模型

15.2　创建沐浴露瓶

(1) 新建文件

启动 Pro/E Wildfire 4.0，单击工具栏"新建"工具按钮 ，或单击"文件"→"新建"菜单项。选择系统默认"零件"选项，子类型"实体"方式，"名称"文本框中输入 bathpot，同时注意不勾选"使用缺省模板"复选框。选择公制模板 mmns-part-solid，然后单击"确定"按钮。

(2) 创建混合特征

选择"插入"→"混合"→"伸出项"菜单项，弹出"混合选项"菜单，选择如图 15-2 所示选项。单击"完成"选项，弹出"属性"菜单，选择"光滑"→"完成"选项，如图 15-3 所示。选择 TOP 基准平面为草绘平面，在"设置草绘平面"菜单中单击"正向"选项，按 Enter 键确认，在图 15-4 所示中选择"缺省"选项。然后绘制如图 15-5 所示草绘截面，选择中"草绘"→"特征工具"→"切换剖面"菜单项，绘制如图 15-6 所示的草绘截面。仿照上一步切换剖面后，绘制如图 15-7 所示草绘截面；再切换剖面，绘制如图 15-8 所示草绘截面；切换剖面，绘制如图 15-9

所示草绘截面;切换剖面,绘制如图 15-10 所示草绘截面。完毕后单击"确认"按钮✓,系统提示输入截面 2 的深度,输入值为 40,如图 15-11 所示。单击"确认"按钮✓,系统提示输入截面 3 的深度,输入值为 30,单击"确认"按钮✓,输入截面 4 的深度值为 110,单击"确认"按钮✓,输入截面 5 的深度为 10,单击"确认"按钮✓,最后输入截面 6 的深度值为 10,单击"确认"按钮✓,完毕后单击如图 15-12 所示的"伸出项"对话框上的"确定"按钮,完成混合实体的创建,结果如图 15-13 所示。

图 15-2 "混合选项"菜单

图 15-3 "草绘视图"菜单

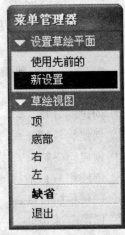

图 15-4 "草绘视图"菜单

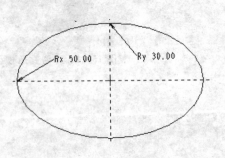

图 15-5 草绘截面 1

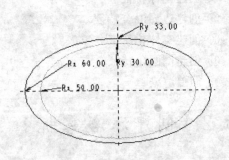

图 15-6 草绘截面 2

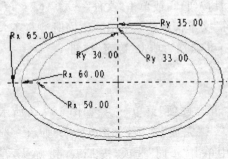

图 15-7 草绘截面 3

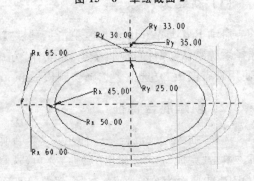

图 15-8 草绘截面 4

案例 15　沐浴露瓶建模

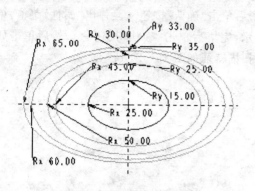

图 15-9　草绘截面 5

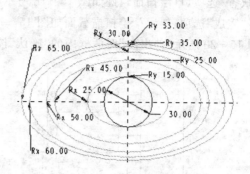

图 15-10　草绘截面 6

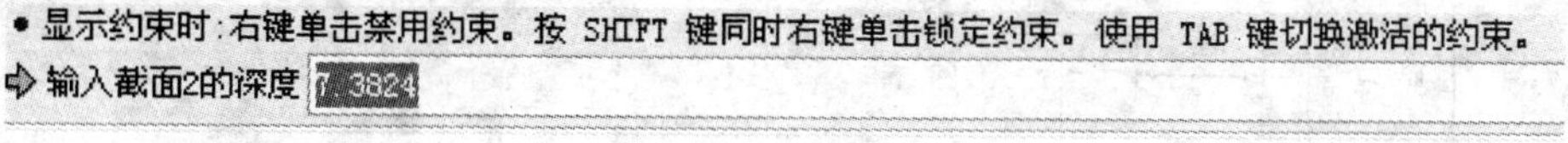

- 显示约束时:右键单击禁用约束。按 SHIFT 键同时右键单击锁定约束。使用 TAB 键切换激活的约束。
- 输入截面2的深度

图 15-11　系统提示

图 15-12　"伸出项"对话框

图 15-13　混合实体创建

(3) 创建旋转特征

选择"插入"→"旋转"菜单项或单击"特征"工具栏"旋转"工具按钮，出现如图 15-14 所示"旋转命令"控制面板，选择"实体方式"按钮。单击"位置"→"定义"选项，选择 FRONT 基准平面为草绘平面，然后单击"草绘"按钮，草绘截面如图 15-15 所示，完毕后单击"确认"按钮，返回到三维模式，然后单击"确认"按钮，结果如图 15-16 所示。

图 15-14　"旋转特征"控制面板

(4) 创建扫描特征

选择"插入"→"扫描"→"伸出项"菜单项，出现如图 15-17 所示"扫描轨迹"菜单，单击"草绘轨迹"选项，选择 FRONT 基准平面为草绘平面，依次单击"设置草绘平面"菜单中"正向"→

"缺省"选项,草绘扫描轨迹如图15-18所示,完毕后单击"确认"按钮✓。弹出"属性"菜单,单击"完成"选项,然后草绘扫描截面如图15-19所示,完毕后单击"确认"按钮✓。然后单击如图15-20所示"伸出项"对话框中的"确认"按钮,扫描特征如图15-21所示。

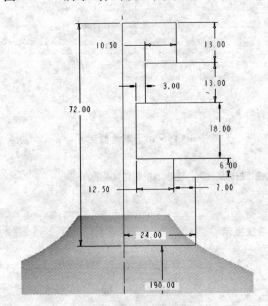

图15-15 草绘截面

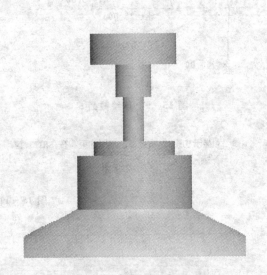

图15-16 旋转特征创建

图15-17 "扫描轨迹"菜单

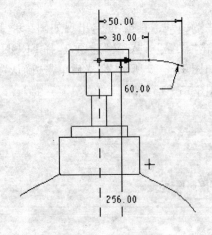

图15-18 草绘扫描轨迹

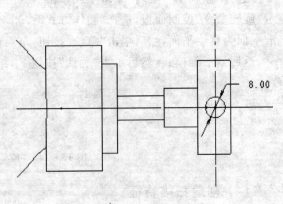

图15-19 草绘截面

图 15-20 "伸出项"对话框

图 15-21 扫描特征创建

(5) 创建切剪扫描特征

选择"插入"→"扫描"→"切口"菜单项,出现如图 15-22 所示"扫描轨迹"菜单,单击"草绘轨迹"选项,选择 FRONT 基准平面为草绘平面,依次单击"设置草绘平面"菜单中"正向"→"缺省"选项,草绘扫描轨迹如图 15-23 所示,完毕后单击"确认"按钮 ✓。弹出"属性"菜单,单击"完成"选项,然后草绘如图 15-24 所示扫描截面,完毕后单击"确认"按钮 ✓,然后选择弹出"菜单管理器"中的"正向"选项,最后单击如图 15-25 所示"剪切"对话框中的"确认"按钮,扫描特征如图 15-26 所示。

图 15-22 "扫描轨迹"菜单

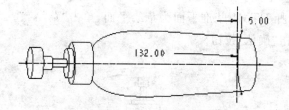

图 15-24 草绘截面

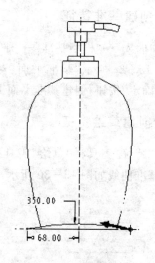

图 15-23 草绘扫描轨迹

图 15-25 "剪切"对话框

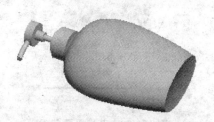

图 15-26 切剪扫描特征创建

(6) 创建草绘特征

单击"特征"工具栏"草绘"工具按钮，选择 FRONT 基准平面为草绘平面，单击"草绘"选项，草绘基准曲线如图 15-27 所示，完毕后单击"确认"按钮 ✓。

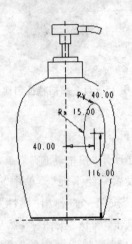

图 15-27 草绘基准曲线

图 15-28 "基准平面"对话框

(7) 创建基准特征

选择"插入"→"模型基准"→"平面"菜单项或单击"特征"工具栏"基准平面"工具按钮，出现如图 15-28 所示"基准平面"对话框，选择 FRONT 基准平面为参照面，输入平移数值 40，单击"确定"按钮，创建基准平面 DTM1 如图 15-29 所示。

(8) 创建草绘特征

单击"特征"工具栏"草绘"工具按钮，选择 DTM1 基准平面为草绘平面，单击"草绘"选项，草绘基准曲线如图 15-30 所示，完毕后单击"确认"按钮 ✓。

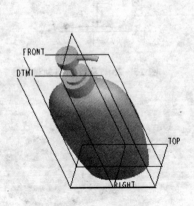

图 15-29 基准平面创建

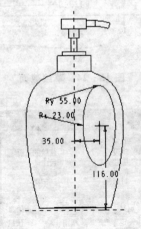

图 15-30 草绘基准曲线

（9）创建镜像特征

选择上一步创建的草绘特征，单击"特征"工具栏"镜像"工具按钮 ，出现如图 15-31 所示的"镜像特征"控制面板，选择 FRONT 基准平面为镜像平面，完毕后单击"完成"按钮 ，完成结果如图 15-32 所示。

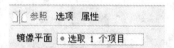

图 15-31 "镜像特征"控制面板　　　　图 15-32 镜像特征创建

（10）创建边界混合特征

选择"插入"→"边界混合"菜单项，出现如图 15-33 所示"边界混合特征"控制面板，按住 Ctrl 键，依次选择图 15-32 中的基准曲线，完毕后单击"完成"按钮 ，创建边界混合特征如图 15-34 所示。

图 15-33 "边界混合特征"控制面板

（11）创建实体化特征

选择上一步创建的混合特征，然后选择"编辑"→"实体化"菜单项，出现如图 15-35 所示"实体化特征"控制面板，单击"去除材料"按钮 ，完毕后单击"确认"按钮 ，创建实体化特征如图 15-36 所示。

图 15-34　边界混合特征创建　　图 15-35 "实体化特征"控制面板　　图 15-36　实体化特征创建

(12) 创建倒圆角特征

选择"插入"→"倒圆角"菜单项或单击"特征"工具栏"倒圆角"工具按钮，出现如图 15-37 所示"倒圆角"控制面板，输入圆角半径值 1.5，按住 Ctrl 键依次选择如图 15-38 所示的 P1、P2 边线，单击"设置"按钮，弹出上滑面板，选择 P3 边线，输入圆角半径值 1，再单击"新组"选项，输入圆角半径值 5，按住 Ctrl 键依次选择 P4、P5、P6 边线，完毕后单击"确认"按钮，完成结果如图 15-39 所示。

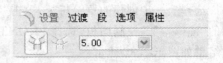

图 15-37 "倒圆角特征"控制面板

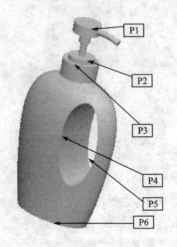

图 15-38 选择边线

图 15-39 圆角特征创建

15.3 简单渲染

选择"视图"→"颜色和外观"菜单项，出现"外观编辑器"对话框，设置如图 15-40 所示参数，"指定"颜色到"零件"模型，完毕后单击"应用"按钮，结果如图 15-41 所示。

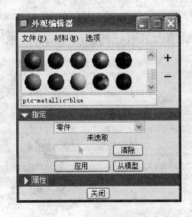

图 15-40 "外观编辑器"对话框

图 15-41 沐浴露瓶

案例 16 玫瑰花建模

16.1 模型分析

玫瑰花的外形如图 16-1 所示,主要由花瓣、花叶、枝干等组成。玫瑰花的建模的具体操作步骤如下:
① 创建旋转特征。
② 创建旋转特征。
③ 创建曲面顶点倒圆角特征。
④ 创建复制特征。
⑤ 重复步骤②～④三次。
⑥ 创建旋转特征。
⑦ 创建草绘特征。
⑧ 创建扫描混合特征。
⑨ 创建曲面扫面特征。
⑩ 创建拉伸特征。
⑪ 简单渲染。

16.2 创建玫瑰花

图 16-1 玫瑰花模型

(1) 新建文件

启动 Pro/E Wildfire 4.0,单击工具栏"新建"工具按钮,或单击"文件"→"新建"菜单项。选择系统默认"零件"选项,子类型"实体"方式,"名称"文本框中输入 rose,同时注意不勾选"使用缺省模板"复选框。选择公制模板 mmns-part-solid,然后单击"确定"按钮。

(2) 创建旋转特征

选择"插入"→"旋转"菜单项或单击"特征"工具栏"旋转"工具按钮,出现如图 16-2 所示"旋转命令"控制面板,选择"曲面方式"按钮。单击"位置"→"定义"选项,选择 TOP 基准平面为草绘平面,然后单击"草绘"按钮,草绘截面如图 16-3 所示,完毕后单击"确认"按钮,返回到三维模式,然后单击"确认"按钮,如图 16-4 所示。重复上一步骤,选择 TOP 基准平面为草绘平面,然后草绘截面如图 16-5 所示,完毕后单击"确认"按钮,返回到三维模式,输入旋转角度为 110,然后单击"确认"按钮,结果如图 16-6 所示。

图 16-2 "旋转特征"控制面板

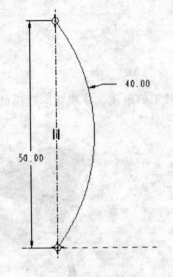

图 16-3 草绘截面

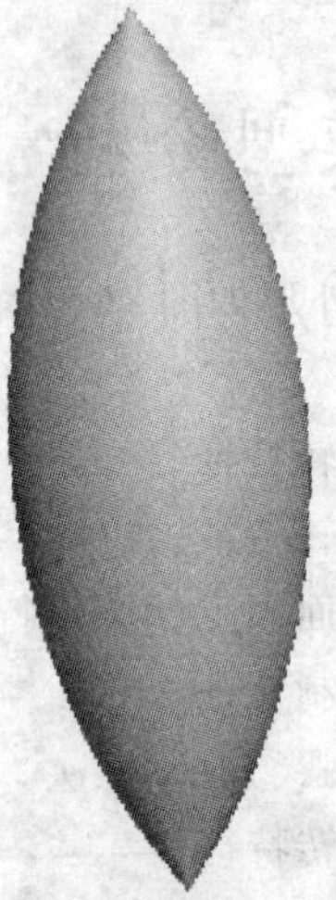

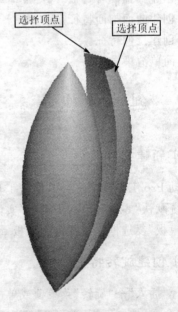

图 16-4 旋转特征创建

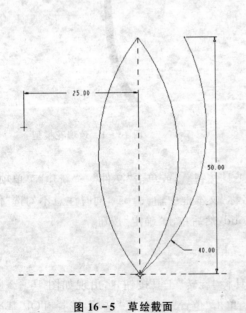

图 16-5 草绘截面

图 16-6 旋转特征创建

(3) 创建曲面顶点倒圆角特征

选择"插入"→"高级"→"顶点倒圆角"菜单项,出现如图 16-7 所示"曲面裁剪"对话框,选择上一步的旋转特征,然后按住 Ctrl 键,选择如图 16-6 所示的两个顶点,之后按鼠标中键结束选择。此时系统提示"输入修整半径",输入半径值15,然后按 Enter 键,最后单击如图16-7中的"确定"按钮,曲面修剪如图16-8所示。

图16-7 "曲面裁剪"对话框

图16-8 曲面顶点倒圆角特征创建

(4) 创建复制特征

按住 Ctrl 键,在导航器中选择"旋转2"和"曲面裁剪"选项,然后单击"复制"工具按钮,接着选择"选择性粘贴"工具按钮,系统弹出如图16-9所示"选择性粘贴"对话框,选择"对副本应用移动/旋转变换"选项,单击"确定"按钮,出现如图16-10所示"选择性粘贴特征"控制面板,选择"相对选定参照旋转"工具按钮,然后选择 A_2 轴,输入旋转角度值120,最后单击"确认"按钮,如图16-11所示。重复上一步骤,输入旋转角度值240,创建复制特征如图16-12所示。

图16-10 "选择性粘贴特征"控制面板

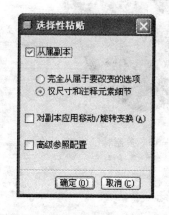

图16-9 "选择性粘贴"对话框

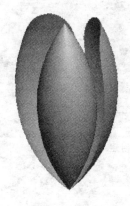

图16-11 复制特征创建

图16-12 复制特征创建

(5) 创建旋转特征

重复步骤(2),草绘截面如图16-13所示,完毕后单击"确认"按钮,返回到三维模式,选择"对称方式"按钮,输入旋转角度值110,然后单击"确认"按钮,结果如图16-14所示。

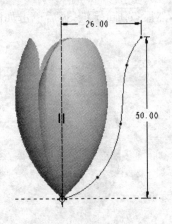
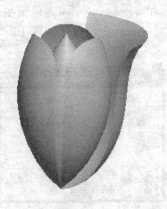

图 16-13　草绘截面　　　　　　　　图 16-14　旋转特征创建

(6) 创建曲面顶点倒圆角特征

重复步骤(3)，按住 Ctrl 键，选择如图 16-14 所示对应的两个顶点，系统提示"输入修整半径"，输入半径值 10，最后曲面修剪如图 16-15 所示。

(7) 创建复制特征

按住 Ctrl 键，在导航器中选择"旋转 3"和"曲面裁剪"选项，然后重复步骤(4)，创建复制特征如图 16-16 所示。

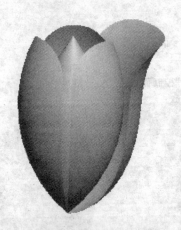
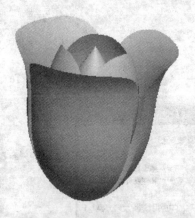

图 16-15　曲面顶点倒圆角特征创建　　　　图 16-16　复制特征创建

(8) 创建旋转特征

重复步骤(2)，草绘截面如图 16-17 所示，完毕后单击"确认"按钮 ✓，返回到三维模式，选择"对称方式"按钮 ▫，输入旋转角度值 110，然后单击"确认"按钮 ✓，结果如图 16-18 所示。

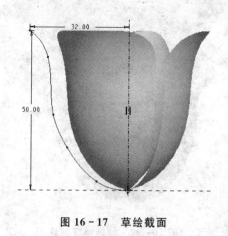

图 16-17 草绘截面

图 16-18 旋转特征创建

(9) 创建曲面顶点倒圆角特征

重复步骤(3),按住 Ctrl 键,选择如图 16-18 所示对应的两个顶点,系统提示"输入修整半径",输入半径值 10,最后曲面修剪如图 16-19 所示。

(10) 创建复制特征

按住 Ctrl 键,在导航器中选择"旋转 4"和"曲面裁剪"选项,然后重复步骤(4),创建复制特征如图 16-20 所示。

图 16-19 曲面顶点倒圆角特征创建

图 16-20 复制特征创建

(11) 创建旋转特征

重复步骤(2),草绘截面如图 16-21 所示,完毕后单击"确认"按钮✓,返回到三维模式,选择"对称方式"按钮,输入旋转角度值 110,然后单击"确认"按钮✓,结果如图 16-22 所示。

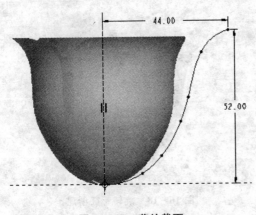

图 16-21 草绘截面

图 16-22 旋转特征创建

(12) 创建曲面顶点倒圆角特征

重复步骤(3)，按住 Ctrl 键，选择如图 16-22 所示对应的两个顶点，系统提示"输入修整半径"，输入半径值 10，最后曲面修剪如图 16-23 所示。

(13) 创建复制特征

按住 Ctrl 键，在导航器中选择"旋转 5"和"曲面裁剪"选项，然后重复步骤(4)，创建复制特征如图 16-24 所示。

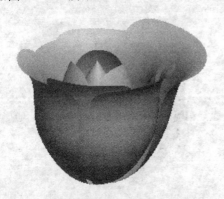

图 16-23 曲面顶点倒圆角特征创建

图 16-24 复制特征创建

(14) 创建旋转特征

重复步骤(2)，草绘截面如图 16-25 所示，完毕后单击"确认"按钮✓，返回到三维模式，输入旋转角度值 360，然后单击"确认"按钮✓，结果如图 16-26 所示。

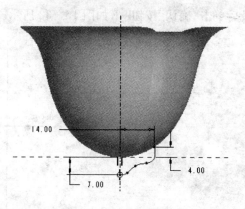
图16-25 草绘截面

图16-26 旋转特征创建

(15) 创建草绘特征

单击"特征"工具栏"草绘"工具按钮，选择 TOP 基准平面为草绘平面，单击"草绘"命令，草绘扫描轨迹如图 16-27 所示，完毕后单击"确认"按钮 ✓。

(16) 创建扫描混合特征

选择"插入"→"扫描混合"菜单项，出现如图 16-28 所示"扫描混合特征"控制面板，选择"曲面方式"按钮，单击"参照"按钮，出现上滑面板，选择上一步创建的扫描轨迹，然后单击"剖面"按钮，出现如图 16-29 所示的上滑面板，单击扫描轨迹与玫瑰花瓣接触的端点，然后单击"剖面"上滑面板中的"草绘"按钮，草绘截面如图 16-30 所示，完毕后单击"确认"按钮 ✓。再单击"剖面"上滑面板中的"插入"按钮，选择扫描轨迹的另一端点，单击"草绘"按钮，草绘截

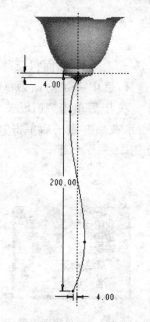
图16-27 草绘扫描轨迹

图16-28 "扫描混合特征"控制面板

图16-29 "剖面"上滑面板

面如图16-31所示,完毕后单击"确认"按钮✓,最后单击"确认"按钮✓,如图16-32所示。

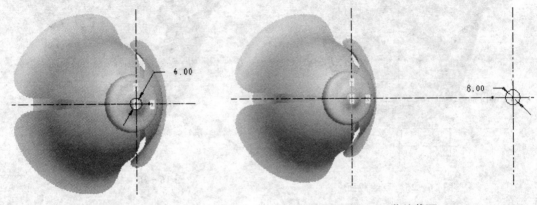

图16-30 草绘截面　　　　　　图16-31 草绘截面

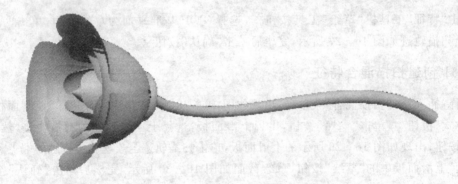

图16-32 扫描混合特征创建

(17) 创建曲面扫描特征

选择"插入"→"扫描"→"曲面"菜单项,系统弹出如图16-33所示"曲面扫描"控制面板和图16-34所示的菜单管理器,单击"草绘轨迹"选项,然后选择TOP基准平面为草绘平面,再依次选择"正向"→"缺省"选项,草绘轨迹如图16-35所示。完毕后单击"确认"按钮✓,然后单击菜单管理器中的"完成"选项,接着草绘如图16-36所示截面。完毕后单击"确认"按钮✓,最后单击"曲面扫描"控制面板中的"确定"按钮,结果如图16-37所示。

图16-33 "曲面扫描"控制面板　　　图16-34 "菜单管理器"对话框

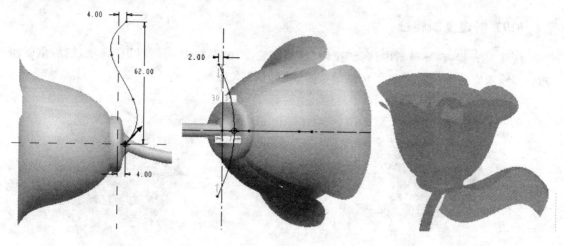

图 16-35　草绘轨迹　　　图 16-36　草绘截面　　　图 16-37　曲面扫描特征创建

(18) 创建拉伸特征

选择"插入"→"拉伸"菜单项或单击"特征"工具栏"拉伸"工具按钮，出现如图 16-38 所示"拉伸命令"控制面板，选择"曲面方式"按钮。单击"放置"→"定义"选项，选择 FRONT 基准平面为草绘平面，然后单击"草绘"按钮，草绘截面如图 16-39 所示，完毕后单击"确认"按钮，返回到三维模式，选择"对称方式"按钮，输入 40，单击"去除材料"按钮，接着选择上一步的扫描面为要修剪的面组，单击"去除材料"后的"方向"按钮，使箭头方向如图 16-40 所示，完毕后单击"确定"按钮确认，结果如图 16-41 所示。

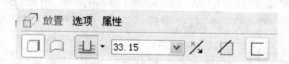

图 16-38　"拉伸特征"控制面板

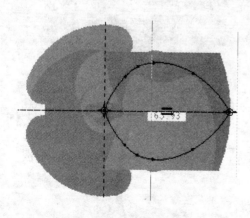

图 16-39　草绘截面

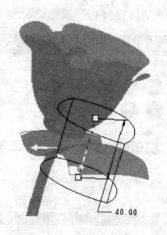

图 16-40　箭头方向

(19) 创建复制特征

按住 Ctrl 键,在导航器中选择"拉伸"选项和它上面相邻的"曲面标识"选项,然后重复步骤(4),输入旋转角度值180,创建复制特征如图 16-42 所示。

图 16-41　拉伸特征创建

图 16-42　复制特征创建

16.3　简单渲染

选择"视图"→"颜色和外观"菜单项,出现"外观编辑器"对话框,设置如图 16-43 所示参数,"指定"颜色到"曲面"模型,完毕后选择玫瑰花枝干,按两下鼠标中键,然后单击外观编辑器中的"应用"按钮,如图 16-44 所示。再把"外观编辑器"对话框中的颜色设置成绿色,"指定"颜色到"曲面"模型,单击从模型中"选取"按钮，按住 Ctrl 键,选择两片叶子和旋转6,按一下鼠标中键,弹出如图 16-45 所示的菜单管理器,单击"两者"按钮,接着连续两次弹出菜单管理器,连续两次单击"两者"按钮,完毕后单击"外观编辑器"对话框中的"应用"按钮,如图 16-46 所示。

再把"外观编辑器"对话框中的颜色设置成红色,"指定"颜色到"曲面"模型,单击从模型中"选取"按钮，按住 Ctrl 键,选取所有的花瓣,按一下鼠标中键,在弹出的菜单管理器中,所有的都选择"两者"按钮,完毕后单击"应用"按钮,结果如图 16-47 所示。

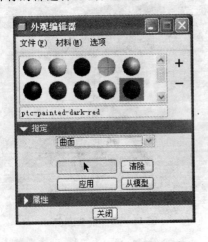
图 16-43　"外观编辑器"对话框

图 16-44　枝干渲染

图 16-45 "菜单管理器"对话框

图 16-46 叶子渲染

图 16-47 玫瑰花

案例 17 轮胎建模

17.1 模型分析

轮胎的外形如图 17-1 所示,由轮胎体和钢卷等基本结构特征组成。轮胎的建模的具体操作步骤如下:
① 创建拉伸特征。
② 创建草绘特征。
③ 创建扫描混合特征。
④ 创建阵列特征。
⑤ 创建拉伸特征。
⑥ 创建环形折弯特征。
⑦ 创建镜像特征。
⑧ 创建基准轴特征。
⑨ 创建基准平面特征。
⑩ 创建旋转特征。
⑪ 创建拉伸特征。
⑫ 创建阵列特征。
⑬ 创建拉伸特征。
⑭ 简单渲染。

图 17-1 轮胎模型

17.2 创建轮胎

(1) 新建文件

启动 Pro/E Wildfire 4.0,单击工具栏"新建"工具按钮,或单击"文件"→"新建"菜单项。选择系统默认"零件"选项,子类型"实体"方式,"名称"文本框中输入 tyre,同时注意不勾选"使用缺省模板"复选框。选择公制模板 mmns-part-solid,然后单击"确定"按钮。

(2) 创建拉伸特征

选择"插入"→"拉伸"菜单项或单击"特征"工具栏"拉伸"工具按钮,出现如图 17-2 所示"拉伸命令"控制面板,选择"实体方式"按钮。单击"放置"→"定义"选项,选择 TOP 基准平面为草绘平面,然后单击"草绘"按钮,草绘截面如图 17-3 所示,完毕后单击"确认"按钮✓,返回到三维模式,选择"对称方式"按钮,输入拉伸深度值 224,单击"确认"按钮✓,结果如

图17-4所示。

图17-2 "拉伸特征"控制面板

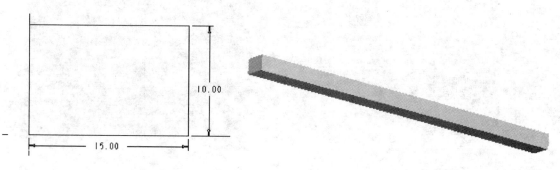

图17-3 草绘截面　　　　　　图17-4 拉伸特征创建

(3) 创建草绘特征

单击"特征"工具栏"草绘"工具按钮，选择FRONT基准平面为草绘平面，单击"草绘"按钮，草绘基准曲线如图17-5所示，完毕后单击"确认"按钮。

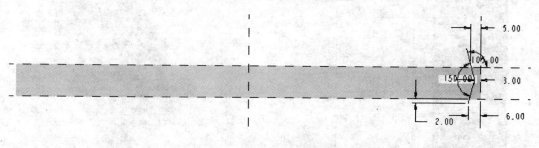

图17-5 草绘特征创建

(4) 创建扫描混合特征

选择"插入"→"扫描混合"菜单项，出现如图17-6所示"扫描混合特征"控制面板，选择"实体方式"按钮，单击"参照"按钮，出现上滑面板，选择上一步创建的草绘特征为扫描轨迹，然后单击"剖面"按钮，出现如图17-7所示的上

图17-6 "扫描混合特征"控制面板

滑面板，单击扫描轨迹任一端点，然后单击"剖面"上滑面板中的"草绘"按钮，草绘截面如图17-8所示，完毕后单击"确认"按钮。再单击"剖面"上滑面板中的"插入"按钮，选择扫描轨迹的另一端点，单击"草绘"按钮，草绘截面如图17-9所示，完毕后单击"确认"按钮，单击"去除材料"按钮，最后单击"确认"按钮，结果如图17-10所示。

图 17-7 "剖面"上滑面板

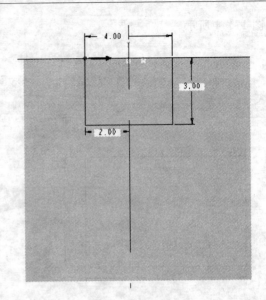

图 17-8 草绘截面

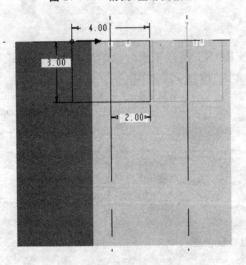

图 17-9 草绘截面

图 17-10 扫描混合特征创建

(5) 创建阵列特征

选择上一步创建的拉伸特征,选择"编辑"→"阵列"菜单项或单击"特征"工具栏"阵列"工具按钮,出现如图 17-11 所示的"阵列特征"控制面板,修改参数如图 17-12 所示,其中第一方向参照选择 TOP 基准平面为参照方向,完毕后单击"确认"按钮,结果如图 17-13 所示。

图 17-11 "阵列特征"控制面板

图 17-12 修改参数

图 17-13 阵列特征创建

(6) 创建拉伸特征

选择"插入"→"拉伸"菜单项或单击"特征"工具栏"拉伸"工具按钮，出现如图 17-14 所示"拉伸命令"控制面板，选择"实体方式"按钮。单击"放置"→"定义"选项，选择拉伸特征的任一个小端面为草绘平面，然后单击"草绘"按钮，草绘截面如图 17-15 所示，完毕后单击"确认"按钮，返回到三维模式，选择"穿透方式"按钮，单击"反向"按钮，单击"去除材料"按钮，完毕后单击"确认"按钮，结果如图 17-16 所示。

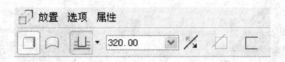

图 17-14 "拉伸特征"控制面板

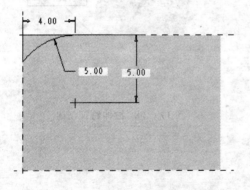

图 17-15 草绘截面

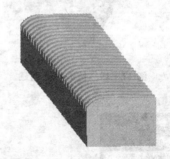

图 17-16 拉伸特征创建

重复上一步骤两次，分别草绘如图 17-17 和图 17-18 所示截面，拉伸特征分别如图 17-19 和图 17-20 所示。

(7) 创建环形折弯特征

选择"插入"→"高级"→"环形折弯"菜单项，系统弹出如图 17-21 所示的"选项"菜单管理器，选择如图所示，单击"完成"选项，系统弹出如图 17-22 所示的"定义折弯"菜单管理器，并提示选择要折弯的实体、面组或基准曲线，选择如图 17-20 所示的折弯面，单击"完成"选项，系统弹出"设置草绘平面"菜单管理器,选择如图 17-20 所示的草绘面(另一端面亦可),然后单击"正向"→"缺省"选项,草绘并在右下角添加坐标系如图 17-23 所示。完毕后单击"确认"按钮✓,系统弹出如图 17-24 所示"特征参考"菜单管理器,系统提示选取两张平行平面定义折弯长度,此时选取如图 17-20 所示的草绘面和其对应的另一端面,创建环形折弯特征如图 17-25 所示。

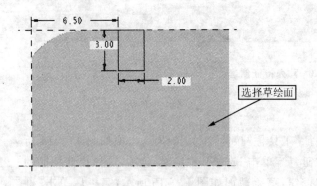

图 17-17 草绘截面

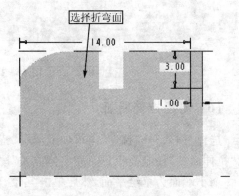

图 17-18 草绘截面

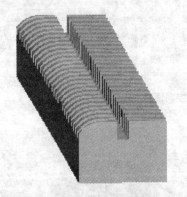

图 17-19 拉伸特征创建

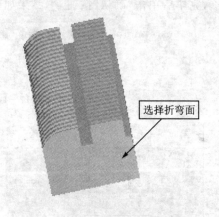

图 17-20 拉伸特征创建

图 17-21 "选项"菜单

图 17-22 "定义折弯"菜单

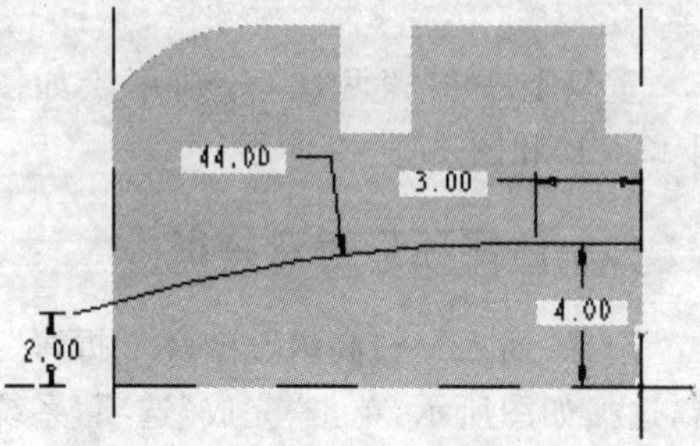

图 17-23 草绘截面

案例 17　轮胎建模

图 17-24　"特征参考"菜单

图 17-25　环形折弯特征创建

(8) 创建镜像特征

选择"编辑"→"特征操作"菜单项，系统弹出如图 17-26 和图 17-27 所示的"特征"菜单管理器，依次选择"复制"→"镜像"→"所有特征"选项，然后单击"完成"选项，系统弹出如图 17-28 所示的"设置平面"菜单管理器，选择如图 17-25 所示的面为镜像面，然后单击"完成"选项，创建镜像特征如图 17-29 所示。

图 17-26　"特征"菜单

图 17-27　"复制"菜单

图 17-28　"设置平面"菜单

(9) 创建基准轴特征

选择"插入"→"模型基准"→"轴"菜单项或单击"特征"工具栏"基准轴"工具按钮，系统弹出如图 17-30 所示"基准轴"控制面板，选择如图 17-29 所示的环形面为参照面，然后单击"确定"按钮，完成基准轴创建。

图 17-29 镜像特征创建

图 17-30 "基准轴"对话框

(10) 创建基准平面特征

选择"插入"→"模型基准"→"平面"菜单项或单击"特征"工具栏"基准平面"工具按钮 ▱，系统弹出如图 17-31 所示"基准平面"控制面板，按住 Ctrl 键，选择上一步创建的基准轴和 TOP 基准平面为参照，设置如图 17-32 所示，然后单击"确定"按钮，完成基准平面 DTM4 的创建。

图 17-31 "基准平面"对话框

图 17-32 参照面设置

重复上一步骤，按住 Ctrl 键，选择上一步创建的基准轴和 FRONT 基准平面为参照，同样把基准轴和基准平面分别设置为穿过和平行，最后完成基准平面 DTM5 的创建。

(11) 创建旋转特征

选择"插入"→"旋转"菜单项或单击"特征"工具栏"旋转"工具按钮 ❖，出现如图 17-33 所示"旋转命令"控制面板，选择"实体方式"按钮 ▱。单击"位置"→"定义"选项，选择 DTM4 基准平面为草绘平面，然后单击"草绘"按钮，草绘截面如图 17-34 所示，完毕后单击"确认"按钮 ✓，返回到三维模式，选择步骤(9)中创建的基准轴，然后单击"确认"按钮 ✓，结果如图 17-35 所示。

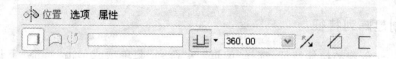

图 17-33 "旋转特征"控制面板

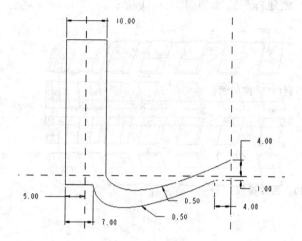

图 17-34 草绘截面

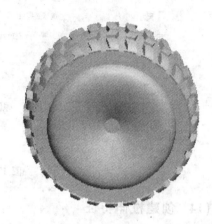

图 17-35 旋转特征创建

(12) 创建拉伸特征

选择"插入"→"拉伸"菜单项或单击"特征"工具栏"拉伸"工具按钮，出现如图 17-36 所示"拉伸命令"控制面板，选择"实体方式"按钮。单击"放置"→"定义"选项，选择 RIGHT 基准平面为

图 17-36 "拉伸特征"控制面板

草绘平面，然后单击"草绘"按钮，草绘截面如图 17-37 所示，完毕后单击"确认"按钮，返回到三维模式，选择"对称方式"按钮，输入拉伸深度值 40，单击"去除材料"按钮，完毕后单击"确认"按钮，结果如图 17-38 所示。

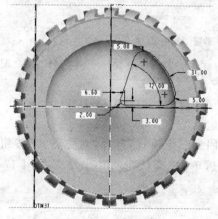

图 17-37 草绘截面

图 17-38 拉伸特征创建

(13) 创建阵列特征

选择上一步创建的拉伸特征,选择"编辑"→"阵列"菜单项或单击"特征"工具栏"阵列"工具按钮,出现如图17-39所示的"阵列特征"控制面板,选择"轴"方式,修改参数如图17-40所示,其中所选轴为步骤(9)中创建的基准轴,创建阵列特征如图17-41所示。

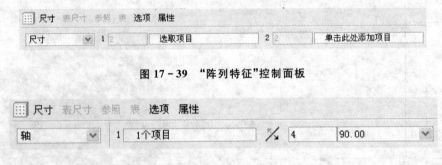

图17-39 "阵列特征"控制面板

图17-40 修改参数

(14) 创建拉伸特征

选择"插入"→"拉伸"菜单项或单击"特征"工具栏"拉伸"工具按钮,出现如图17-42所示"拉伸命令"控制面板,选择"实体方式"按钮。单击"放置"→"定义"选项,选择RIGHT基准平面为草绘平面,然后单击"草绘"按钮,草绘截面如图17-43所示,完毕后单击"确认"按钮,返回到三维模式,输入拉伸深度值40,完毕后单击"确认"按钮,结果如图17-44所示。

图17-41 阵列特征创建

图17-42 "拉伸特征"控制面板

重复上一步骤,草绘截面如图17-45所示,返回到三维模式,选择"对称方式"按钮,输入拉伸深度值80,单击"去除材料"按钮,完毕后单击"确认"按钮,结果如图17-46所示。

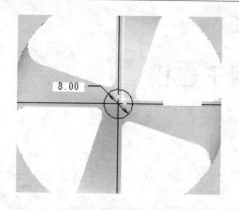

图 17-43 草绘截面

图 17-44 拉伸特征创建

图 17-45 草绘截面

图 17-46 拉伸特征创建

17.3 简单渲染

选择"视图"→"颜色和外观"菜单项,出现"外观编辑器"对话框,设置如图 17-47 所示参数,"指定"颜色到"零件"模型,完毕后单击"应用"按钮,结果如图 17-48 所示。

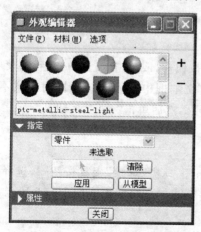

图 17-47 "外观编辑器"对话框

图 17-48 轮 胎

案例 18 帽子建模

18.1 模型分析

帽子外形如图 18-1 所示,由帽子顶、帽子围边和帽子沿等基本结构特征组成。

帽子建模的具体操作步骤如下:

① 创建草绘特征。
② 创建基准轴特征。
③ 创建可变剖面扫描特征。
④ 创建草绘特征。
⑤ 创建拉伸特征。
⑥ 创建可变剖面扫描特征。
⑦ 创建草绘特征。
⑧ 创建造型特征。
⑨ 创建镜像特征。
⑩ 创建草绘特征。
⑪ 创建扫描混合特征。
⑫ 创建复制特征。
⑬ 简单渲染。

图 18-1 帽子模型

18.2 创建帽子

(1) 新建文件

启动 Pro/E Wildfire 4.0,单击工具栏"新建"工具按钮,或单击"文件"→"新建"菜单项。选择系统默认"零件"选项,子类型"实体"方式,"名称"文本框中输入 maozi,同时注意不勾选"使用缺省模板"复选框。选择公制模板 mmns-part-solid,然后单击"确定"按钮。

(2) 创建草绘特征

选择"插入"→"模型基准"→"草绘"菜单项,或单击工具栏"草绘"工具按钮,选择 TOP 基准平面为草绘平面,单击"草绘"确认,进入二维草绘模式。草绘截面如图 18-2 所示,草绘完成,单击"确认"按钮✓确认。

(3) 创建基准轴特征

选择"插入"→"模型基准"→"轴"菜单项或单击工具栏的"基准轴"工具按钮，出现"基准轴"对话框。在工作区按住 Ctrl 键,选择 RIGHT 和 FRONT 基准平面,基准轴的约束类型为"穿过"两个相交基面,完毕后单击"确定"按钮完成 A_1 创建。

(4) 创建可变剖面扫描特征

选择"插入"→"可变剖面扫描"菜单项或单击"特征"工具栏"可变剖面扫描"工具按钮，出现如图 18-3 所示"可变剖面扫描命令"控制面板,选择"曲面方式"按钮。单击"参照"选项,选择草绘圆为扫描原点轨迹,单击"创建或编辑扫描剖面"工具按钮,草绘剖面如图 18-4 所示。然后选择"工具"→"关系"菜单项,系统弹出如图 18-5 所示的"关系"对话框,在编辑框中输入关系式为"sd13＝5 * sin(trajpar * 360 * 12)＋23"(其中 sd13 对应的是距离为 23 的尺寸),然后单击"确定"按钮,完毕后单击"确认"按钮，返回到三维模式,单击"确认"按钮，结果如图 18-6 所示。

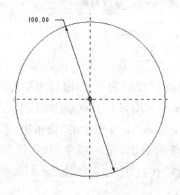

图 18-2　草绘截面

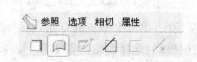

图 18-3　"可变剖面扫描特征"控制面板

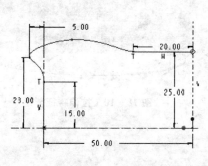

图 18-4　草绘剖面

图 18-5　"关系"对话框

(5) 创建草绘特征

选择"插入"→"模型基准"→"草绘"菜单项，或单击工具栏"旋转"工具按钮，选择 RIGHT 基准平面为草绘平面，单击"草绘"确认，进入二维草绘模式。草绘截面如图 18-7 所示，草绘完成，单击"确认"按钮✔确认。

图 18-6 可变剖面扫描特征创建　　　　图 18-7 草绘截面

(6) 创建拉伸特征

选择"插入"→"拉伸"菜单项或单击"特征"工具栏"拉伸"工具按钮，出现如图 18-8 所示"拉伸命令"控制面板，选择"曲面方式"按钮，指定拉伸深度值为 125，而且为对称形式，选择"去除材料"按钮，然后单击"放置"→"定义"选项，选择 RIGHT 为草绘平面，单击"草绘"按钮。首先选择"草绘"→"边"→"使用"菜单项或单击"草绘器"工具栏上的"使用边"工具按钮，在草绘区，单击上一步的草绘，然后绘制如图 18-9 所示截面，完毕后单击"确认"按钮✔，进入三维模式，选择面组为帽子整个表面，直接单击"确认"按钮✔，结果如图 18-10 所示。

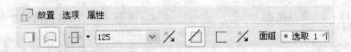

图 18-8 "拉伸命令"控制面板

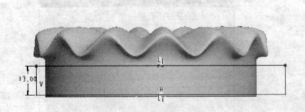
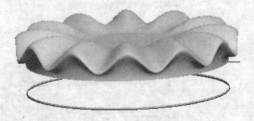

图 18-9 草绘截面　　　　图 18-10 拉伸特征创建

(7) 创建可变剖面扫描特征

选择"插入"→"可变剖面扫描"菜单项或单击"特征"工具栏"可变剖面扫描"工具按钮，出现如图 18-11 所示"可变剖面扫描命令"控制面板，选择"曲面方式"按钮。单击"参照"选项,选择圆环靠近帽子的边沿为扫描原点轨迹,然后单击"细节"选项,弹出如图 18-12 所示"链"对话框,选中"基于规则"选项,单击"确定"按钮,按住 Ctrl 键,选取与圆环相对的帽子边沿,然后单击"细节"选项,选中"基于规则"选项,单击"确定"按钮,完毕后单击"创建或编辑扫描剖面"工具按钮,草绘剖面如图 18-13 所示。然后选择"工具"→"关系"菜单项,在编辑框中输入关系式为"sd18 = 2 * sin(trajpar * 360 * 80) + 1"(其中 sd18 对应的是距离为 1 的尺寸),然后单击"确定"按钮,完毕后单击"确认"按钮,返回到三维模式,单击"确认"按钮,结果如图 18-14 所示。

图 18-11 "可变剖面扫描特征"控制面板

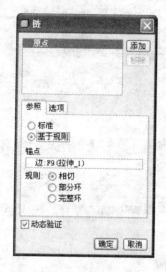

图 18-12 "链"对话框

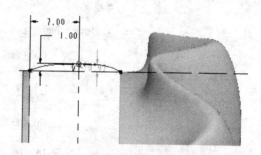

图 18-13 草绘剖面

(8) 创建草绘特征

选择"插入"→"模型基准"→"草绘"菜单项,或单击工具栏"草绘"工具按钮,选择 FRONT 基准平面为草绘平面,单击"草绘"确认,进入二维草绘模式。草绘截面如图 18-15 所示,草绘完成,单击"确认"按钮 ✓ 确认。

(9) 创建造型特征

① 创建边界曲线

选择"插入"→"造型"菜单项,或单击工具栏"造型"工具按钮,在弹出的工具栏中单击"创建曲线"工具按钮,出现如图 18-16(a)所示"曲线控制"面板,按住 Shift 键,单击上一步创建的草绘曲线的两个端点,同时选中了两个端点,然后选择工具栏"编辑曲线"工具按钮,出现如图 18-17 所示"编辑曲线"控制面板,选中曲线为参照并右击,在弹出的菜单中选择"添加点"选项,曲线上会自动添加一个点,然后拖动点,把曲线拖动到合适的位置。完毕后单击"确认"按钮,结果如图 18-17 所示。

图 18-14 可变剖面扫描特征创建

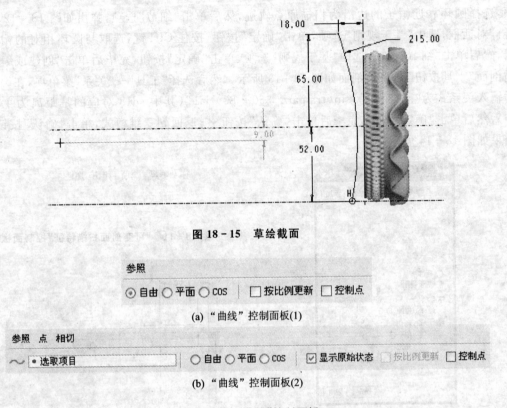

图 18-15 草绘截面

(a) "曲线"控制面板(1)

(b) "曲线"控制面板(2)

图 18-16 "曲线"控制面板

单击"创建曲线"工具按钮~,出现如图 18-16(b)所示"曲线"控制面板,选中"平面"选项,单击"参照"按钮,选择 FRONT 基准平面为参考平面,按住 Shift 键,绘出曲线,然后选择工具栏"编辑曲线"工具按钮,在曲线上添加点,然后拖动点,把曲线拖动到合适的位置。完毕后单击"确认"按钮☑,结果如图 18-18 所示。

重复上一步,绘制曲线如图 18-19 所示。

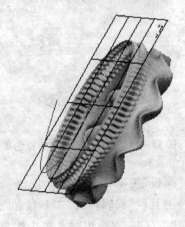

图 18-17 曲线创建

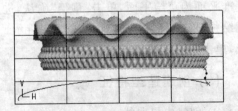

图 18-18 曲线创建

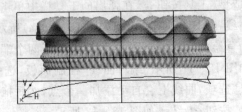

图 18-19 曲线创建

重复上一步,选择 RIGHT 基准平面为参考平面,绘制曲线如图 18-20 所示。

② 创建曲面

单击工具栏"从边界曲线创建曲面"工具按钮,出现如图 18-21 所示控制面板,按住 Ctrl 键,依次选择图 18-17、图 18-18 和图 18-20 中所示创建的曲线和帽子围边的边线,完毕后单击"确认"按钮,创建曲面如图 18-22 所示。

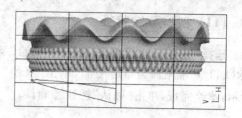

图 18-20 曲线创建

图 18-21 "曲面"控制面板

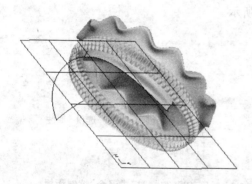

图 18-22 曲面创建

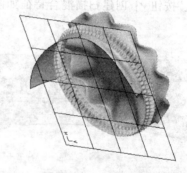

图 18-23 曲面创建

重复上一步,依次选择图 18-17 和图 18-19 和图 18-20 中所示创建的曲线和帽子围边的边线,创建曲面如图 18-23 所示。最后在工具栏单击"确认"按钮,完成造型如图 18-24 所示。

(10) 创建镜像特征

选择步骤(9)中创建的造型特征,单击工具栏"镜像"工具按钮,选择 FRONT 基准平面为镜像平面,完毕后单击"确认"按钮,创建镜像特征如图 18-25 所示。

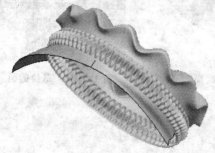

图 18-24 造型创建

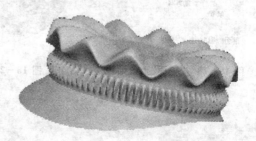

图 18-25 镜像特征

(11) 创建草绘特征

选择"插入"→"模型基准"→"草绘"菜单项,或单击工具栏"草绘"工具按钮,选择FRONT基准平面为草绘平面,单击"草绘"确认,进入二维草绘模式。草绘截面如图18-26所示,草绘完成,单击"确认"按钮✓确认。

(12) 创建扫描混合特征

选择"插入"→"扫描混合"菜单项,出现如图18-27所示"扫描混合"控制面板,选择"实体方式"按钮,单击"参照"按钮,选择上一步草绘图形为原点轨迹,然后单击"剖面"按钮,弹出如图18-28所示"剖面"上滑面板,选择图18-26中草绘图形的下端点,然后单击"剖面"上滑面板中的"草绘"按钮,草绘截面如图18-29所示,完毕后单击"确定"按钮✓确认。接着单击"剖面"上滑面板中的"插入"按钮,选择图18-26中草绘的另外一个端点,然后单击"剖面"上滑面板中的"草绘"按钮,草绘截面如图18-30所示,完毕后单击"确定"按钮✓确认。最后单击"确认"按钮,创建扫描混合特征如图18-31所示。

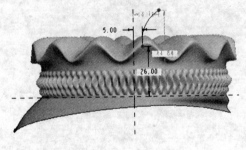

图18-26 草绘截面

图18-27 "扫描混合"控制面板

图18-28 "剖面"上滑面板

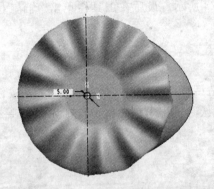

图18-29 草绘截面

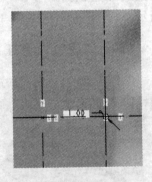

图18-30 草绘截面

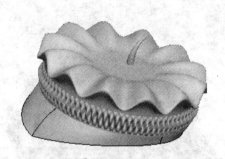

图18-31 扫描混合特征创建

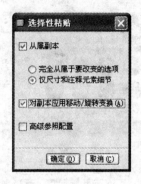

图18-32 "选择性粘贴"对话框

(13) 创建复制特征

选择上一步创建的扫描混合特征,然后选择"编辑"→"复制"菜单项,或单击系统工具栏下的"复制"工具按钮,接着选择"编辑"→"选择性粘贴"菜单项,或单击系统工具栏下的"选择性粘贴"工具按钮,出现"选择性粘贴"对话框,设置如图18-32所示,单击"确定"按钮,出现如图18-33所示"复制特征"控制面板,选择"相对旋转"按钮,选取 A_1 基准轴为旋转轴,输入角度值120,完毕后单击"确认"按钮,创建复制特征如图18-34所示。

重复上一步骤,输入角度值240,创建复制特征如图18-35所示。

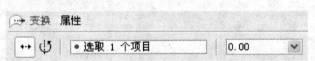

图18-33 "复制特征"控制面板

图18-34 复制特征创建

图18-35 复制特征创建

18.3 简单渲染

选择"视图"→"颜色外观"菜单项,出现"外观编辑器"对话框,设置如图18-36所示参数,"指定"颜色到"零件"模型,完毕后单击"应用"按钮,结果如图18-37所示。

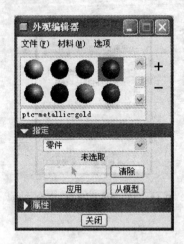

图 18-36 "外观编辑器"对话框

图 18-37 帽子

案例 19 花篮建模

19.1 模型分析

花篮的外形如图 19-1 所示,由花篮底面、侧边和提手等基本结构特征组成。

花篮的建模的具体操作步骤如下:

① 创建拉伸特征。
② 创建可变剖面扫描特征。
③ 创建阵列特征。
④ 创建复制特征。
⑤ 创建可变剖面扫描特征。
⑥ 创建阵列特征。
⑦ 创建拉伸特征。
⑧ 创建阵列特征。
⑨ 创建草绘特征。
⑩ 创建拉伸特征。
⑪ 创建草绘特征。
⑫ 创建基准平面特征。
⑬ 创建草绘特征。
⑭ 创建可变剖面扫描特征。
⑮ 重复步骤⑫~⑭。
⑯ 创建基准点和基准线特征。
⑰ 创建可变剖面扫描特征。
⑱ 创建阵列特征。
⑲ 创建可变剖面扫描特征。
⑳ 创建阵列特征。
㉑ 创建曲面扫描特征。
㉒ 创建可变剖面扫描特征。
㉓ 简单渲染。

图 19-1 花篮模型

19.2 创建花篮

(1) 新建文件

启动 Pro/E Wildfire 4.0,单击工具栏"新建"工具按钮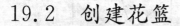,或单击"文件"→"新建"菜单项。

选择系统默认"零件"选项,子类型"实体"方式,"名称"文本框中输入 corbeil,同时注意不勾选"使用缺省模板"复选框。选择公制模板 mmns-part-solid,然后单击"确定"按钮。

(2) 创建拉伸特征

选择"插入"→"拉伸"菜单项或单击"特征"工具栏"拉伸"工具按钮,出现如图 19-2 所示"拉伸命令"控制面板,选择"曲面方式"按钮。单击"放置"→"定义"选项,选择 TOP 基准平面为草绘平面,然后单击"草绘"按钮,草绘截面如图 19-3 所示,完毕后单击"确认"按钮,返回到三维模式,输入拉伸深度为 16,单击"确认"按钮,结果如图 19-4 所示。

图 19-2 "拉伸特征"控制面板

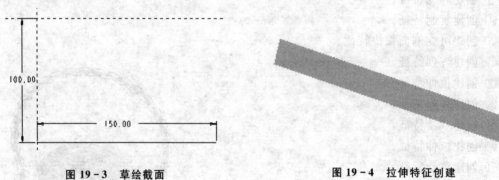

图 19-3 草绘截面　　　　　　　　图 19-4 拉伸特征创建

(3) 创建可变剖面扫描特征

选择"插入"→"可变剖面扫描"菜单项或单击"特征"工具栏"可变剖面扫描"工具按钮,出现如图 19-5 所示"可变剖面扫描命令"控制面板,选择"实体方式"按钮。单击"参照"选项,选择上一步拉伸特征中不在 TOP 基准平面上的长边为扫描轨迹,单击"创建或编辑扫描剖面"工具按钮,草绘剖面如图 19-6 所示。然后选择"工具"→"关系"菜单项,系统弹出如图 19-7 所示的"关系"文本框,在编辑框中输入关系式为"sd4=3*cos(trajpar*360*5)"(其中 sd4 对应的是距离为 3 的尺寸),然后单击"确定"按钮,完毕后单击"确认"按钮,返回到三维模式,单击"确认"按钮,结果如图 19-8 所示。

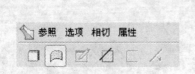

图 19-5 "可变剖面扫描特征"控制面板

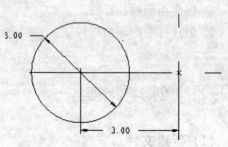

图 19-6 草绘截面

图 19-7 "关系"对话框

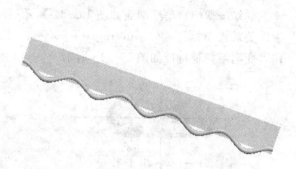

图 19-8 可变剖面扫描特征创建

(4) 创建阵列特征

选择上一步创建的可变剖面扫描特征,选择"编辑"→"阵列"菜单项或单击"特征"工具栏"阵列"工具按钮,出现如图 19-9 所示的"阵列特征"控制面板,选择"方向"方式,选择 FRONT 基准平面为第一方向参照,单击"反向"按钮,阵列成员数目和成员之间的间距都输入 10,完毕后单击"确认"按钮,结果如图 19-10 所示。

图 19-9 "阵列特征"控制面板

(5) 创建复制特征

选择如图 19-10 中所示的面组,选择"编辑"→"复制"菜单项或单击系统工具栏"复制"工具按钮,然后再次选择"编辑"→"粘贴"菜单项或单击系统工具栏"粘贴"工具按钮,出现如图 19-11 所示"复制"控制面板,直接单击"确认"按钮,完成复制。

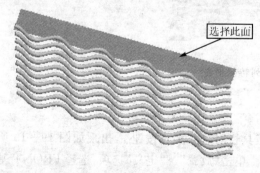

图 19-10 阵列特征创建

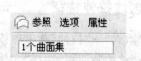

图 19-11 "复制"控制面板

(6) 创建可变剖面扫描特征

重复步骤(3),草绘剖面如图 19-12 所示(图中尺寸 0 一定要标出)。在"关系"对话框中输入关系式为"sd4＝3*sin(trajpar*360*5)"(其中 sd4 对应的是距离为 0 的尺寸),最后创建可变剖面扫描特征如图 19-13 所示。

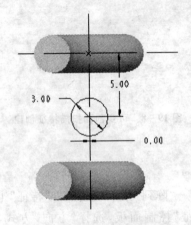

图 19-12　草绘剖面

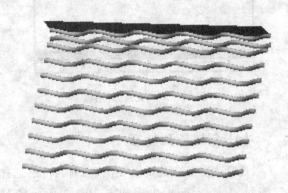

图 19-13　可变剖面扫描特征创建

(7) 创建阵列特征

选择上一步创建的可变剖面扫描特征,重复步骤(4),最后创建阵列特征如图 19-14 所示。

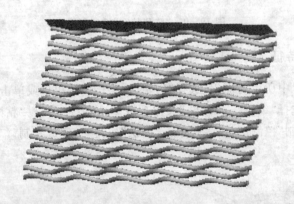

图 19-14　阵列特征创建

(8) 创建拉伸特征

选择"插入"→"拉伸"菜单项或单击"特征"工具栏"拉伸"工具按钮,出现如图 19-15 所示"拉伸命令"控制面板,选择"实体方式"按钮。单击"放置"→"定义"选项,选择 FRONT 基准平面为草绘平面,然后单击"草绘"按钮,草绘截面如图 19-16 所示,完毕后单击"确认"按钮,返回到三维模式,输入拉伸深度值 100,单击"确认"按钮,结果如图 19-17 所示。

图 19-15 "拉伸特征"控制面板

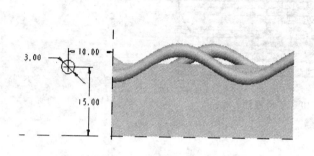

图 19-16 草绘截面　　　　图 19-17 拉伸特征创建

(9) 创建阵列特征

选择上一步创建的拉伸特征,选择"编辑"→"阵列"菜单项或单击"特征"工具栏"阵列"工具按钮,出现如图 19-18 所示的"阵列特征"控制面板,选择"尺寸"方式,单击工作区的尺寸 10,在其下面弹出的框中输入 -10,按 Enter 键,阵列成员数目输入 20,完毕后单击"确认"按钮,结果如图 19-19 所示。

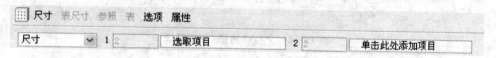

图 19-18 "阵列特征"控制面板

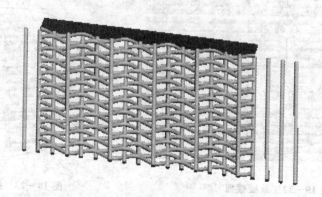

图 19-19 阵列特征创建

(10) 创建草绘特征

单击"特征"工具栏"草绘"工具按钮,选择 TOP 基准平面为草绘平面,单击"草绘"选项,草绘截面如图 19-20 所示,完毕后单击"确认"按钮,完成草绘 1。

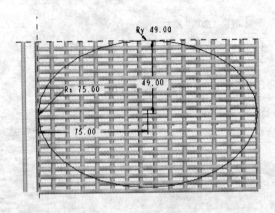

图 19-20 草绘截面

(11) 创建拉伸特征

选择"插入"→"拉伸"菜单项或单击"特征"工具栏"拉伸"工具按钮，出现如图 19-21 所示"拉伸命令"控制面板，选择"实体方式"按钮。单击"放置"→"定义"选项，选择 TOP 基准平面为草绘平面，然后单击"草绘"按钮，草绘截面如图 19-22 所示，完毕后单击"确认"按钮✓，返回到三维模式，输入拉伸深度值 40，单击"去除材料"按钮，然后单击"反向"按钮，完毕后单击"确认"按钮✓，结果如图 19-23 所示。

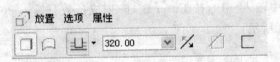

图 19-21 "拉伸特征"控制面板

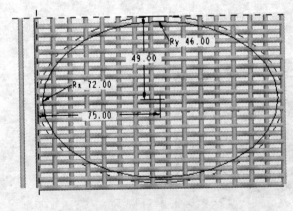

图 19-22 草绘截面

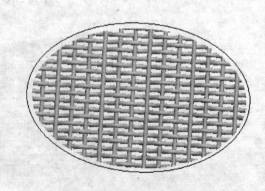

图 19-23 拉伸特征创建

(12) 创建草绘特征

单击"特征"工具栏"草绘"工具按钮，选择 TOP 基准平面为草绘平面，单击"草绘"选项，草绘截面如图 19-24 所示，完毕后单击"确认"按钮✓，完成草绘 2。

(13) 创建基准平面特征

选择"插入"→"模型基准"→"平面"菜单项或单击"特征"工具栏"基准平面"工具按钮，系统弹出如图 19-25 所示"基准平面"控制面板，按住 Ctrl 键，选择 TOP 基准平面和步骤(2)中拉伸特征不在 TOP 基准平面上的长边为参照，设置如图 19-26 所示参数，然后单击"确定"按钮，完成基准平面 DTM1 创建。

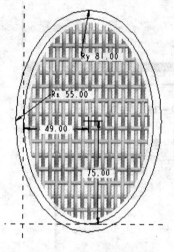
图 19-24 草绘截面

图 19-25 "基准平面"对话框

图 19-26 参照面设置

(14) 创建草绘特征

单击"特征"工具栏"草绘"工具按钮，选择 DTM1 基准平面为草绘平面，单击"草绘"选项，选择"草绘"→"边"→"使用"菜单项，然后选择草绘 1 所绘制的截面，完毕后单击"确认"按钮✓，完成草绘 3。

(15) 创建可变剖面扫描特征

选择"插入"→"可变剖面扫描"菜单项或单击"特征"工具栏"可变剖面扫描"工具按钮，出现如图 19-27 所示"可变剖面扫描命令"控制面板，选择"实体方式"按钮。单击"参照"选项，选择上一步创建的草绘为扫描轨迹，单击"创建或编辑扫描剖面"工具按钮，草绘剖面如图 19-28 所示（其中半径为 6 的圆和标注角度的三条通过圆心的尺寸线都是构建线。创建构建线做法是：先选择欲要构建线条，然后右击，在下拉菜单中选择"构建"选项即可）。然后选择"工具"→"关系"菜单项，系统弹出如图 19-29 所示的"关系"对话框，在编辑框中输入关系式为"sd8＝12＊360＊trajpar＋30"（其中 sd8 对应的是角度为 30 的尺寸），然后单击"确定"按钮，完毕后单击"确认"按钮✓，返回到三维模式，单击"确认"按钮，再按住 Ctrl 键，在导航器中选择"拉伸1"和"复制1"并右击，在弹出的快捷菜单中选择"隐藏"选项，完成对特征的隐藏，结果如图 19-30 所示。

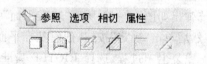
图 19-27 "可变剖面扫描特征"控制面板

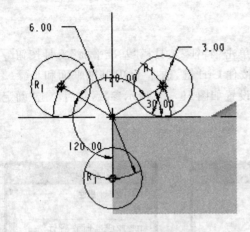

图 19-28　草绘截面

图 19-29　"关系"对话框

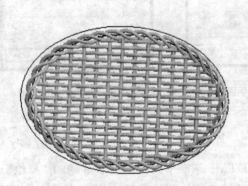

图 19-30　可变剖面扫描特征创建

图 19-31　"基准平面特征"控制面板

(16) 创建基准平面特征

选择"插入"→"模型基准"→"平面"菜单项或单击"特征"工具栏"基准平面"工具按钮，系统弹出如图 19-31 所示"基准平面"控制面板，选择 TOP 基准平面为参照，输入平移距离值 32，然后单击"确定"按钮，创建基准平面 DTM2 如图 19-32 所示。

重复上一过程，选择 RIGHT 基准平面为参照，输入平移距离值 75，最后创建基准平面 DTM3 如图 19-33 所示。

(17) 创建草绘特征

单击"特征"工具栏"草绘"工具按钮，选择 DTM2 基准平面为草绘平面，单击"草绘"选项，草绘截面如图 19-34 所示，完毕后单击"确认"按钮✓，完成草绘 4。

案例 19 花篮建模

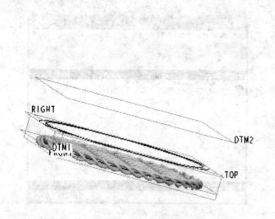

图 19-32 基准平面 DTM2 特征创建

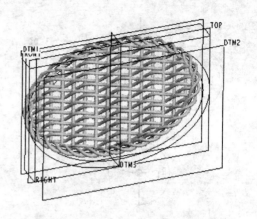

图 19-33 基准平面 DTM3 特征创建

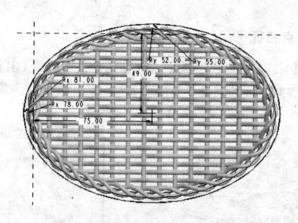

图 19-34 草绘截面

(18) 创建可变剖面扫描特征

选择"插入"→"可变剖面扫描"菜单项或单击"特征"工具栏"可变剖面扫描"工具按钮，出现如图 19-35 所示"可变剖面扫描命令"控制面板，选择"实体方式"按钮。单击"参照"选项，按住 Ctrl 键，先选择上一步创建的草绘中比较大的椭圆，再选择

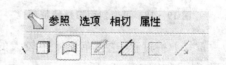

图 19-35 "可变剖面扫描特征"控制面板

另外一个椭圆，然后单击"创建或编辑扫描剖面"工具按钮，草绘剖面如图 19-36 所示（其中半径为 6 的圆和标注角度的三条通过圆心的尺寸线都是构建线。创建构建线做法是：先选择欲要构建线条，然后右击，在弹出的快捷菜单中选择"构建"选项即可）。然后选择"工具"→"关系"菜单项，系统弹出如图 19-37 所示的"关系"对话框，在编辑框中输入关系式为"sd9=12 * 360 * trajpar+30"（其中 sd9 对应的是角度为 30 的尺寸），然后单击"确定"按钮，完毕后单击"确认"按钮，返回到三维模式，单击"确认"按钮，结果如图 19-38 所示。

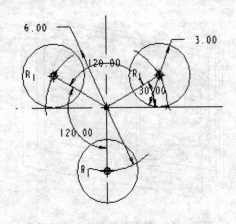

图 19-36 草绘剖面

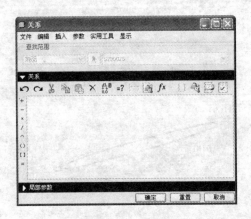

图 19-37 "关系"对话框

(19) 创建基准点特征

选择"插入"→"模型基准"→"点"→"点"菜单项或单击"特征"工具栏"基准点"工具按钮，出现如图 19-39 所示"基准点命令"对话框，选择草绘 3，然后在"基准点"对话框中输入偏移值 0，完毕后单击"确定"按钮，完成基准点 PNT0 的创建。

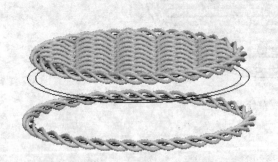

图 19-38 可变剖面扫描特征创建

图 19-39 "基准点"对话框

重复上一过程，选择草绘 4 中较大的椭圆，输入偏移值 0，最后完成基准点 PNT1 的创建结果，结果如图 19-40 所示。

(20) 创建基准曲线特征

选择"插入"→"模型基准"→"曲线"菜单项或单击"特征"工具栏"基准曲线"工具按钮，出现如图 19-41 所示"曲线选项"的菜单管理器，直接单击"完成"选项，系统弹出如图 19-42 所示"连接类型"的菜单管理器和如图 19-43 所示的"曲线"对话框，依次选择 PNT1 基准点和 PNT2 基准点，然后单击"连接类型"的菜单管理器中"完成"选项，完毕后单击"曲线"对话框中"确定"按钮，完成基准曲线的创建，结果如图 19-44 所示。

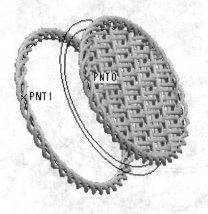

图19-40 基准点特征创建

图19-41 菜单管理器

图19-42 菜单管理器

图19-43 "曲线"对话框

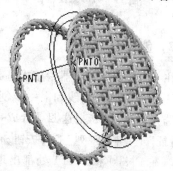

图19-44 基准曲线创建

(21) 创建可变剖面扫描特征

选择"插入"→"可变剖面扫描"菜单项或单击"特征"工具栏"可变剖面扫描"工具按钮，出现如图19-45所示"可变剖面扫描命令"控制面板，选择"实体方式"按钮。单击"参照"选项，系统弹出"参照"上滑面板，选择上一步创建的基准曲线，然后单击如图19-46所示"参照"上滑面板中的"起点的X方向参照"选项下的框，选择DTM2为参照，然后单击"创建或编辑扫描剖面"工具按钮，草绘剖面如图19-47所示。完毕后单击"确认"按钮，返回到三维模式，单击"确认"按钮，结果如图19-48所示。

图19-45 "可变剖面特征"控制面板

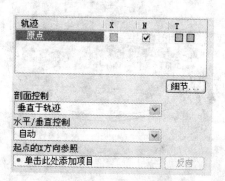

图19-46 "参照"上滑面板

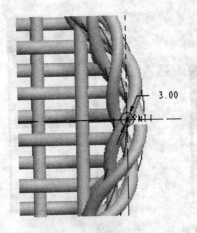
图 19-47 草绘剖面

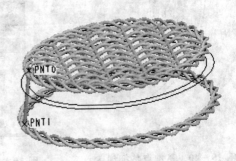
图 19-48 可变剖面扫描特征创建

(22) 创建阵列特征

按住 Ctrl 键，在导航器中依次选择基准点 PNT0、基准点 PNT1、由基准点 PNT0 与基准点 PNT1 创建的基准曲线和上一步创建的可变剖面扫描特征四项，然后右击并在弹出的下拉菜单中选择"组"选项，把这四项合成一个组，然后选中这个组，选择"编辑"→"阵列"菜单项或单击"特征"工具栏"阵列"工具按钮，出现如图 19-49 所示的"阵列特征"控制面板，选择"尺寸"方式，在 PNT0 和 PNT1 处都出现 0REL 标示，如图 19-50 所示。单击任一个 0DEL，在其弹出的输入框中输入 0.2，按 Enter 键，阵列成员数目输入 10，再按 Enter 键。然后按住 Ctrl 键，单击另外一个 0DEL，在其弹出的输入框中输入 0.2，按 Enter 键，完毕后单击"确认"按钮，再按住 Ctrl 键，在导航器中选择"草绘 1"和"草绘 2"选项，右击后在弹出的快捷菜单中选择"隐藏"选项，完成对特征的隐藏，结果如图 19-51 所示。

图 19-49 "阵列特征"控制面板

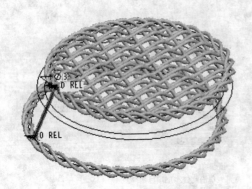

图 19-50 0REL 标示

图 19-51 阵列特征的创建

(23) 创建可变剖面扫描特征

选择"插入"→"可变剖面扫描"菜单项或单击"特征"工具栏"可变剖面扫描"工具按钮，出现如图 19-52 所示"可变剖面扫描命令"控制面板，选择"实体方式"按钮。单击"参照"选项，系统弹出参照上滑面板，选择草绘 3 为扫描轨迹，然后单击"创建或编辑扫描剖面"工具按钮，草绘剖面如图 19-53 所示。然后选择"工具"→"关系"菜单项，系统弹出如图 19-54 所示的"关系"对话框，在编辑框中输入关系式为"sd5＝－1 * cos(trajpar * 360 * 5)"（其中 sd5 对应的是距离为 1 的尺寸），然后单击"确定"按钮，完毕后单击"确认"按钮，返回到三维模式，单击"确认"按钮，结果如图 19-55 所示。

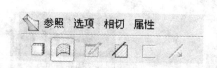

图 19-52 "可变剖面特征"控制面板

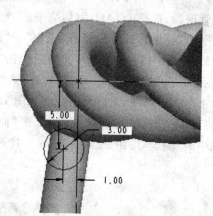

图 19-53 草绘剖面

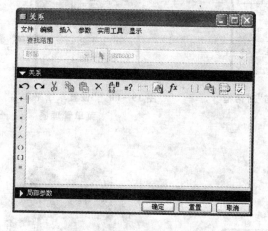

图 19-54 "关系"对话框

图 19-55 可变剖面扫描特征创建

(24) 创建阵列特征

选择上一步创建的可变剖面扫描特征，选择"编辑"→"阵列"菜单项或单击"特征"工具栏"阵列"工具按钮，出现如图 19-56 所示的"阵列特征"控制面板，选择"尺寸"方式，单击工作区中的尺寸 5，在其弹出的输入框中输入 4，按 Enter 键，阵列成员数目输入 11，完毕后单击"确认"按钮，结果如图 19-57 所示。

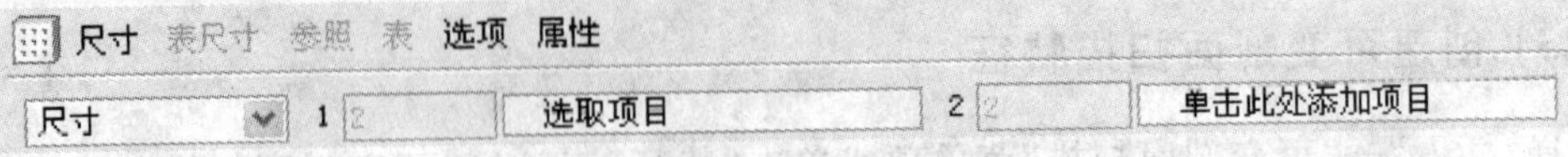

图19-56 "阵列特征"控制面板

(25) 创建曲面扫描特征

选择"插入"→"扫描"→"曲面"菜单项,系统弹出如图19-58所示"扫描轨迹"菜单管理器和如图19-59所示"曲面扫描"对话框,单击"草绘轨迹"选项,系统弹出如图19-60所示的"设置草绘平面"菜单管理器,选择DTM3为草绘平面,然后在"设置草绘平面"菜单管理器中选择"正向"→"缺省"选项,草绘轨迹如图19-61所示,完毕后单击"确认"按钮✔,系统弹出如图19-62所示"属性"菜单管理器,直接单击"完成"选项,然后草绘截面如图19-63所示,完毕后单击"确认"按钮✔,最后单击"曲面扫描"对话框中的"确定"按钮,结果如图19-64所示。

图19-57 阵列特征创建

图19-58 "扫描轨迹"菜单管理器

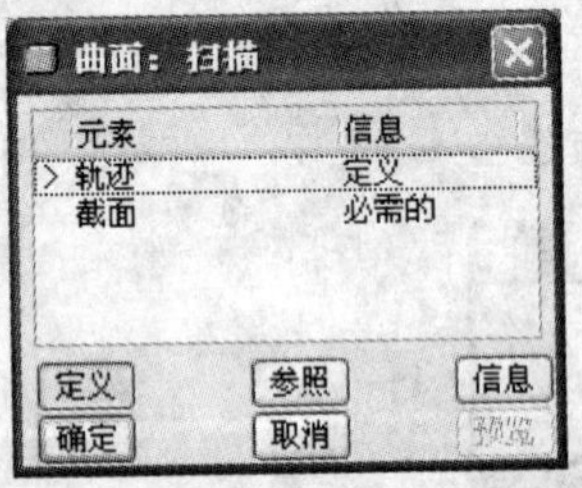

图19-59 "曲面扫描"对话框

图19-60 "设置草绘平面"菜单管理器

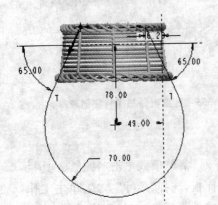

图19-61 草绘轨迹

图19-62 "属性"菜单管理器

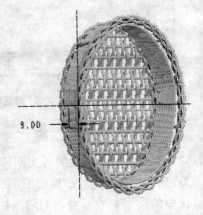

图19-63 草绘截面

(26) 创建可变剖面扫描特征

选择"插入"→"可变剖面扫描"菜单项或单击"特征"工具栏"可变剖面扫描"工具按钮，出现如图 19-65 所示"可变剖面扫描命令"控制面板，选择"实体方式"按钮。单击"参照"选项，系统弹出"参照"上滑面板，选择上一步创建的扫描特征的外边线为扫描轨迹，修改工作区中两个 T=0 参数为 T=65，然后单击"创建或编辑扫描剖面"工具按钮，草绘剖面如图 19-66 所示（其中半径为 8 的圆和标注角度的三条通过圆心的尺寸线都是构建线。创建构建线做法是：先选择欲要构建线条，然后右击并在快捷菜单中选择"构建"选项即可）。然后选择"工具"→"关系"菜单项，系统弹出如图 19-67 所示的"关系"对话框，在编辑框中输入关系式为"sd10 = 30 + trajpar * 360 * 10"（其中 sd10 对应的是角度为 30 的尺寸），然后单击"确定"按钮，完毕后单击"确认"按钮，返回到三维模式，单击"确认"按钮，结果如图 19-68 所示。

图 19-64 曲面扫描特征创建

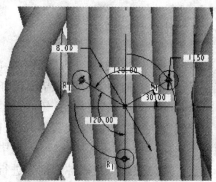

图 19-65 "可变剖面特征"控制面板

图 19-66 草绘剖面

图 19-67 "关系"对话框

图 19-68 可变剖面扫描特征创建

重复上一过程，草绘剖面如图19-69所示，然后直接单击"确认"按钮✓，返回到三维模式，单击"确认"按钮☑，然后在导航器中选择步骤(25)中扫描的曲面，右击并在弹出的快捷菜单中选择"隐藏"选项，完成对特征的隐藏，结果如图19-70所示。

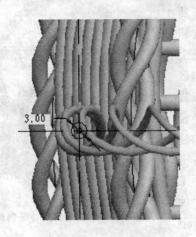

图19-69 草绘剖面

图19-70 可变剖面扫描特征创建

19.3 简单渲染

选择"视图"→"颜色和外观"菜单项，出现"外观编辑器"对话框，设置如图19-71所示参数，"指定"颜色到"曲面"模型，完毕后按住Ctrl键，选择花篮的提手，按一下鼠标中键确认，然后单击外观编辑器中的"应用"按钮，结果如图19-72所示。再把外观编辑器中的颜色设置成绿色，"指定"颜色到"曲面"模型，单击"从模型中选取"按钮，按住Ctrl键，选择花篮底面所有曲面，按一下鼠标中键确认，完毕后单击外观编辑器中的"应用"按钮，重复上述过程，选择自己喜欢的颜色对花篮各个剖分进行渲染，最后渲染结果如图19-73所示。

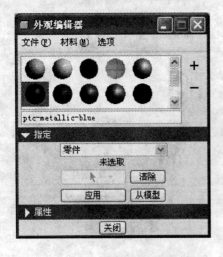

图19-71 "外观编辑器"对话框

图19-72 提手渲染

案例19 花篮建模

图19-73 花 篮

案例 20　戒指建模

20.1　模型分析

戒指外形如图 20-1 所示,主要由指环、宝石和装饰等基本结构特征组成。

戒指建模的主要操作步骤如下:
① 创建草绘特征。
② 创建扫描混合特征。
③ 创建基准轴特征。
④ 创建拉伸特征。
⑤ 创建阵列特征。
⑥ 创建复制角特征。
⑦ 创建投影特征。
⑧ 创建扫描混合特征。
⑨ 创建镜像特征。
⑩ 创建旋转特征。
⑪ 创建镜像特征。
⑫ 简单渲染。

图 20-1　戒指模型

20.2　创建戒指

(1) 新建文件

启动 Pro/E Wildfire 4.0,单击工具栏"新建"工具按钮 ,或单击"文件"→"新建"菜单项。选择系统默认"零件"选项,子类型"实体"方式,"名称"文本框中输入 jiezhi,同时注意不勾选"使用缺省模板"复选框。选择公制模板 mmns-part-solid,然后单击"确定"按钮。

(2) 创建草绘特征

单击"特征"工具栏"草绘"工具按钮 ,选择 FRONT 基准平面为草绘平面,草绘截面如图 20-2 所示,完毕后单击"确认"按钮 。

图 20-2　草绘特征创建

(3) 创建扫描混合特征

选择"插入"→"扫描混合"菜单项,出现如图20-3所示"扫描混合"控制面板,选择"实体方式"按钮。单击"参照"按钮,选择上一步草绘图形为原点轨迹,然后单击"剖面"按钮,弹出如图20-4所示"剖面"上滑面板,选择图20-2中草绘图形的下端点,然后单击"剖面"上滑面板中的"草绘"按钮,草绘截面如图20-5所示,完毕后单击"确定"按钮✓确认。接着单击"剖面"上滑面板中的"插入"按钮,选择图20-2中草绘的另外一个端点,然后单击"剖面"上滑面板中的"草绘"按钮,草绘截面如图20-6所示(在中心绘制一个点),完毕后单击"确定"按钮✓确认。最后单击"确认"按钮☑,创建扫描混合特征如图20-7所示。

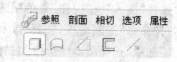

图20-3 "扫描混合命令"控制面板

图20-4 "剖面"上滑面板

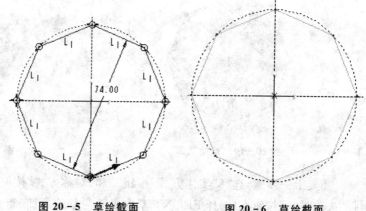

图20-5 草绘截面　　图20-6 草绘截面

(4) 创建基准轴特征

选择"插入"→"模型基准"→"轴"菜单项或单击工具栏的"基准轴"工具按钮,出现"基准轴"对话框。在工作区按住Ctrl键,选择RIGHT和FRONT基准平面为参考,如图20-8所示,完毕后单击"确定"按钮完成A_1创建。

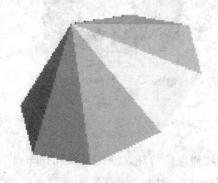

图20-7 扫描混合特征创建

图20-8 基准轴创建

(5) 创建拉伸特征

选择"插入"→"拉伸"菜单项或单击"特征"工具栏"拉伸"工具按钮，出现如图20-9所示"拉伸命令"控制面板，选择"实体方式"按钮，指定拉伸深度值为30，然后单击"放置"→"定义"选项，选择图20-7中扫描混合特征的底面为草绘平面，单击"草绘"按钮。然后绘制截面如图20-10所示，完成后单击"确认"按钮，进入三维模式，直接单击"确认"按钮，结果如图20-11所示。

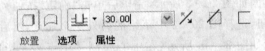

图 20-9 "拉伸命令"控制面板

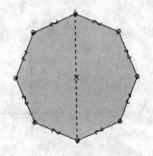

图 20-10 草绘截面

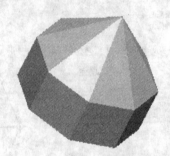

图 20-11 拉伸特征创建

重复上一步骤，选择"实体方式"按钮和"对称方式"按钮，指定拉伸深度值为60，并选择"去除材料"按钮，选择FRONT基准平面为草绘平面，草绘截面如图20-12所示。完毕后单击"确认"按钮，进入三维模式，直接单击"确认"按钮，结果如图20-13所示。

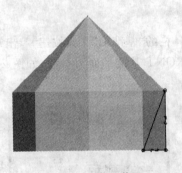

图 20-12 草绘截面

图 20-13 拉伸特征创建

(6) 创建阵列特征

在工作区或在模型树上，首先选择上一步创建的拉伸切除特征，此时工具栏的"阵列"工具按钮将被激活，或者选择"编辑"→"阵列"菜单项，出现"阵列"控制面板，阵列方式选择"轴"阵列，阵列个数为8个，然后在工作区选择基准轴A_1为阵列参照，如图20-14所示，完毕后单击"确认"按钮☑,完成阵列特征,结果如图 20-15 所示。

图 20-14 "阵列"控制面板

(7) 创建基准平面特征

选择"插入"→"模型基准"→"平面"菜单项或单击工具栏的"基准平面"工具按钮,出现"基准平面"对话框。在工作区按住 Ctrl 键,选择如图 20-15 所示的点和 TOP 基准平面,设置如图 20-16 所示参数,完毕单击"确定"按钮,创建基准平面 DTM1。

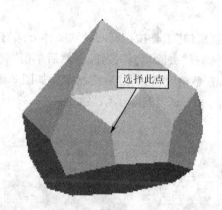

图 20-15 阵列特征创建

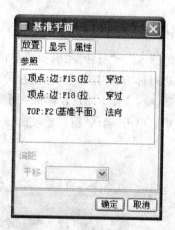

图 20-16 "基准平面"对话框

(8) 创建拉伸特征

选择"插入"→"拉伸"菜单项或单击"特征"工具栏"拉伸"工具按钮,选择"实体方式"按钮 和"对称方式"按钮,指定拉伸深度值为 60,并选择"去除材料"按钮,然后单击"放置"→"定义"选项,选择 DTM1 基准平面为草绘平面,单击"草绘"按钮。然后绘制截面如图 20-17 所示,完毕后单击"确认"按钮☑,进入三维模式,直接单击"确认"按钮☑,结果如图 20-18 所示。

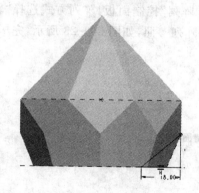

图 20-17 草绘截面

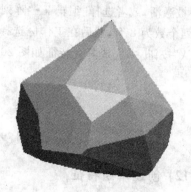

图 20-18 拉伸特征创建

(9) 创建阵列特征

在工作区或在模型树上,首先选择上步创建的拉伸切除特征,此时工具栏的"阵列"工具按钮将被激活,或者选择"编辑"→"阵列"菜单项,出现"阵列"控制面板,阵列方式选择"轴"阵列,阵列个数为8个,然后在工作区选择基准轴 A_1 为阵列参照,如图 20-19 所示,完毕后单击"确认"按钮,完成阵列特征如图 20-20 所示。

图 20-19　"阵列"控制面板

(10) 创建拉伸特征

选择"插入"→"拉伸"菜单项或单击"特征"工具栏"拉伸"工具按钮,选择"实体方式"按钮和"两边对称方式"按钮,指定拉伸深度值为40,并选择"去除材料"按钮,然后单击"放置"→"定义"选项,选择 RIGHT 基准平面为草绘平面,单击"草绘"按钮。然后绘制截面如图 20-21 所示,完毕后单击"确认"按钮,进入三维模式,直接单击"确认"按钮,结果如图 20-22 所示。

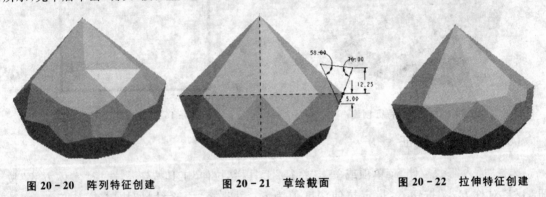

图 20-20　阵列特征创建　　　图 20-21　草绘截面　　　图 20-22　拉伸特征创建

(11) 创建阵列特征

在工作区或在模型树上,首先选择上步创建的拉伸切除特征,此时工具栏的"阵列"工具按钮将被激活,或者选择"编辑"→"阵列"菜单项,出现"阵列"控制面板,阵列方式选择"轴"阵列,阵列个数为8个,然后在工作区选择基准轴 A_1 为阵列参照,如图 20-23 所示,完毕后单击"确认"按钮,完成阵列特征如图 20-24 所示。

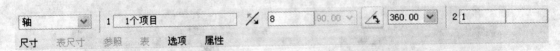

图 20-23　"阵列"控制面板

(12) 创建草绘特征

单击"特征"工具栏"草绘"工具按钮,选择 FRONT 基准平面为草绘平面,草绘截面如

图20-25所示,然后选择工具栏中"打断"按钮,在图20-25中线上的两个黑点处打断,完毕后单击"确认"按钮✓。

图20-24 阵列特征创建

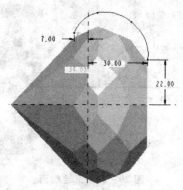

图20-25 草绘特征创建

(13) 创建扫描混合特征

选择"插入"→"扫描混合"菜单项,出现如图20-26所示"扫描混合"控制面板,选择"曲面方式"按钮。单击"参照"按钮,选择上一步草绘图形为原点轨迹,然后单击"剖面"按钮,弹出如图20-27所示"剖面"上滑面板,选择图20-25中草绘图形的右端点,然后单击"剖面"上滑面板中的"草绘"按钮,草绘截面如图20-28所示(在中心绘制一个点),完毕后单击"确定"按钮✓确认。接着单击"剖面"上滑面板中的"插入"按钮,选择图20-25中草绘图形的线上靠右的点,然后单击"剖面"上滑面板中的"草绘"按钮,草绘截面如图20-29所示,完毕后单击"确定"按钮✓确认。接着单击"剖面"上滑面板中的"插入"按钮,选择图20-25中草绘图形的线上靠左的点,然后单击"剖面"上滑面板中的"草绘"按钮,草绘截面如图20-30所示,完毕后单击"确定"按钮✓确认。接着单击"剖面"上滑面板中的"插入"按钮,选择图20-25中草绘的左端点,然后单击"剖面"上滑面板中的"草绘"按钮,草绘截面如图20-31所示(在中心绘制一个点),完毕后单击"确定"按钮✓确认。最后单击"确认"按钮☑,创建扫描混合特征如图20-32所示。

图20-26 "扫描混合"控制面板

图20-27 "剖面"上滑面板

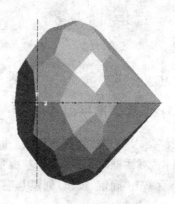

图20-28 草绘截面

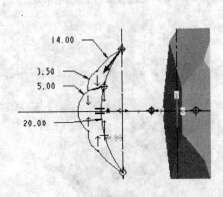

图 20-29 草绘截面

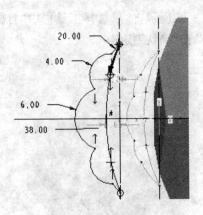

图 20-30 草绘截面

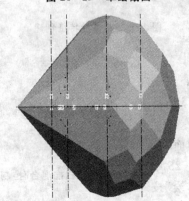

图 20-31 草绘截面

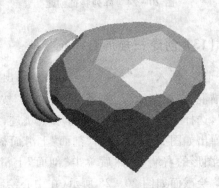

图 20-32 扫描混合特征创建

(14) 创建阵列特征

在工作区或在模型树上,首先选择上一步创建的扫描混合特征,此时工具栏的"阵列"工具按钮将被激活,或者选择"编辑"→"阵列"菜单项,出现"阵列"控制面板,阵列方式选择"轴"阵列,阵列个数为 8 个,然后在工作区选择基准轴 A_1 为阵列参照,如图 20-33 所示,完毕后单击"确认"按钮,完成阵列特征如图 20-34 所示。

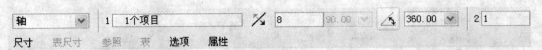

图 20-33 "阵列"控制面板

(15) 创建基准平面特征

选择"插入"→"模型基准"→"平面"菜单项或单击工具栏的"基准平面"工具按钮,出现"基准平面"对话框。选择 TOP 基准平面为参考平面,偏移距离值为 200,设置如图 20-35 所示,完毕后单击"确定"按钮,创建基准平面 DTM2。

案例 20　戒指建模

图 20-34　阵列特征创建

图 20-35　基准平面创建

(16) 创建基准轴特征

选择"插入"→"模型基准"→"轴"菜单项或单击工具栏的"基准轴"工具按钮，出现"基准轴"对话框。在工作区按住 Ctrl 键，选择 RIGHT 和 DTM2 基准平面为参考，如图 20-36 所示，完毕后单击"确定"按钮完成 A_2 创建。

图 20-36　基准轴创建

图 20-37　组成员选取

(17) 创建复制特征

① 在模型树当中首先选取"草绘 1"选项，按 Shift 键单击"A_2"选项，如图 20-37 所示，然后右击并在弹出的如图 20-38 所示快捷菜单中选择"组"选项，创建阵列组，如图 20-39 所示。

图 20-38　快捷菜单

图 20-39　组创建

163

② 选择"编辑"→"特征操作"菜单项,出现如图 20-40 所示菜单管理器,单击"复制"选项,出现如图 20-41 所示菜单,依次单击"移动"→"选取"→"独立"→"完成"选项,系统提示要选取平移的特征,此时选取上一步的组为平移特征,单击"完成"选项,系统弹出如图 20-42 所示菜单,依次单击"旋转"→"曲线/边/轴"选项,此时系统提示选择一边或轴作为方向,选择 A_2 基准轴为旋转轴,单击"正向"选项,系统提示输入旋转角度,此时输入 35,然后单击"确认"按钮✓,然后依次单击"完成移动"→"完成"选项,最后单击"组元素"对话框中"确定"按钮,完成复制特征如图 20-43 所示。

重复上一步骤,并把旋转角度值改为 70,选择 A_4 基准轴为旋转轴完成复制特征如图 20-44 所示。

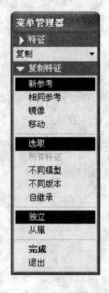

图 20-40 菜单管理器　　　图 20-41 菜单管理器　　　图 20-42 菜单管理器

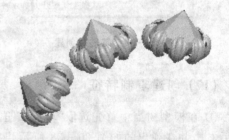

图 20-43 复制特征创建　　　　　　　图 20-44 复制特征创建

(18) 创建旋转特征

选择"插入"→"旋转"菜单项或单击工具栏的"旋转"工具按钮❖,出现如图 20-45 所示"旋转特征"控制面板,选择"实体方式"按钮□。单击"位置"→"定义"选项,选择 FRONT 基准平面为草绘平面,然后单击"草绘"按钮,草绘截面如图 20-46 所示,完毕后单击"确认"按钮✓,返回到三维模式,单击"确认"按钮✓,结果如图 20-47 所示。

图 20-45 "旋转特征"控制面板

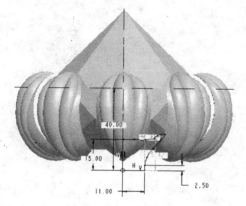

图 20-46 草绘截面

图 20-47 旋转特征创建

(19) 创建复制特征

选择"编辑"→"特征操作"菜单项,出现如图 20-48 所示菜单管理器,单击"复制"选项,出现如图 20-49 所示菜单,依次单击"移动"→"选取"→"独立"→"完成"选项,系统提示要选取平移的特征,此时选取上一步旋转特征为平移特征,单击"完成"选项,系统弹出如图 20-50 所示菜单,依次单击"旋转"→"曲线/边/轴"选项,此时系统提示选择一边或轴作为方向,选择 A_6 基准轴为旋转轴,单击"正向"选项,系统提示输入旋转角度,此时输入 35,然后单击"确认"按钮☑,然后依次单击"完成移动"→"完成"选项,最后单击"组元素"对话框中"确定"按钮,完成复制特征如图 20-51 所示。重复上一步骤,并把旋转角度值改为 70,选择 A_6 基准轴为旋转轴完成复制特征如图 20-52 所示。

图 20-48 "特征"菜单管理器　　图 20-49 "复制特征"菜单管理器　　图 20-50 "移动特征"菜单管理器

图 20-51 复制特征创建　　　　图 20-52 复制特征创建

(20) 创建草绘特征

单击"特征"工具栏"草绘"工具按钮，选择 FRONT 基准平面为草绘平面，草绘截面如图 20-53 所示，其中标注 78 和 60 尺寸处是选择工具栏中"打断"按钮，在图 20-53 中线上打断，完毕后单击"确认"按钮。

(21) 创建扫描混合特征

选择"插入"→"扫描混合"菜单项，出现如图 20-54 所示"扫描混合"控制面板，选择"实体方式"按钮。单击"参照"按钮，选择上一步草绘图形为原点轨迹，然后单击"剖面"按钮，弹出如图 20-55 所示"剖面"上滑面板，选择图 20-53 中草绘的右端点，然后单击"剖面"上滑面板中的"草绘"按钮，草绘截面如图 20-56 所示（在中心绘制一个点），完毕单击"确认"按钮确认。接着单击"剖面"上滑面板中的"插入"按钮，选择图 20-53 中草绘的线上尺寸 60 处的断点，然后单击"剖面"上滑面板中的"草绘"按钮，草绘截面如图 20-57 所示，完毕后单击"确认"按钮确认。接着单击"剖面"上滑面板中的"插入"按钮，选择图 20-53 中草绘的线上尺寸 78 处的断点，然后单击"剖面"上滑面板中的"草绘"按钮，草绘截面如图 20-58 所示，完毕后单击"确认"按钮确认。接着单击"剖面"上滑面板中的"插入"按钮，选择图 20-53 中草绘的左端点，然后单击"剖面"上滑面板中的"草绘"按钮，草绘截面如图 20-59 所示（在中心绘制一个点），完毕后单击"确认"按钮确认。最后单击"确认"按钮，创建扫描混合特征如图 20-60 所示。

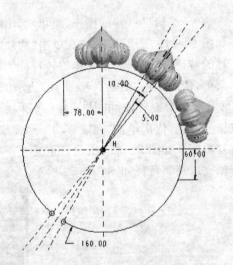

图 20-53 草绘截面

图 20-54 "扫描混合"控制面板

图20-55 "剖面"上滑面板

图20-56 草绘截面

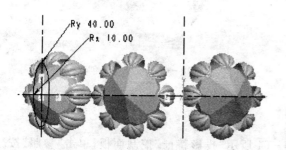
图20-57 草绘截面

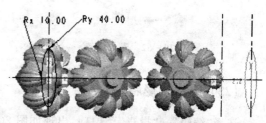
图20-58 草绘截面

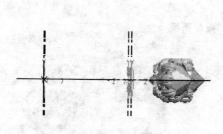
图20-59 草绘截面

图20-60 扫描混合特征创建

（22）创建拉伸特征

选择"插入"→"拉伸"菜单项或单击"特征"工具栏"拉伸"工具按钮，出现如图20-61所示"拉伸命令"控制面板，选择"曲面方式"按钮，指定拉伸深度值为100，然后单击"放置"→"定义"选项，选择FRONT基准平面为草绘平面，单击"草绘"按钮。然后绘制如图20-62所示截面，完毕后单击"确认"按钮，进入三维模式，直接单击"确认"按钮，结果如图20-63所示。

167

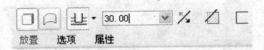

图 20-61 "拉伸命令"控制面板

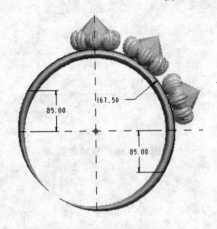

图 20-62 草绘截面

图 20-63 拉伸特征创建

(23) 创建投影特征

选择"编辑"→"投影"菜单项,出现如图 20-64 所示"投影特征"控制面板,单击"参照"按钮,选择"投影草绘"选项,然后单击"定义"选项,选择 DTM4 基准平面为草绘平面,单击反向按钮,选择系统默认坐标系为参照,单击"关闭"按钮。草绘截面如图 20-65 所示,完毕后单击"确认"按钮✓,然后选取上一步拉伸面为曲面参照,选取 DTM4 为方向参照,完毕后单击"确认"按钮✓,结果如图 20-66 所示。

图 20-64 "投影特征"控制面板

图 20-65 草绘截面

图 20-66 投影特征创建

(24) 创建扫描混合特征

选择"插入"→"扫描混合"菜单项,选择"实体方式"按钮。单击"参照"按钮,选择上一步投影为原点轨迹,然后单击"剖面"按钮,选择图 20-66 中投影的左端点,然后单击"剖面"上滑面板中的"草绘"按钮,草绘截面如图 20-67 所示(在中心绘制一个点),完毕后单击"确定"按钮✓确认。接着单击"剖面"上滑面板中的"插入"按钮,选择图 20-66 中投影的右端点,然后单击"剖面"上滑面板中的"草绘"按钮,草绘截面如图 20-68 所示,完毕后单击"确定"按钮✓确认。最后单击"确认"按钮✓,创建扫描混合特征如图 20-69 所示。

图 20-67 草绘截面

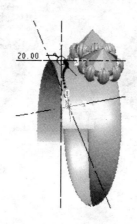
图 20-68 草绘截面

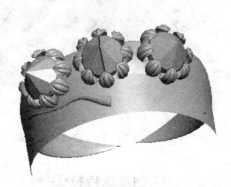
图 20-69 扫描混合特征创建

(25) 创建基准面特征

选择"插入"→"模型基准"→"面"菜单项或单击工具栏的"基准面"工具按钮 ⃞,出现"基准面"对话框。在工作区按住 Ctrl 键,选择图 20-69 中所示的中间钻上加深的两条线为参考,如图 20-70 所示,完毕后单击"确定"按钮完成基准平面 DTM7 创建。

(26) 创建镜像特征

单击步骤(24)中创建的扫描混合特征,单击工具栏"镜像"工具按钮 ⃞,出现如图 20-71 所示"镜像特征"控制面板,选取上一步创建的基准平面 DTM7 为镜像面,完毕后单击"确认"按钮✓(然后在模型树中选择步骤(22)中创建的拉伸面特征,然后右击并选择"隐藏"选项),创建镜像特征如图 20-72 所示。

图 20-70 基准平面创建

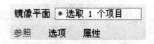
图 20-71 "镜像特征"控制面板

按住 Ctrl 键,在模型树中选择步骤(24)中创建的扫描混合特征和刚创建的镜像特征,然后单击工具栏"镜像"工具按钮 ,选取 FRONT 基准平面为镜像面,完毕后单击"确认"按钮 ,创建镜像特征如图 20-73 所示。

图 20-72 镜像特征创建

图 20-73 镜像特征创建

(27) 创建旋转特征

选择"插入"→"旋转"菜单项或单击工具栏的"旋转"工具按钮 ,出现如图 20-74 所示"旋转特征"控制面板,选择"实体方式"按钮 。单击"位置"→"定义"选项,选择 FRONT 基准平面为草绘平面,然后单击"草绘"按钮,草绘截面如图 20-75 所示,完毕后单击"确认"按钮 ,返回到三维模式,单击"确认"按钮 ,结果如图 20-76 所示。

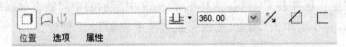

图 20-74 "旋转特征"控制面板

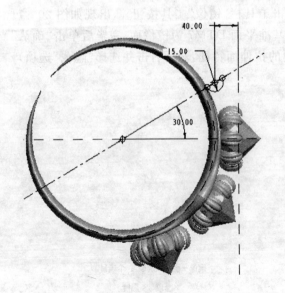

图 20-75 草绘截面

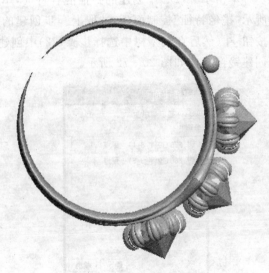

图 20-76 旋转特征创建

(28) 创建倒圆角特征

选择"插入"→"倒圆角"菜单项或单击工具栏的"倒圆角"工具按钮，出现如图 20-77 所示"倒圆角特征"控制面板，输入倒角半径为 3，然后选择旋转的圆球和指环相交的交线为倒角参照，完毕后单击"确认"按钮，完成倒圆角创建。

(29) 创建镜像特征

按住 Ctrl 键，在模型树中选择(27)小节中创建旋转特征和上一步创建的倒圆角特征，然后单击工具栏"镜像"工具按钮，选取 DTM7 基准平面为镜像面，完毕后单击"确认"按钮，创建镜像特征如图 20-78 所示。

图 20-77 "倒圆角特征"控制面板

图 20-78 镜像特征创建

20.3 简单渲染

选择"视图"→"颜色外观"菜单项，出现"外观编辑器"对话框，如图 20-79 所示，"指定"颜色到"曲面"模型，完毕后单击"应用"按钮，重复上一步骤，设置自己喜欢的颜色，应用到各零件曲面，最后结果如图 20-80 所示。

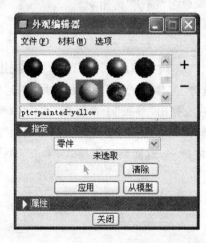

图 20-79 "外观编辑器"对话框

图 20-80 戒　　指

案例 21　金元宝建模

21.1　模型分析

金元宝外形如图 21-1 所示。
金元宝建模的具体操作步骤如下：
① 创建草绘特征。
② 创建可变剖面扫描特征。
③ 简单渲染。

图 21-1　金元宝模型

21.2　创建金元宝

(1) 新建文件

启动 Pro/E Wildfire 4.0，单击工具栏"新建"工具按钮 ，或单击"文件"→"新建"菜单项。选择系统默认"零件"选项，子类型"实体"方式，"名称"文本框中输入 jinyuanbao，同时注意不勾选"使用缺省模板"复选框。选择公制模板 mmns-part-solid，然后单击"确定"按钮。

(2) 创建草绘特征

单击"特征"工具栏"草绘"工具按钮 ，选择 TOP 基准平面为草绘平面，单击"草绘"选项，然后单击"草绘"按钮，草绘图形如图 21-2 所示，完毕后单击"确认"按钮 。

(3) 创建可变剖面扫描特征

选择"插入"→"可变剖面扫描"菜单项或单击"特征"工具栏"可变剖面扫描"工具按钮 ，出现如图 21-3 所示"可变剖面扫描命令"控制面板，选择"实体方式"按钮 。然后单击"创建薄板"工具按钮 ，输入厚度值 0.2，单击"参照"选项，系统弹出"参照"上滑面板，按住 Ctrl 键，先选择上一步创建的草绘圆为原点，接着选择椭圆为链，然后单击"创建或编辑扫描剖面"工具按钮 ，草绘剖面如图 21-4 所示，完毕后单击"确认"按钮 ，返回到三维模式，单击"确认"按钮 ，结果如图 21-5 所示。

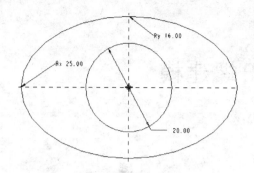

图 21-2 草绘图形

图 21-3 可变剖面扫描命令控制面板

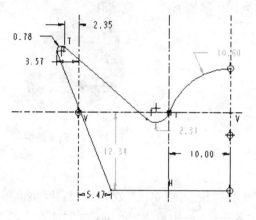

图 21-4 草绘剖面

图 21-5 可变剖面扫描特征创建

21.3 简单渲染

选择"视图"→"颜色外观"菜单项，出现"外观编辑器"对话框，设置如图 21-6 所示参数，"指定"颜色到"零件"模型，完毕后单击"应用"按钮，结果如图 21-7 所示。

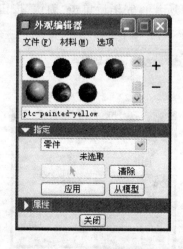

图 21-6 "外观编辑器"对话框

图 21-7 金元宝

案例 22　田螺建模

22.1　模型分析

田螺外形如图 22-1 所示。田螺建模的具体操作步骤如下：
① 创建基准图形特征。
② 创建螺旋扫描特征。
③ 简单渲染。

22.2　创建田螺

图 22-1　田螺模型

(1) 新建文件

启动 Pro/E Wildfire 4.0，单击工具栏"新建"工具按钮，或单击"文件"→"新建"菜单项。选择系统默认"零件"选项，子类型"实体"方式，"名称"文本框中输入 tianluo，同时注意不勾选"使用缺省模板"复选框。选择公制模板 mmns-part-solid，然后单击"确定"按钮。

(2) 创建基准图形特征

选择"插入"→"模型基准"→"图形"菜单项，系统提示为 feature 输入一个名字，输入 T，如图 22-2 所示。完毕后单击"确认"按钮，系统自动弹出一个新的窗口。然后在窗口草绘图形如图 22-3 所示（注意：图中坐标系和中心线都由用户所建），完毕后单击"确认"按钮，完成图形创建。

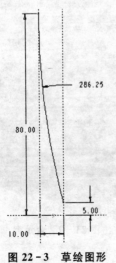

图 22-3　草绘图形

图 22-2　输入名字

图 22-4　"螺旋扫描"对话框

(3) 创建螺旋扫描特征

选择"插入"→"螺旋扫描"→"曲面"菜单项,系统弹出"螺旋扫描"控制面板和菜单管理器,如图22-4和图22-5所示。依次选择菜单管理器中"可变的"→"穿过轴"→"右手定则"→"完成"选项,然后选择FRONT基准平面为草绘平面,在随后菜单管理器中弹出的选项中依次选择"正向"→"缺省"选项,草绘截面如图22-6所示(注意:斜直线上两点是通过"打断"命令 r⁻ 所创建),完毕后单击"确认"按钮✓。系统提示在轨迹起始输入节距值,输入30,完毕后单击"确认"按钮☑,系统再次提示在轨迹末端输入节距值,输入1,完毕后单击"确认"按钮☑。系统弹出一个新窗口,然后在原绘图窗口中单击斜直线上尺寸值为30的点,系统提示输入节距值,输入25,完毕后单击"确认"按钮☑,再单击尺寸值为3的点,输入节距值为10,完毕后单击"确认"按钮☑,此时新窗口如图22-7所示。然后在菜单管理器中单击"完成"选项。接着绘制横截面如图22-8所示。然后选择"工具"→"关系"选项,在弹出的关系窗口输入关系式"sd2=evalgraph("t",trajpar*10)"(注意:sd2是尺寸80所对应的标示),然后单击"确定"按钮。完毕后单击"确认"按钮✓。最后单击"螺旋扫描"控制面板中的"确定"按钮。结果如图22-9所示。

图22-5 菜单管理器

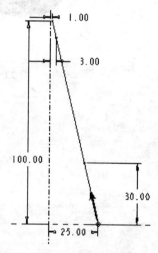

图22-6 草绘截面

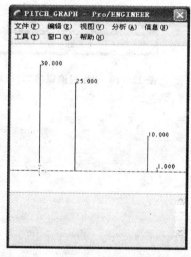

图22-7 窗 口

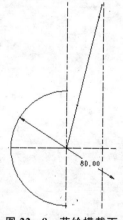

图22-8 草绘横截面

图22-9 螺旋扫描特征创建

22.3 简单渲染

选择"视图"→"颜色和外观"菜单项或单击"颜色和外观"工具按钮，出现"外观编辑器"对话框，如图22-10所示，选择 ptc_metallic_steel_light 材料，分配外观为"零件"，单击"应用"按钮，结果如图22-11所示。

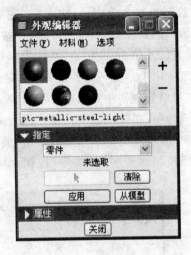

图22-10 "外观编辑器"对话框

图22-11 田 螺

案例 23　玩具八爪鱼建模

23.1　模型分析

八爪鱼玩具外形如图 23-1 所示，由头、爪子等基本结构特征组成。

八爪鱼玩具建模的具体操作步骤如下：
① 创建旋转特征。
② 创建拉伸特征。
③ 创建阵列特征。
④ 创建倒圆角特征。
⑤ 创建旋转特征。
⑥ 创建阵列特征。
⑦ 创建拉伸特征。
⑧ 创建旋转特征。
⑨ 创建倒圆角特征。
⑩ 创建抽壳特征。
⑪ 简单渲染。

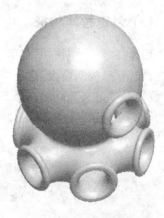

图 23-1　八爪鱼玩具模型

23.2　创建玩具八爪鱼

(1) 新建文件

启动 Pro/E Wildfire 4.0，单击工具栏"新建"工具按钮，或单击"文件"→"新建"菜单项。选择系统默认"零件"选项，子类型"实体"方式，"名称"文本框中输入 bazhuayu，同时注意不勾选"使用缺省模板"复选框。选择公制模板 mmns-part-solid，然后单击"确定"按钮。

(2) 创建旋转特征

选择"插入"→"旋转"菜单项或单击"特征"工具栏"旋转"工具按钮，出现如图 23-2 所示"旋转命令"控制面板，选择"实体方式"按钮。单击"位置"→"定义"选项，选择 FRONT 基准平面为草绘平面，然后单击"草绘"按钮，草绘截面如图 23-3 所示，完毕后单击"确认"按钮，返回到三维模式，单击"确认"按钮，结果如图 23-4 所示。

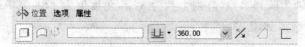

图 23-2　"旋转命令"控制面板

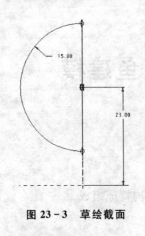

图 23-3 草绘截面　　　　　　　　　图 23-4 实体旋转特征创建

(3) 创建拉伸特征

选择"插入"→"拉伸"菜单项或单击"特征"工具栏"拉伸"工具按钮，出现如图 23-5 所示"拉伸命令"控制面板，选择"实体方式"按钮，选择"对称方式"按钮，深度为 32，然后单击"放置"→"定义"选项，选择 FRONT 基准平面为草绘平面，单击"草绘"按钮。然后绘制截面如图 23-6 所示，完毕后单击"确认"按钮，进入三维模式，直接单击"确认"按钮，结果如图 23-7 所示。

图 23-5 "拉伸命令"控制面板

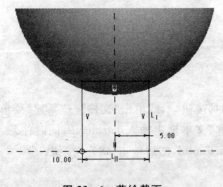
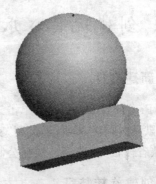

图 23-6 草绘截面　　　　　　　　　图 23-7 拉伸特征创建

(4) 创建阵列特征

在工作区或在模型树上，首先选择上步创建的拉伸特征，此时工具栏的"阵列"工具按钮将被激活，或者选择"编辑"→"阵列"菜单项，出现如图 23-8 所示对话框，阵列方式选择"轴"阵列，选择 A_2 基准轴为阵列参照，阵列个数为 3 个，角度值为 120，完毕后直接单击"确认"按钮，完成阵列特征，结果如图 23-9 所示。

图 23-8 "阵列"控制面板

(5) 创建倒圆角特征

选择"插入"→"倒圆角"菜单项或单击工具栏的"倒圆角"工具按钮，出现如图 23-10 所示"拉伸特征"控制面板。按住 Ctrl 键，选择图 23-9 中六条拉伸体交线为参照，输入半径值 3，完毕后直接单击"确认"按钮✓完成倒角如图 23-11 所示。

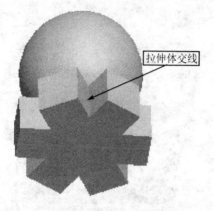

图 23-9 阵列特征创建

图 23-10 "倒圆角"控制面板

重复上一步骤，选择图 23-11 中 12 条倒角弧线为参照，输入半径值 5，完毕后直接单击"确认"按钮✓完成倒角如图 23-12 所示。

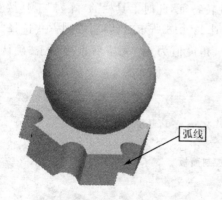

图 23-11 倒圆角特征创建

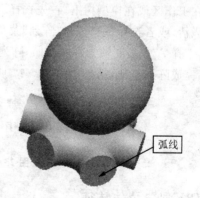

图 23-12 选择弧线

(6) 创建旋转特征

① 创建基准轴。选择"插入"→"模型基准"→"轴"菜单项或单击"特征"工具栏"基准轴"工具按钮，选择如图 23-12 所示的与 FRONT 基准平面垂直的爪面边弧线，单击"确定"按钮，创建基准轴 A_3。

② 选择"插入"→"旋转"菜单项或单击"特征"工具栏"旋转"工具按钮，出现如图 23-13

所示"旋转命令"控制面板,选择"实体方式"按钮□。选择旋转轴为 A_3 基准轴,单击"位置"→"定义"选项,选择 RIGHT 基准平面为草绘平面,然后单击"草绘"按钮,草绘截面如图 23-14 所示,完毕后单击"确认"按钮✓,返回到三维模式,单击"确认"按钮✓,结果如图 23-15 所示。

图 23-13 "旋转命令"控制面板

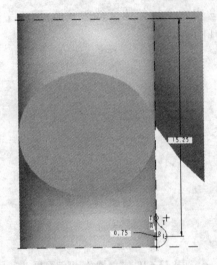

图 23-14 草绘截面

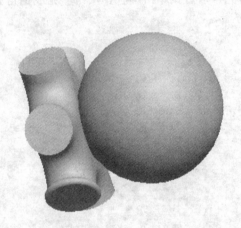

图 23-15 实体旋转特征创建

(7) 创建阵列特征

在工作区或在模型树上,首先选择上步创建的旋转特征,此时工具栏的"阵列"工具按钮 将被激活,或者选择"编辑"→"阵列"菜单项,出现如图 23-16 所示对话框,阵列方式选择"轴"阵列,选择 A_2 基准轴为阵列参照,阵列个数为 6 个,角度值为 60,完毕后直接单击"确认"按钮✓,完成阵列特征,结果如图 23-17 所示。

图 23-16 "阵列"控制面板

(8) 创建拉伸特征

选择"插入"→"拉伸"菜单项或单击"特征"工具栏"拉伸"工具按钮 ,出现如图 23-18 所示"拉伸命令"控制面板,选择"实体方式"按钮□,输入拉伸深度值 17,然后单击"放置"→"定义"选项,选择 RIGHT 基准平面为草绘平面,单击"草绘"按钮。然后绘制截面如图 23-19 所示,完毕后单击"确认"按钮✓,进入三维模式,直接单击"确认"按钮✓,结果如图 23-20 所示。

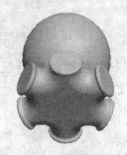

图 23-17 阵列特征创建

图 23-18 "拉伸命令"控制面板

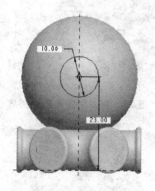

图 23-19 草绘截面

图 23-20 拉伸特征创建

(9) 创建旋转特征

选择"插入"→"旋转"菜单单项或单击"特征"工具栏"旋转"工具按钮，选择"实体方式"按钮。选择 A_17 基准轴为旋转轴。单击"位置"→"定义"选项，选择 FRONT 基准平面为草绘平面，然后单击"草绘"按钮，草绘截面如图 23-21 所示，完毕后单击"确认"按钮，返回到三维模式，单击"确认"按钮，结果如图 23-22 所示。

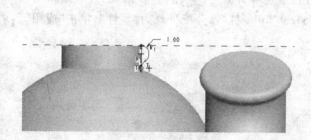

图 23-21 草绘截面

图 23-22 实体旋转特征创建

(10) 创建倒圆角特征

选择"插入"→"倒圆角"菜单单项或单击工具栏的"倒圆角"工具按钮，出现如图 23-23 所示"倒圆角"控制面板。选择球体和爪子的交线为参照，输入半径值1，完毕后直接单击"确认"按钮，完成倒角如图 23-24 所示。

(11) 创建壳特征

选择"插入"→"壳"菜单单项，或单击工具栏"壳"工具按钮，出现如图 23-25 所示控制面板，设置壳壁厚度值为 1.7。按住 Ctrl 键，在工作区选择如图 23-24 所示七个类似平面为移除面,单击"确认"按钮 ✓ ,完成抽壳特征创建,如图 23-26 所示。

图 23-23 "倒圆角"控制面板

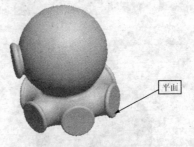

图 23-24 倒圆角特征创建

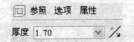

图 23-25 "壳"控制面板

图 23-26 壳特征创建

23.3 简单渲染

选择"视图"→"颜色和外观"菜单项或单击"颜色和外观"工具按钮,出现"外观编辑器"对话框,如图 23-27 所示,选择 ptc_metallic_steel_light 材料,分配外观为"零件",单击"应用"按钮,结果如图 23-28 所示。

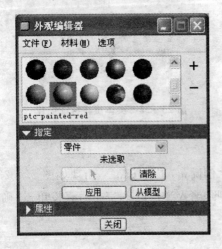

图 23-27 "外观编辑器"对话框

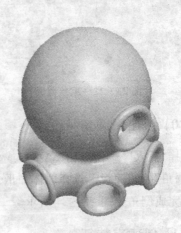

图 23-28 八爪鱼玩具

案例 24　雨伞建模

24.1　模型分析

雨伞外形如图 24-1 所示,由手柄、头部等基本结构特征组成。雨伞建模的主要操作步骤如下:
① 创建草绘特征。
② 创建拉伸特征。
③ 创建基准点特征。
④ 创建边界混合特征。
⑤ 创建旋转特征。
⑥ 创建扫描特征。
⑦ 简单渲染。

24.2　创建雨伞

图 24-1　雨伞模型

(1) 新建文件

启动 Pro/E Wildfire 4.0,单击工具栏"新建"工具按钮 ,或单击"文件"→"新建"菜单项。选择系统默认"零件"选项,子类型"实体"方式,"名称"文本框中输入 yusan,同时注意不勾选"使用缺省模板"复选框。选择公制模板 mmns-part-solid,然后单击"确定"按钮。

(2) 创建草绘特征

单击"特征"工具栏"草绘"工具按钮 ,选择 FRONT 基准平面为草绘平面,单击"草绘"按钮,绘制截面如图 24-2 所示。完毕后单击"确认"按钮 ✓ 完成草绘。

(3) 创建拉伸特征

选择"插入"→"拉伸"菜单项或单击"特征"工具栏"拉伸"工具按钮 ,出现如图 24-3 所示"拉伸命令"控制面板,选择"曲面方式"按钮 和"对称方式"按钮 ,输入深度值 20,然后单击"放置"→"定义"选项,选择 RIGHT 基准平面为草绘平面,单击"草绘"按钮。然后绘制截面如图 24-4 所示,完毕后单击"确认"按钮 ✓,进入三维模式,直接单击"确认"按钮 ✓,结果如图 24-5 所示。

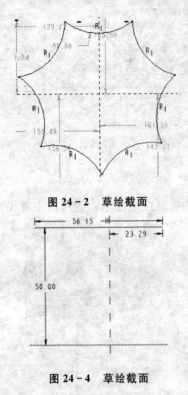

图 24-2 草绘截面

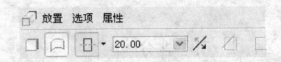

图 24-3 "拉伸命令"控制面板

图 24-5 拉伸特征创建

图 24-4 草绘截面

(4) 创建基准点特征

选择"插入"→"模型基准"→"点"菜单项或单击工具栏的"基准点"工具按钮，选择 RIGHT、TOP 基准平面和上一步骤中的拉伸面为参照，完成基准点 PNT0 创建。

(5) 创建边界混合特征

选择"插入"→"边界混合"菜单项或单击"特征"工具栏"边界混合"工具按钮，出现如图 24-6 所示"边界混合特征"控制面板。然后按住 Ctrl 键，选择 PNT0 基准点和步骤（2）中的草绘曲线为第一方向链参考，完毕后直接单击"确认"按钮 完成边界混合特征，如图 24-7 所示。

图 24-6 "边界混合特征"控制面板

(6) 创建旋转特征

选择"插入"→"旋转"菜单项或单击"特征"工具栏"旋转"工具按钮，出现如图 24-8 所示"旋转命令"控制面板，选择"实体方式"按钮。单击"位置"→"定义"选项，选择 RIGHT 基准平面为草绘平面，然后单击"草绘"按钮，草绘截面如图 24-9 所示，完毕后单击"确认"按钮，返回到三维模式，单击"确认"按钮，结果如图 24-10 所示。

图 24-7 边界混合特征创建

图 24-8 "旋转命令"控制面板

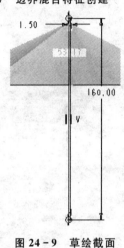

图 24-9 草绘截面

图 24-10 旋转特征创建

(7) 创建扫描特征

选择"插入"→"扫描"→"伸出项"菜单项,出现如图 24-11 所示"扫描"对话框和如图 24-12 "扫描轨迹"菜单管理器,单击"草绘轨迹"选项,然后选择 RIGHT 基准平面为草绘平面,接着依次单击"正向"→"缺省"选项,草绘轨迹如图 24-13 所示。完毕后单击"确认"按钮 ✓,然后依次单击"合并端点"→"完成"选项,绘制扫描截面如图 24-14 所示。完毕后单击"确认"按钮 ✓,最后单击扫描对话框中的"确定"按钮,完成扫描特征如图 24-15 所示。

图 24-11 "扫描"对话框

图 24-12 "扫描轨迹"菜单管理器

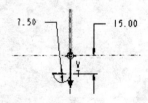

图 24-13 草绘轨迹

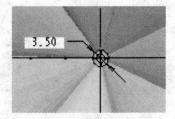

图 24-14 扫描截面

图 24-15 扫描特征创建

24.3 简单渲染

选择"视图"→"颜色和外观"菜单项或单击"颜色和外观"工具按钮，出现"外观编辑器"对话框，如图24-16所示，选择 ptc_metallic_steel_light 材料，分配外观为"零件"或者"面"，选择用户喜欢的颜色进行渲染，最后单击"应用"按钮，结果如图24-17所示。

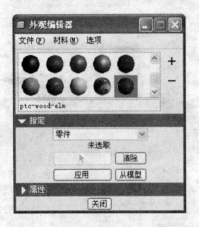 

图24-16 "外观编辑器"对话框   图24-17 雨 伞

案例 25　拖鞋建模

25.1　模型分析

拖鞋外形如图 25-1 所示,由鞋底、鞋帮等基本结构特征组成。拖鞋建模的主要操作步骤如下:
① 创建拉伸特征。
② 创建造型特征。
③ 创建草绘特征。
④ 创建边界混合特征。
⑤ 创建草绘特征。
⑥ 创建投影特征。
⑦ 创建修剪特征。
⑧ 简单渲染。

图 25-1　拖鞋模型

25.2　创建拖鞋

(1) 新建文件

启动 Pro/E Wildfire 4.0,单击工具栏"新建"工具按钮,或单击"文件"→"新建"菜单项。选择系统默认"零件"选项,子类型"实体"方式,"名称"文本框中输入 tuoxie,同时注意不勾选"使用缺省模板"复选框。选择公制模板 mmns-part-solid,然后单击"确定"按钮。

(2) 创建拉伸特征

选择"插入"→"拉伸"菜单项或单击"特征"工具栏"拉伸"工具按钮,出现如图 25-2 所示"拉伸命令"控制面板,选择"实体方式"按钮,输入深度值 20,然后单击"放置"→"定义"选项,选择 TOP 基准平面为草绘平面,单击"草绘"按钮。然后绘制截面如图 25-3 所示,完毕后单击"确认"按钮,进入三维模式,直接单击"确认"按钮,结果如图 25-4 所示。

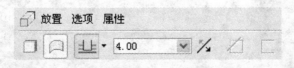

图 25-2　"拉伸命令"控制面板

　　图 25-3　草绘截面

　　图 25-4　拉伸特征创建

(3) 创建造型特征

选择"插入"→"造型"菜单项，或单击工具栏"造型"工具按钮，在弹出的工具栏中单击"创建曲线"工具按钮，出现如图 25-5 所示"曲线"控制面板，按住 Shift 键，在鞋底两个长侧边线适当位置上单击，然后选择工具栏"编辑曲线"工具按钮，出现如图 25-6 所示"编辑曲线"控制面板，选中曲线为参照，右击并在弹出的菜单中选择"添加点"选项，曲线上会自动添加一个点，然后拖动点，把曲线拖动到合适的位置。重复上一步骤，创建另一条曲线，完毕后单击"确认"按钮，结果如图 25-7 所示。

图 25-5　"曲线"控制面板

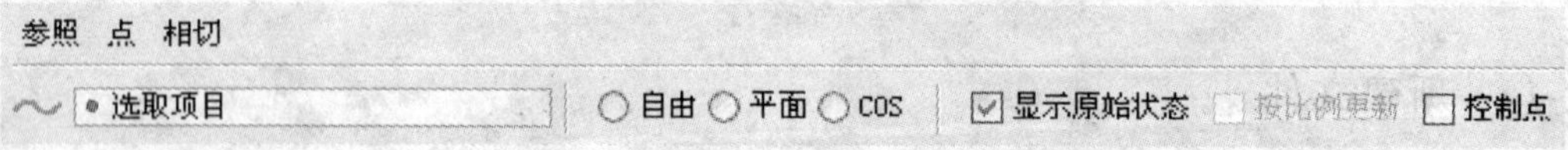

图 25-6　"编辑曲线"控制面板

(4) 创建草绘特征

单击"特征"工具栏"草绘"工具按钮，选择如图 25-7 所示平面为草绘平面，单击"草绘"按钮，绘制截面如图 25-8 所示。完毕后单击"确认"按钮，完成草绘创建。

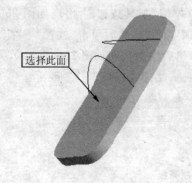
　　图 25-7　曲线创建

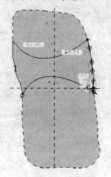
　　图 25-8　草绘截面

(5) 创建边界混合特征

选择"插入"→"边界混合"菜单项或单击"特征"工具栏"边界混合"工具按钮，出现如图 25-9 所示"边界混合特征"控制面板。然后按住 Ctrl 键，选择上一步创建的草绘为第一方向链参考，接着选择步骤(3)中创建的两条曲线第二方向链参考，完毕后直接单击"确认"按钮完成边界混合特征创建，如图 25-10 所示。

图 25-9 "边界混合特征"控制面板

(6) 创建草绘特征

单击"特征"工具栏"草绘"工具按钮，选择 RIGHT 基准平面为草绘平面，单击"草绘"按钮，绘制截面如图 25-11 所示。完毕后单击"确认"按钮，完成草绘创建。

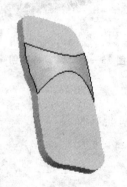

图 25-10 边界混合特征创建

图 25-11 草绘截面

(7) 创建投影特征

选择"编辑"→"投影"菜单项，出现如图 25-12 所示"投影特征"控制面板，单击"参照"按钮，出现如图 25-13 所示"参照"上滑面板，选择"投影链"选项，选择上一步创建的草绘特征为链参照。然后选中图 25-12 中"曲面"后的编辑框，选择步骤(5)中创建的边界混合特征为参照，接着选择 RIGHT 基准平面为方向参照，完毕后单击"确认"按钮完成投影特征创建，如图 25-14 所示。

图 25-12 "投影特征"控制面板

(8) 创建修剪特征

选择步骤(5)中创建的边界混合特征，然后选择"编辑"→"修剪"菜单项或单击"特征"工具栏"修剪"工具按钮，出现如图 25-15 所示的"修剪特征"控制面板,选择上一步中的投影特征为修建对象,完毕后直接单击"确认"按钮，结果如图 25-16 所示。

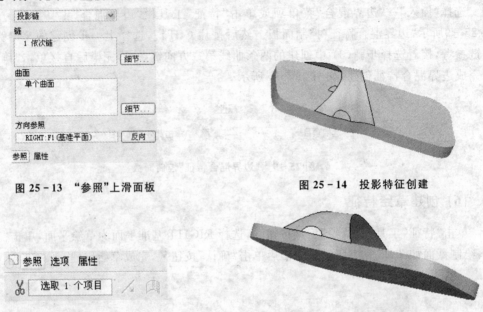

图 25-13 "参照"上滑面板

图 25-14 投影特征创建

图 25-15 "修剪特征"控制面板

图 25-16 修剪特征创建

(9) 创建草绘特征

单击"特征"工具栏"草绘"工具按钮，选择 RIGHT 基准平面为草绘平面,单击"草绘"按钮,绘制截面如图 25-17 所示。完毕后单击"确认"按钮，完成草绘创建。

(10) 创建投影特征

选择"编辑"→"投影"菜单项,出现如图 25-18 所示"投影特征"控制面板,单击"参照"按钮,出现如图 25-19 所示"参照"上滑面板,选择"投影链"选项,选择上一步创建的草绘特征为链参照。然后选中图 25-18 中"曲面"后的编辑框,选择步骤(5)中创建的边界混合特征为参照,接着选择 RIGHT 基准平面为方向参照,完毕后单击"确认"按钮，完成投影特征创建,如图 25-20 所示。

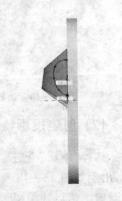

图 25-17 草绘截面

图 25-18 "投影特征"控制面板

(11) 创建修剪特征

选择步骤(5)中创建的边界混合特征,然后选择"编辑"→"修剪"菜单项或单击"特征"工具栏"修剪"工具按钮，出现如图 25-21 所示的"修剪特征"控制面板,选择上一步中的投影特征为修建对象,完毕后直接单击"确认"按钮✓,结果如图 25-22 所示。

图 25-19 "参照"上滑面板

图 25-20 投影特征创建

图 25-21 "修剪特征"控制面板

图 25-22 修剪特征创建

25.3 简单渲染

选择"视图"→"颜色和外观"菜单项或单击"颜色和外观"工具按钮,出现"外观编辑器"对话框,如图 25-23 所示,选择 ptc_metallic_steel_light 材料,分配外观为"零件"或者"面",选择用户喜欢的颜色进行渲染,最后单击"应用"按钮,结果如图 25-24 所示。

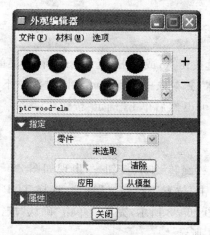

图 25-23 "外观编辑器"对话框

图 25-24 拖 鞋

案例 26　座椅建模

26.1　模型分析

座椅外形如图 26-1 所示,由坐板、支撑和底座等基本结构特征组成。座椅建模的主要操作步骤如下:

① 创建旋转特征。
② 创建拉伸特征。
③ 创建曲面修剪特征。
④ 创建拉伸特征。
⑤ 创建曲面修剪特征。
⑥ 创建加厚特征。
⑦ 创建旋转特征。
⑧ 创建倒圆角特征。
⑨ 简单渲染。

图 26-1　座椅模型

26.2　创建座椅

(1) 新建文件

启动 Pro/E Wildfire 4.0,单击工具栏"新建"工具按钮 ,或单击"文件"→"新建"菜单项。选择系统默认"零件"选项,子类型"实体"方式,"名称"文本框中输入 zuoyi,同时注意不勾选"使用缺省模板"复选框。选择公制模板 mmns-part-solid,然后单击"确定"按钮。

(2) 创建旋转特征

选择"插入"→"旋转"菜单项或单击"特征"工具栏"旋转"工具按钮 ,出现如图 26-2 所示"旋转命令"控制面板,选择"曲面方式"按钮 。单击"位置"→"定义"选项,选择 TOP 基准平面为草绘平面,然后单击"草绘"按钮,草绘截面如图 26-3 所示,完毕后单击"确认"按钮 ,返回到三维模式,单击"确认"按钮 ,结果如图 26-4 所示。

图 26-2　"旋转命令"控制面板

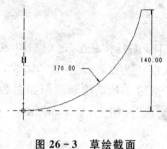
图 26-3 草绘截面

图 26-4 实体旋转特征创建

(3) 创建拉伸特征

选择"插入"→"拉伸"菜单项或单击"特征"工具栏"拉伸"工具按钮，出现如图 26-5 所示"拉伸命令"控制面板，选择"曲面方式"按钮，指定深度值为 204，然后单击"放置"→"定义"选项，选择 FRONT 基准平面为草绘平面，单击"草绘"按钮。然后绘制截面如图 26-6 所示，完毕后单击"确认"按钮✓，进入三维模式，直接单击"确认"按钮✓，结果如图 26-7 所示。

图 26-5 "拉伸命令"控制面板

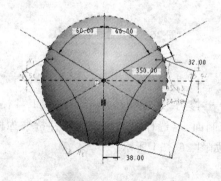
图 26-6 草绘截面

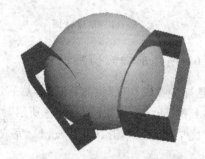
图 26-7 拉伸特征创建

(4) 创建曲面修剪特征

选择(2)小节中创建的旋转面，然后选择"编辑"→"修剪"菜单项或单击"特征"工具栏"修剪"工具按钮，出现如图 26-8 所示"修剪命令"控制面板，选择步骤(3)中的拉伸特征为修剪对象，完毕后直接单击"确认"按钮✓完成修剪特征，如图 26-9 所示。

图 26-8 "修剪命令"控制面板

图 26-9 修剪特征创建

(5) 创建拉伸特征

选择"插入"→"拉伸"菜单项或单击"特征"工具栏"拉伸"工具按钮，出现如图 26-10 所示"拉伸命令"控制面板，选择"曲面方式"按钮，指定深度值为 180，然后单击"放置"→"定义"选项，选择 FRONT 基准平面为草绘平面，单击"草绘"按钮。然后绘制截面如图 26-11 所示，完毕后单击"确认"按钮，进入三维模式，直接单击"确认"按钮，结果如图 26-12 所示。

图 26-10 "拉伸命令"控制面板

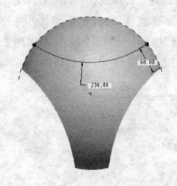

图 26-11 草绘截面

图 26-12 拉伸特征创建

(6) 创建曲面修剪特征

选择步骤(2)中创建的旋转面，然后选择"编辑"→"修剪"菜单项或单击"特征"工具栏"修剪"工具按钮，出现如图 26-13 所示"修剪命令"控制面板，选择上一步中的拉伸特征为修剪对象，完毕后直接单击"确认"按钮完成修剪特征，如图 26-14 所示。

图 26-13 "修剪命令"控制面板

图 26-14 修剪特征创建

(7) 创建加厚特征

选择如图 26-14 所示的修剪曲面，接着选择"编辑"→"加厚"菜单项，输入厚度值 13，完毕后直接单击"确认"按钮完成加厚特征创建。

(8) 创建拉伸特征

选择"插入"→"拉伸"菜单项或单击"特征"工具栏"拉伸"工具按钮，选择"实体方式"按钮，指定拉伸为"对称方式"，深度为370，选择"去除材料"按钮，然后单击"放置"→"定义"选项，选择RIGHT基准平面为草绘平面，单击"草绘"按钮。然后绘制截面如图26-15所示，完毕后单击"确认"按钮√，进入三维模式，直接单击"确认"按钮√，结果如图26-16所示。

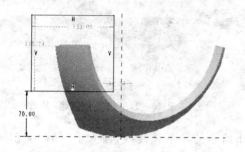

图26-15 草绘截面

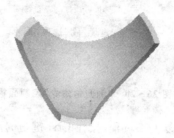

图26-16 拉伸特征创建

(9) 创建旋转特征

选择"插入"→"旋转"菜单项或单击"特征"工具栏"旋转"工具按钮，出现如图26-17所示"旋转命令"控制面板，选择"实体方式"按钮。单击"位置"→"定义"选项，选择RIGHT基准平面为草绘平面，然后单击"草绘"按钮，草绘截面如图26-18所示，完毕后单击"确认"按钮√，返回到三维模式，单击"确认"按钮√，结果如图26-19所示。

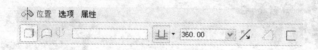

图26-17 "旋转命令"控制面板

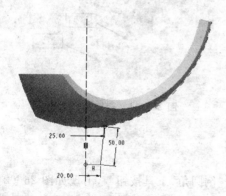

图26-18 草绘截面

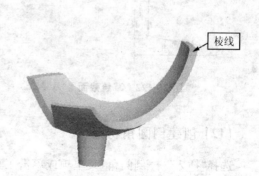

图26-19 旋转特征创建

(10) 创建倒圆角特征

选择"插入"→"倒圆角"菜单项或单击工具栏的"倒圆角"工具按钮，出现如图26-20所示"倒圆角命令"控制面板。在控制面板中输入24，选择上一步的旋转特征和坐板的交线为参考,接着单击"倒圆角"控制面板中的"设置"按钮,然后圆角半径输入为 15,按住 Ctrl 键,选择如图 26-19 所示的六条类似短棱线,完毕后直接单击"确认"按钮√完成倒角,如图 26-26 所示。

图 26-20 "倒圆角命令"控制面板

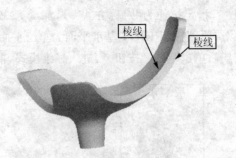

图 26-21 倒圆角创建

重复上一过程,按住 Ctrl 键,选择如图 26-21 所示的两条长棱线,输入半径值 6,完毕后直接单击"确认"按钮√完成倒角。

(11) 创建旋转特征

选择"插入"→"旋转"菜单项或单击"特征"工具栏"旋转"工具按钮 ,选择"实体方式"按钮 。单击"位置"→"定义"选项,选择 RIGHT 基准平面为草绘平面,然后单击"草绘"按钮,草绘截面如图 26-22 所示,完毕后单击"确认"按钮√,返回到三维模式,单击"确认"按钮√,如图 26-23 所示。

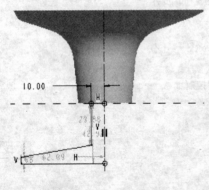

图 26-22 草绘截面

图 26-23 旋转特征创建

(12) 创建倒圆角特征

选择"插入"→"倒圆角"菜单项或单击工具栏的"倒圆角"工具按钮 ,出现如图 26-24 所示"倒圆角命令"控制面板。在控制面板中输入 6,选择如图 26-23 所示的边线 1 为参考,接着单击"倒圆角"控制面板中的"设置"按钮,然后输入圆角半径值 4,选择如图 26-23 所示的边线 2 为参考,完毕后直接单击"确认"按钮√完成倒角,如图 26-25 所示。

图 26-24 "倒圆角命令"控制面板

图 26-25 倒圆角创建

26.3 简单渲染

选择"视图"→"颜色和外观"菜单项或单击"颜色和外观"工具按钮，出现"外观编辑器"对话框，如图 26-26 所示，选择 ptc_metallic_steel_light 材料，分配外观为"零件"或者"面"，选择用户喜欢的颜色进行渲染，最后单击"应用"按钮，结果如图 26-27 所示。

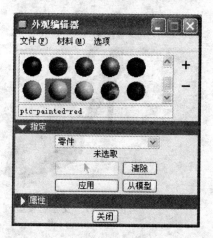

图 26-26 "外观编辑器"对话框

图 26-27 座 椅

案例 27　女士鞋建模

27.1　模型分析

女士鞋外形如图 27-1 所示,由鞋帮、鞋底和鞋跟等基本结构特征组成。女士鞋建模的主要操作步骤如下:
① 创建草绘特征。
② 创建相交特征。
③ 创建基准平面特征。
④ 创建基准点特征。
⑤ 创建基准线特征。
⑥ 创建边界混合特征。
⑦ 创建造型特征。
⑧ 创建拉伸特征。
⑨ 创建合并特征。
⑩ 创建加厚特征。
⑪ 创建倒圆角特征。
⑫ 创建扫描混合特征。
⑬ 创建偏移特征。
⑭ 简单渲染。

图 27-1　女士鞋模型

27.2　创建女士鞋

(1) 新建文件

启动 Pro/E Wildfire 4.0,单击工具栏"新建"工具按钮,或单击"文件"→"新建"菜单项。选择系统默认"零件"选项,子类型"实体"方式,"名称"文本框中输入 nvshixie,同时注意不勾选"使用缺省模板"复选框。选择公制模板 mmns-part-solid,然后单击"确定"按钮。

(2) 创建草绘特征

单击"特征"工具栏"草绘"工具按钮,选择 TOP 基准平面为草绘平面,单击"草绘"按钮,绘制截面如图 27-2 所示。完毕后单击"确认"按钮,完成草绘。

重复上一步骤,选择 FRONT 基准平面为草绘平面,绘制截面如图 27-3 所示。完毕后单击"确认"按钮,完成草绘。

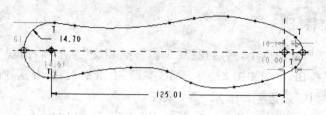

图27-2 草绘截面

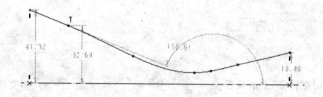

图27-3 草绘截面

(3) 创建相交特征

选择如图27-3所示的草绘,然后选择"编辑"→"相交"菜单项,出现"相交特征"控制面板,然后单击"参照"按钮,出现如图27-4所示"参照"上滑面板,接着选择图27-2中的草绘截面,完毕后单击"确认"按钮✓,结果如图27-5所示。

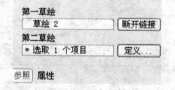

图27-4 "相交特征"上滑面板

图27-5 相交特征创建

(4) 创建草绘特征

单击"特征"工具栏"草绘"工具按钮,选择TOP基准平面为草绘平面,单击"草绘"按钮,绘制截面如图27-6所示。完毕后单击"确认"按钮✓,完成草绘。

重复上一步骤,选择FRONT基准平面为草绘平面,绘制截面如图27-7所示。完毕后单击"确认"按钮✓,完成草绘。

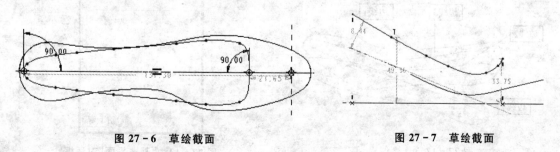

图27-6 草绘截面　　　　　图27-7 草绘截面

(5) 创建相交特征

选择如图 27-7 所示的草绘，然后选择"编辑"→"相交"菜单项，出现"相交特征"控制面板，然后单击"参照"按钮，出现如图 27-8 所示"参照"上滑面板，接着选择图 27-6 中的草绘截面，完毕后单击"确认"按钮 ✓ 如图 27-9 所示。

图 27-8 "相交特征"上滑面板

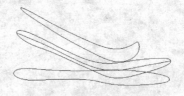

图 27-9 相交特征创建

(6) 创建草绘特征

单击"特征"工具栏"草绘"工具按钮，选择 FRONT 基准平面为草绘平面，单击"草绘"按钮，绘制截面如图 27-10 所示。完毕后单击"确认"按钮 ✓，完成草绘。

重复上一步骤，选择 FRONT 基准平面为草绘平面，绘制截面如图 27-11 所示。完毕后单击"确认"按钮 ✓，完成草绘如图 27-12 所示。

图 27-10 草绘截面

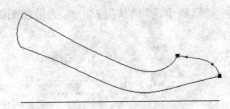

图 27-11 草绘截面

(7) 创建基准平面特征

选择"插入"→"模型基准"→"平面"菜单项或单击工具栏的"基准平面"工具按钮，出现如图 27-13 所示"基准平面"对话框。选择 RIGHT 基准平面为参照，平移距离输入为 85，然后单击"确定"按钮。完成基准平面 DTM1 创建。

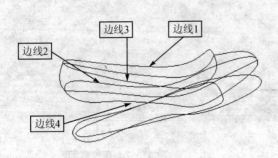

图 27-12 草绘创建

图 27-13 "基准平面"对话框

(8) 创建基准点特征

选择"插入"→"模型基准"→"点"菜单项或单击工具栏的"基准点"工具按钮，出现如图 27-14 所示"基准点"对话框。按住 Ctrl 键，选择 DTM1 基准平面和图 27-12 所示中的边线 1 为参照，然后单击"确定"按钮。完成基准点 PNT0 创建。

重复上一步骤，按住 Ctrl 键，选择 DTM1 基准平面和图 27-12 所示中的边线 2 为参照，然后单击"确定"按钮。完成基准点 PNT1 的创建。

重复上一步骤，按住 Ctrl 键，选择 DTM1 基准平面和图 27-12 所示中的边线 3 为参照，然后单击"确定"按钮。完成基准点 PNT2 的创建。

重复上一步骤，按住 Ctrl 键，选择 DTM1 基准平面和图 27-12 所示中的边线 4 为参照，然后单击"确定"按钮。完成基准点 PNT3 的创建。

(9) 创建基准线特征

选择"插入"→"模型基准"→"线"菜单项或单击工具栏的"基准线"工具按钮，出现如图 27-15 所示菜单管理器。依次选择"经过点"→"完成"选项，系统弹出如图 27-16 所示"曲线"对话框，选择 PNT2 基准点和 PNT3 基准点为参照，然后单击菜单管理器中"完成"选项，最后单击"曲线"对话框中"确定"按钮。完成基准线创建如图 27-17 所示。

图 27-14 "基准点"对话框

图 27-15 菜单管理器

图 27-16 "曲线"对话框

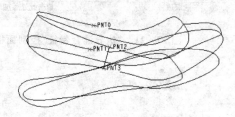

图 27-17 基准曲线创建

重复上一步骤，选择 PNT1 基准点和 PNT3 基准点为参照，完成基准线创建如图 27-18 所示。

重复上一步骤，选择 PNT0 基准点和 PNT1 基准点为参照，然后单击菜单管理器中"完成"选项。然后双击"曲线"对话框中的"扭曲"选项，出现如图 27-19 所示的"修改曲线"对话框,此时在绘图区曲线上出现两个点,拖动两个点使曲线中间向鞋的外侧拱起,单击"确认"按钮✓,结果如图27-20所示。

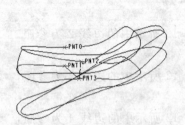
图27-18 基准曲线创建

图27-19 "修改曲线"对话框

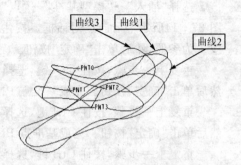
图27-20 基准曲线创建

(10) 创建基准点特征

选择"插入"→"模型基准"→"点"菜单项或单击工具栏的"基准点"工具按钮,按住Ctrl键,选择图27-20所示中的曲线1和曲线2为参照,然后单击"确定"按钮。完成基准点PNT4创建。

(11) 创建边界混合特征

选择"插入"→"边界混合"菜单项或单击"特征"工具栏"边界混合"工具按钮,出现如图27-21所示"边界混合特征"控制面板。然后按住Ctrl键,选择如图27-20中的曲线2和曲线3为第一方向链参考,然后单击"曲线"按钮,如图27-22所示。选择第一方向的链1,单击下面对应的"细节"按钮,出现"链"控制面板,单击"选项"标签,如图27-23所示,选中"排除"下的选项框,然后按住Ctrl键,依次选择不需要的曲线条。接着单击"确定"按钮。再选择第一方向的链2,重复上面步骤。完毕后直接单击"确认"按钮✓完成边界混合特征创建,如图27-24所示。

图27-21 "边界混合特征"控制面板

图27-22 "曲线"上滑面板

图27-23 "链"对话框

(12) 创建造型特征

选择"插入"→"造型"菜单项,或单击工具栏"造型"工具按钮,在弹出的工具栏中单击"创建曲线"工具按钮,出现如图 27-25 所示"曲线"控制面板,按住 Shift 键,在如图 27-24 所示中曲线 1 和曲线 2 上合适的位置单击,然后选择工具栏"编辑曲线"工具按钮,出现如图 27-26 所示"编辑曲线"控制面板,选中曲线为参照,右击并在弹出的菜单中选择"添加点"选项,曲线上会自动添加一个点,然后拖动点,把曲线拖动到合适的位置。完毕后单击"确认"按钮。

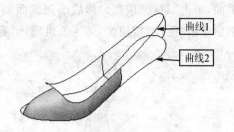

图 27-24 边界混合特征创建

重复上一步骤,绘制两条曲线。最后完毕后单击"确认"按钮,结果如图 27-27 所示。

(13) 创建边界混合特征

按照步骤(11)的做法,完成另一侧面的边界混合特征如图 27-28(a)所示。

按照步骤(11)的做法,完成鞋后半部分两个侧面的边界混合特征如图 27-28(b)所示。

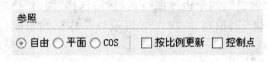

图 27-25 "曲线"控制面板

图 27-26 "曲线"控制面板

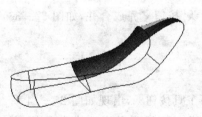 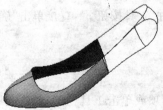 

图 27-27 曲线创建　　图 27-28(a) 边界混合特征创建　　图 27-28(b) 边界混合特征创建

(14) 创建拉伸特征

选择"插入"→"拉伸"菜单项或单击"特征"工具栏"拉伸"工具按钮,出现如图 27-29 所示"拉伸命令"控制面板,选择"曲面方式"按钮和"对称方式"按钮,输入深度值为 43,然后单击"放置"→"定义"选项,选择 FRONT 基准平面为草绘

图 27-29 "拉伸命令"控制面板

平面,单击"草绘"按钮。然后绘制截面如图 27-30 所示(由鞋底曲线向鞋内侧偏移 0.5),完毕后单击"确认"按钮✓,进入三维模式,直接单击"确认"按钮✓,结果如图 27-31 所示。

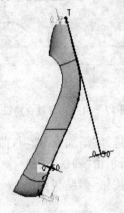

图 27-30 草绘截面

图 27-31 拉伸特征创建

(15) 创建合并特征

按住 Ctrl 键,选择鞋侧面的四个边界混合面,然后选择"编辑"→"合并"菜单项或单击"特征"工具栏"合并"工具按钮 ,出现图 27-32 所示合并特征控制面板,直接单击"确认"按钮✓完成合并。

图 27-32 "合并特征"控制面板

图 27-33 合并特征创建

接着按住 Ctrl 键,选择上面合并的面和步骤(14)中的拉伸面,然后选择"编辑"→"合并"菜单项或单击"特征"工具栏"合并"工具按钮 ,直接单击"确认"按钮✓完成合并,如图 27-33 所示(注意调节箭头方向)。

(16) 创建倒圆角特征

选择"插入"→"倒圆角"菜单项或单击工具栏的"倒圆角"工具按钮 ,出现如图 27-34 所示"倒圆角命令"控制面板。在控制面板中输入 2,选择如图 27-33 所示鞋底棱线为参考,完毕后直接单击"确认"按钮✓完成倒角操作,结果如图 27-35 所示。

图 27-34 "倒圆角命令"控制面板

图 27-35 倒圆角创建

(17) 创建加厚特征

选择鞋表面,然后选择"编辑"→"加厚"菜单项,出现如图27-36所示"加厚特征"控制面板,输入厚度值1.2,完毕后直接单击"确认"按钮☑完成加厚特征创建。

(18) 创建草绘特征

单击"特征"工具栏"草绘"工具按钮,选择FRONT基准平面为草绘平面,单击"草绘"按钮,绘制截面如图27-37所示。完毕后单击"确认"按钮☑,完成草绘。

图 27-36 "加厚特征"控制面板

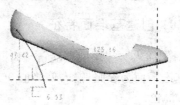

图 27-37 草绘截面

(19) 创建扫描混合特征

选择"插入"→"扫描混合"菜单项,出现如图27-38所示"扫描混合"控制面板,选择"曲面方式"按钮。单击"参照"按钮,选择上一步草绘为原点轨迹,然后单击"剖面"按钮,弹出如图27-39所示"剖面"上滑面板,选择图27-37中草绘的下端点,然后单击"剖面"上滑面板中的"草绘"按钮,草绘截面如图27-40所示,完毕后单击"确定"按钮☑确认。接着单击"剖面"上滑面板中的"插入"按钮,选择图27-37中草绘的上端点,然后单击"剖面"上滑面板中的"草绘"按钮,草绘截面如图27-41所示,完毕后单击"确定"按钮☑确认。最后单击"确认"按钮☑,创建扫描混合特征如图27-42所示。

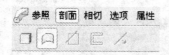

图 27-38 "扫描混合特征"控制面板

图 27-39 "剖面"上滑面板

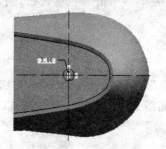

图 27-40 草绘截面

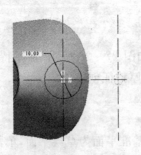

图 27-41 草绘截面

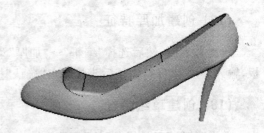

图 27-42 扫描混合特征创建

(20) 创建基准面特征

选择"插入"→"模型基准"→"面"菜单项或单击"特征"工具栏"基准面"工具按钮 □，选择 TOP 基准平面为参照，输入偏移值 36，如图 27-43 所示。完毕后单击"确定"按钮，创建基准平面 DTM2。

图 27-43 "基准平面"对话框

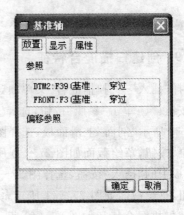

图 27-44 "基准轴"对话框

(21) 创建基准轴特征

选择"插入"→"模型基准"→"轴"菜单项或单击"特征"工具栏"基准轴"工具按钮 ∕，选择 FRONT 和 DTM2 基准平面为参照，如图 27-44 所示。完毕后单击"确定"按钮，创建基准轴 A_1。

(22) 创建基准面特征

选择"插入"→"模型基准"→"面"菜单项或单击"特征"工具栏"基准面"工具按钮 □，选择 DTM2 基准平面和 A_1 基准轴为参照，输入旋转值 20，如图 27-45 所示。完毕后单击"确定"按钮，创建基准平面 DTM3。

(23) 创建草绘特征

单击"特征"工具栏"草绘"工具按钮，选择 DTM3 基准平面为草绘平面，单击"草绘"按钮，绘制截面如图 27-46 所示。完毕后单击"确认"按钮 ✓，完成草绘。

图 27-45 "基准平面"对话框

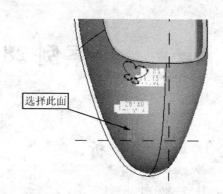

图 27-46 草绘截面

(24) 创建偏移特征

选择如图 27-46 所示曲面,然后选择"编辑"→"偏移"菜单项,在"偏移"控制面板中选择具有拔模特征按钮,输入偏距值 0.5,角度值 1,如图 27-47 所示。然后单击"草绘"按钮后的框,选择上一步草绘特征为参照,选择 DTM3 基准平面为方向参照,完毕后单击"确认"按钮,进入三维模式,直接单击"确认"按钮,结果如图 27-48 所示。

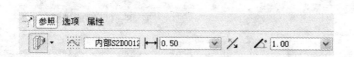

图 27-47 "偏移"控制面板

图 27-48 偏移特征创建

27.3 简单渲染

选择"视图"→"颜色和外观"菜单项或单击"颜色和外观"工具按钮,出现"外观编辑器"对话框,如图 27-49 所示,选择 ptc_metallic_steel_light 材料,分配外观为"零件"或者"面",选择用户喜欢的颜色进行渲染,最后单击"应用"按钮,结果如图 27-50 所示。

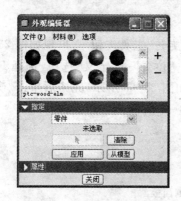

图 27-49 "外观编辑器"对话框

图 27-50 女士鞋

案例 28　排球建模

28.1　模型分析

排球外形如图 28-1 所示。
排球建模的主要操作步骤如下：
① 创建旋转特征。
② 创建投影特征。
③ 创建修剪特征。
④ 创建偏移特征。
⑤ 创建修剪特征。
⑥ 创建复制特征。
⑦ 创建镜像特征。
⑧ 创建合并特征。
⑨ 简单渲染。

图 28-1　排球模型

28.2　创建排球

(1) 新建文件

启动 Pro/E Wildfire 4.0，单击工具栏"新建"工具按钮 ，或单击"文件"→"新建"菜单项。选择系统默认"零件"选项，子类型"实体"方式，"名称"文本框中输入 paiqiu，同时注意不勾选"使用缺省模板"复选框。选择公制模板 mmns-part-solid，然后单击"确定"按钮。

(2) 创建旋转特征

选择"插入"→"旋转"菜单项或单击"特征"工具栏"旋转"工具按钮 ，出现如图 28-2 所示"旋转命令"控制面板，选择"曲面方式"按钮 。单击"位置"→"定义"选项，选择 FRONT 基准平面为草绘平面，然后单击"草绘"按钮，草绘截面如图 28-3 所示，完毕后单击"确认"按钮 ，返回到三维模式，单击"确认"按钮 ，结果如图 28-4 所示。

图 28-2　"旋转命令"控制面板

图 28-3 草绘截面　　　　　图 28-4 旋转特征创建

（3）创建投影特征

选择"编辑"→"投影"菜单项，出现如图 28-5 所示"投影特征"控制面板，单击"参照"按钮，出现如图 28-6 所示"参照"上滑面板，选择"投影草绘"选项，单击"定义"按钮，选择 FRONT 基准平面为草绘平面，然后单击"草绘"按钮，草绘截面如图 28-7 所示。完毕后单击"确认"按钮 ✓。然后选中图 28-5 中"曲面"后的选项框，选择上一步骤中的旋转球面为参照，接着选择 FRONT 基准平面为方向参照，完毕后单击"确认"按钮 ✓ 完成投影特征创建，如图 28-8 所示。

图 28-5 "投影特征"控制面板

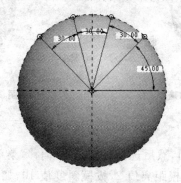
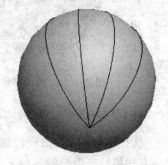

图 28-6 "参照"上滑面板　　图 28-7 草绘截面　　图 28-8 投影特征创建

重复上一步骤，选择 RIGHT 基准平面为草绘平面，草绘截面如图 28-9 所示。选择上一步骤中的旋转球面为参照，接着选择 RIGHT 基准平面为方向参照，完毕后单击"确认"按钮 ✓ 完成投影特征创建，如图 28-10 所示。

（4）创建修剪特征

选择图 28-10 中创建的投影特征，然后选择"编辑"→"修剪"菜单项或单击"特征"工具栏"修剪"工具按钮 ，出现如图 28-11 所示的"修剪特征"控制面板，单击"参照"按钮，出现如

图 28-12 所示"参照"上滑面板。选择曲线 1 为修剪的曲线,选择曲线 2 为修剪对象,完毕后直接单击"确认"按钮√,结果如图 28-13 所示。

重复此步骤,最后完成修剪如图 28-14 所示。

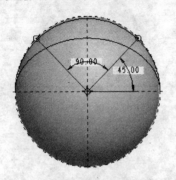

图 28-9 草绘截面

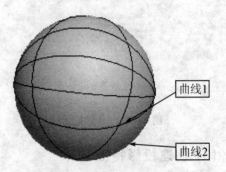

图 28-10 投影特征创建

图 28-11 "修剪"控制面板

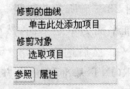

图 28-12 "参照"上滑面板

图 28-13 修剪特征创建

图 28-14 修剪特征创建

(5) 创建偏移特征

选择步骤(2)中的旋转曲面,然后选择"编辑"→"偏移"菜单项,在"偏移"控制面板中选择"具有拔模特征"按钮,输入拔模距离值 2,拔模斜度值 10,如图 28-15 所示。然后单击"参照"→"定义"选项,选择 TOP 基准平面为草绘平面,单击"草绘"按钮。然后绘制截面如图 28-16 所示,完毕后单击"确认"按钮√,进入三维模式,直接单击"确认"按钮√,结果如图 28-17 所示。

重复上一步骤,完成其他两个封闭环的偏移特征,如图 28-18 所示。

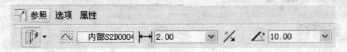

图 28-15 "偏移特征"控制面板

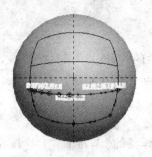
图 28-16 草绘截面

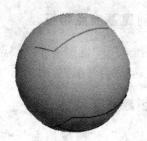
图 28-17 偏移特征创建

(6) 创建倒圆角特征

选择"插入"→"倒圆角"菜单项或单击工具栏的"倒圆角"工具按钮，在如图 28-19 所示控制面板中输入 0.5，按住 Ctrl 键，选择偏移特征的所有边线，完毕后直接单击"确认"按钮完成倒角。

图 28-18 偏移特征创建

图 28-19 "倒角"控制面板

(7) 创建修剪特征

选择步骤(2)中的旋转曲面，然后选择"编辑"→"修剪"菜单项或单击"特征"工具栏"修剪"工具按钮，在出现的"修剪特征"控制面板中依次单击"参照"→"细节"选项，出现"链"控制面板。按住 Ctrl 键，依次选择偏移特征与旋转曲面的所有交线为修建对象，如图 28-20 所示，完毕后单击"确定"按钮。最后直接单击"确认"按钮，结果如图 28-21 所示。

图 28-20 "链"控制面板

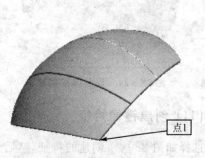
图 28-21 修剪特征创建

(8) 创建基准点特征

选择"插入"→"模型基准"→"点"菜单项或单击工具栏的"基准点"工具按钮 ，选择系统默认坐标系原点为参照,然后单击"确定"按钮。完成基准点 PNT0 创建。

(9) 创建基准轴特征

选择"插入"→"模型基准"→"轴"菜单项或单击工具栏的"基准轴"工具按钮 ，选择 PNT0 基准点和如图 28-21 所示的点 1 为参照,完成基准点 A_1 基准轴创建。

(10) 创建复制特征

选取整张曲面,选择"编辑"→"复制"菜单项,然后单击"复制"工具按钮 ，接着选择"选择性粘贴"工具按钮 ，系统弹出如图 28-22 所示"选择性粘贴"对话框,选择"对副本应用移动/旋转变换"选项,单击"确定"按钮,出现如图 28-23 所示"选择性粘贴特征"控制面板,选择 按钮,相对选定参照旋转特征,然后选择 A_1 轴,输入旋转角度值 120,最后单击"确认"按钮 ，结果如图 28-24 所示。

重复上一过程,输入旋转角度值 240,创建复制特征如图 28-25 所示。

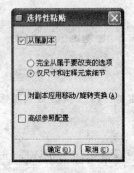

图 28-22 "选择性粘贴"对话框

图 28-23 "选择性粘贴特征"控制面板

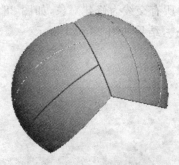

图 28-24 复制特征创建

图 28-25 复制特征创建

(11) 创建镜像特征

选择如图 28-21 创建的特征,然后选择"编辑"→"镜像"菜单项或单击"特征"工具栏"镜像"工具按钮 ，出现如图 28-26 所示"镜像命令"控制面板,选择 TOP 基准平面为镜像平面,完毕后直接单击"确认"按钮☑完成镜像特征,如图 28-27 所示。

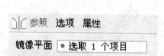

图 28-26 "镜像命令"控制面板　　　　图 28-27 镜像特征创建

运用镜像特征,完成剩下两个空面的镜像填充,结果如图 28-28 所示。

(12) 创建合并特征

按住 Ctrl 键,选中如图 28-28 中的所有曲面,然后选择"编辑"→"合并"菜单项或单击"特征"工具栏"合并"工具按钮☑,出现如图 28-29 所示"合并特征"控制面板,直接单击"确认"按钮☑完成合并特征。

图 28-28 镜像特征创建　　　　图 28-29 "合并特征"控制面板

28.3　简单渲染

选择"视图"→"颜色和外观"菜单项或单击"颜色和外观"工具按钮☑,出现"外观编辑器"对话框,如图 28-30 所示,选择 ptc_metallic_steel_light 材料,分配外观为"零件"或者"面",选择用户喜欢的颜色进行渲染,最后单击"应用"按钮,结果如图 28-31 所示。

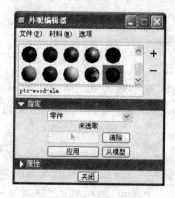

图 28-30 "外观编辑器"对话框　　　　图 28-31 排球

213

案例 29 大众汽车建模

29.1 模型分析

大众汽车外形如图 29-1 所示,由车身、车轮等基本结构特征组成。

大众汽车建模的主要操作步骤如下:
① 创建拉伸特征。
② 创建合并特征。
③ 创建倒圆角特征。
④ 创建拉伸特征。
⑤ 创建镜像特征。
⑥ 创建基准平面特征。
⑦ 创建拉伸特征。
⑧ 创建阵列特征。
⑨ 创建基准平面特征。
⑩ 创建镜像特征。
⑪ 创建边界混合特征。
⑫ 创建镜像特征。
⑬ 创建合并特征。
⑭ 创建偏移特征。
⑮ 简单渲染。

图 29-1 大众汽车模型

29.2 创建大众汽车

(1) 新建文件

启动 Pro/E Wildfire 4.0,单击工具栏"新建"工具按钮,或单击"文件"→"新建"菜单项。选择系统默认"零件"选项,子类型"实体"方式,"名称"文本框中输入 dazhongqiche,同时注意不勾选"使用缺省模板"复选框。选择公制模板 mmns-part-solid,然后单击"确定"按钮。

(2) 创建拉伸特征

选择"插入"→"拉伸"菜单项或单击"特征"工具栏"拉伸"工具按钮,出现如图 29-2 所示"拉伸命令"控制面板,选择"曲面方式"按钮,输入深度值 100,然后单击"放置"→"定义"选项,选择 FRONT 基准平面为草绘平面,单击"草绘"按钮。然后绘制如图 29-3 所示截面,完毕后单击"确认"按钮☑,进入三维模式,直接单击"确认"按钮☑,结果如图29-4所示。

图29-2 "拉伸命令"控制面板

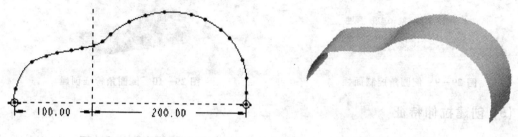

图29-3 草绘截面　　　　　　图29-4 拉伸特征创建

重复上一步骤,选择"曲面方式"按钮和"对称方式"按钮,输入深度值420,然后单击"放置"→"定义"选项,选择 RIGHT 基准平面为草绘平面,单击"草绘"按钮。然后绘制截面如图29-5所示,完毕后单击"确认"按钮☑,进入三维模式,直接单击"确认"按钮☑,结果如图29-6所示。

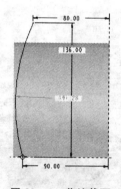

图29-5 草绘截面　　　　　　图29-6 拉伸特征创建

(3) 创建合并特征

按住 Ctrl 键,选中上一步骤创建的两个拉伸曲面,然后选择"编辑"→"合并"菜单项或单击"特征"工具栏"合并"工具按钮,出现如图29-7所示"合并特征"控制面板,直接单击"确认"按钮☑完成合并特征,结果如图29-8所示。

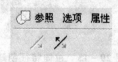

图29-7 "合并特征"控制面板　　　　　图29-8 合并特征创建

(4) 创建倒圆角特征

选择"插入"→"倒圆角"菜单项或单击工具栏的"倒圆角"工具按钮，出现如图29-9所示"拉伸特征"控制面板。选择两个拉伸曲面交线为参照，输入半径值10，完毕后直接单击"确认"按钮完成倒角，结果如图29-10所示。

图29-9 倒圆角控制面板　　　　　　图29-10 倒圆角特征创建

(5) 创建拉伸特征

选择"插入→拉伸"菜单项或单击"特征"工具栏"拉伸"工具按钮，出现如图29-11所示"拉伸命令"控制面板，选择"曲面方式"按钮和"去除材料"按钮，输入深度值150，选择合并曲面为"面组"参照，然后单击"放置"→"定义"选项，选择FRONT基准平面为草绘平面，单击"草绘"按钮。然后绘制截面如图29-12所示，完毕后单击"确认"按钮，进入三维模式，直接单击"确认"按钮，结果如图29-13所示。

图29-11 "拉伸命令"控制面板

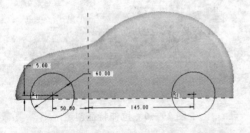

图29-12 草绘截面　　　　　　图29-13 拉伸特征创建

重复上一步骤，绘制截面如图29-14所示，完成拉伸特征如图29-15所示。

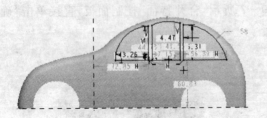

图29-14 草绘截面　　　　　　图29-15 拉伸特征创建

重复上一步骤，选择RIGHT基准平面为草绘平面，绘制截面分别如图29-16、图29-17

和图 29-18 所示。完成拉伸特征如图 29-19 所示。

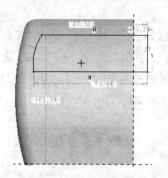

图 29-16 草绘截面

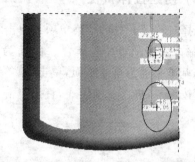

图 29-17 草绘截面

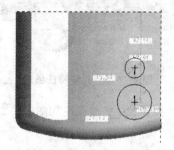

图 29-18 草绘截面

图 29-19 拉伸特征创建

（6）创建镜像特征

选择上面创建的所有特征,然后选择"编辑"→"镜像"菜单项或单击"特征"工具栏"镜像"工具按钮,选择 FRONT 基准平面为镜像平面,完毕后直接单击"确认"按钮 完成镜像特征,结果如图 29-20 所示。

（7）创建基准平面特征

选择"插入"→"模型基准"→"平面"菜单项或单击工具栏的"基准平面"工具按钮,出现基准平面对话框。选择 FRONT 基准平面为参照,设置如图 29-21 所示。然后单击"确定"按钮,完成基准平面 DTM1 创建。

图 29-20 镜像特征创建

图 29-21 "基准平面"对话框

(8) 创建拉伸特征

选择"插入"→"拉伸"菜单项或单击"特征"工具栏"拉伸"工具按钮，选择"实体方式"按钮，输入深度值30，选择合并曲面为"面组"参照，然后单击"放置"→"定义"选项，选择DTM1基准平面为草绘平面，单击"草绘"按钮。然后绘制截面如图29-22所示，完毕后单击"确认"按钮，进入三维模式，直接单击"确认"按钮，结果如图29-23所示。

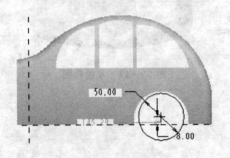

图 29-22 草绘截面

图 29-23 拉伸特征创建

重复上一步骤，选择"去除材料"按钮和"穿透方式"按钮，草绘截面如图29-24所示，完成拉伸特征，如图29-25所示。

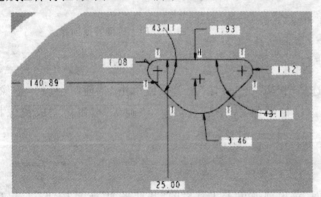

图 29-24 草绘截面

图 29-25 拉伸特征创建

(9) 创建阵列特征

在工作区或在模型树上，首先选择如图29-25所示创建的拉伸特征，此时工具栏的"阵列"工具按钮将被激活，或者选择"编辑"→"阵列"菜单项，出现如图29-26所示对话框，阵列方式选择"轴"阵列，选择车轮的中心轴为阵列轴，阵列个数为6个，角度值为60，完毕后直接单击"确认"按钮，完成阵列特征，如图29-27所示。

图 29-26 "阵列"控制面板

(10) 创建倒圆角特征

选择"插入"→"倒圆角"菜单项或单击工具栏的"倒圆角"工具按钮，出现如图 29-28 所示"倒圆角"控制面板。选择车轮边线和阵列特征的所有边线为参照，输入半径值 2，完毕后直接单击"确认"按钮完成倒角，结果如图 29-29 所示。

图 29-27 阵列特征创建

图 29-28 "倒圆角"控制面板

(11) 创建基准平面特征

选择"插入"→"模型基准"→"平面"菜单项或单击工具栏的"基准平面"工具按钮，出现"基准平面"对话框。选择 RIGHT 基准平面为参照，设置如图 29-30 所示参数。然后单击"确定"按钮，完成基准平面 DTM2 创建。

图 29-29 倒圆角特征创建

图 29-30 "基准平面"对话框

(12) 创建镜像特征

选择步骤(8)~(10)创建的特征，然后选择"编辑"→"镜像"菜单项或单击"特征"工具栏"镜像"工具按钮，选择 DTM2 基准平面为镜像平面，完毕后直接单击"确认"按钮完成镜像特征，结果如图 29-31 所示。

重复上一过程，选中步骤(8)~(12)创建的特征，选择 FRONT 基准平面为镜像平面，创建镜像特征如图 29-32 所示。

(13) 创建边界混合特征

选择"插入"→"边界混合"菜单项或单击"特征"工具栏"边界混合"工具按钮，出现如

图 29-33 所示"边界混合特征"控制面板。然后按住 Ctrl 键,选择如图 29-34 所示的边线 1 和边线 2 为第一方向链参考,完毕后直接单击"确认"按钮☑完成边界混合特征,结果如图 29-35 所示。

重复上一步骤,完成车后玻璃和一个侧面的所有玻璃窗口的边界混合,如图 29-36 所示。

图 29-31 镜像特征创建

图 29-32 镜像特征创建

图 29-33 "边界混合特征"控制面板

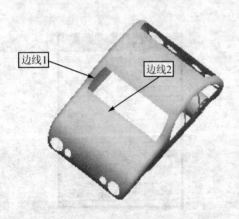

图 29-34 选择边线

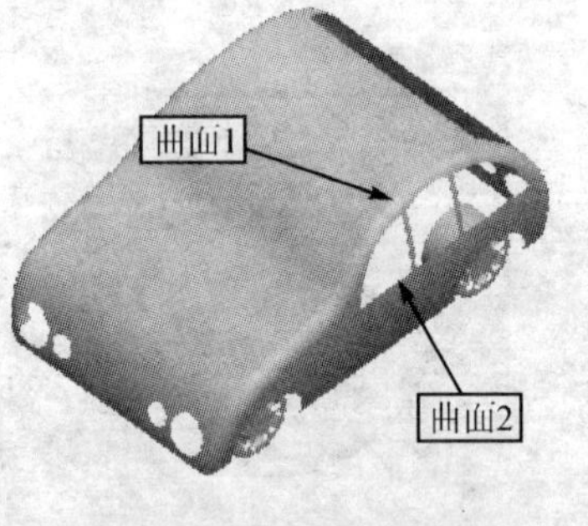

图 29-35 边界混合特征创建

(14) 创建镜像特征

选择上一步骤创建的车侧面边界混合特征,然后选择"编辑"→"镜像"菜单项或单击"特征"工具栏"镜像"工具按钮,选择 FRONT 基准平面为镜像平面,完毕后直接单击"确认"按钮☑完成镜像特征。

(15) 创建合并特征

按住 Ctrl 键,选中如图 29-35 所示曲面 1 和曲面 2,然后选择"编辑"→"合并"菜单项或单击"特征"工具栏"合并"工具按钮,直接单击"确

图 29-36 边界混合特征创建

认"按钮✓完成合并特征。

(16) 创建偏移特征

选择上一步骤的合并曲面,然后选择"编辑"→"偏移"菜单项,在"偏移"控制面板中选择具有拔模特征按钮,输入偏距值1,拔模斜度为0,如图29-37所示。然后单击"参照"→"定义"选项,选择RIGHT基准平面为草绘平面,单击"草绘"按钮。然后绘制截面如图29-38所示,完毕后单击"确认"按钮✓,进入三维模式,直接单击"确认"按钮✓,结果如图29-39所示。

图29-37 "偏移"控制面板

图29-38 草绘截面

图29-39 偏移特征创建

29.3 简单渲染

选择"视图"→"颜色和外观"菜单项或单击"颜色和外观"工具按钮,出现"外观编辑器"对话框,如图29-40所示,选择 ptc_metallic_steel_light 材料,分配外观为"零件"或者"面",选择用户喜欢的颜色进行渲染,最后单击"应用"按钮,结果如图29-41所示。

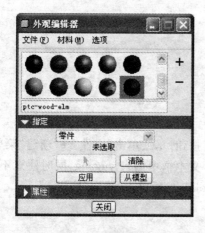

图29-40 "外观编辑器"对话框

图29-41 大众汽车

案例30 浴缸建模

30.1 模型分析

浴缸外形如图30-1所示。浴缸建模的主要操作步骤如下：
① 创建草绘特征。
② 创建基准平面特征。
③ 创建基准点特征。
④ 创建造型特征。
⑤ 创建镜像特征。
⑥ 创建合并特征。
⑦ 创建填充特征。
⑧ 创建可变剖面扫描特征。
⑨ 创建基准平面特征。
⑩ 创建草绘特征。
⑪ 创建填充特征。
⑫ 创建合并特征。
⑬ 创建倒圆角特征。
⑭ 创建实体化特征。
⑮ 简单渲染。

图30-1 浴缸模型

30.2 创建浴缸

(1) 新建文件

启动 Pro/E Wildfire 4.0,单击工具栏"新建"工具按钮,或单击"文件"→"新建"菜单项。选择系统默认"零件"选项,子类型"实体"方式,"名称"文本框中输入 yugang,同时注意不勾选"使用缺省模板"复选框。选择公制模板 mmns-part-solid,然后单击"确定"按钮。

(2) 创建草绘特征

单击"特征"工具栏"草绘"工具按钮,选择 FRONT 基准平面为草绘平面,单击"草绘"按钮,草绘截面如图30-2所示。完毕后单击"确认"按钮,完成草绘。

(3) 创建基准平面特征

选择"插入"→"模型基准"→"平面"菜单项或单击工具栏的"基准平面"工具按钮 ⬜，出现"基准平面"对话框。选择 FRONT 基准平面为参照，设置如图 30-3 所示。然后单击"确定"按钮，完成基准平面 DTM1 创建。

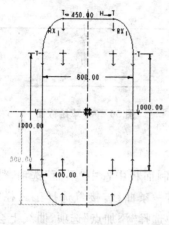

图 30-2 草绘截面

图 30-3 "基准平面"对话框

(4) 创建草绘特征

单击"特征"工具栏"草绘"工具按钮，选择 DTM1 基准平面为草绘平面，单击"草绘"按钮，草绘截面如图 30-4 所示。完毕后单击"确认"按钮 ✓，完成草绘。

(5) 创建基准点特征

选择"插入"→"模型基准"→"点"菜单项或单击工具栏的"基准点"工具按钮，分别选择图 30-4 中的点 1 和点 2 为参照，设置如图 30-5 所示基准点对话框。然后单击"确定"按钮。分别完成基准点 PNT0 和 PNT1 创建。

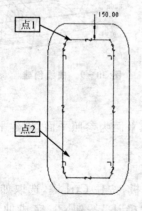

图 30-4 草绘截面

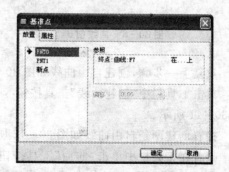

图 30-5 "基准点"对话框

(6) 创建草绘特征

单击"特征"工具栏"草绘"工具按钮，选择 RIGHT 基准平面为草绘平面，单击"草绘"按钮，草绘截面如图 30-6 所示。完毕后单击"确认"按钮，完成草绘。

重复上一步骤，选择 TOP 基准平面为草绘平面，草绘截面如图 30-7 所示。完毕后单击"确认"按钮，完成草绘。

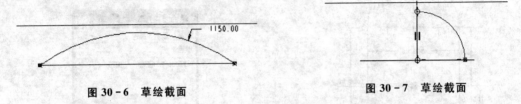

图 30-6 草绘截面　　　　　　　　图 30-7 草绘截面

(7) 创建造型特征

单击工具栏中"创建曲线"工具按钮，在"曲线"控制面板中选中"平面"选项，然后单击"参照"按钮，选 RIGHT 基准平面为参照平面，然后画出一条曲线，接着选择工具栏"编辑曲线"工具按钮，选中曲线为参照，右击并在弹出的菜单中选择"添加点"选项，曲线上会自动添加一个点，然后拖动点，把曲线拖动到合适的位置。完毕后单击"确认"按钮，如图 30-8 所示。

单击工具栏中"创建曲线"工具按钮，在"曲线"控制面板中选中"自由"工具按钮，然后画出一条曲线，接着选择工具栏"编辑曲线"工具按钮，选中曲线为参照，右击并在弹出的菜单中选择"添加点"选项，曲线上会自动添加一个点，然后拖动点，把曲线拖动到合适的位置。完毕后单击"确认"按钮，如图 30-9 所示。

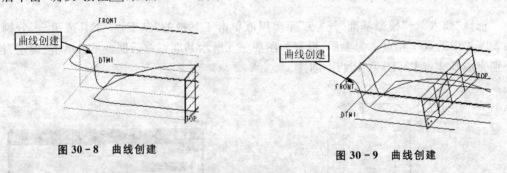

图 30-8 曲线创建　　　　　　　　图 30-9 曲线创建

重复上一步骤，创建自由曲线如图 30-10 所示。

单击工具栏中"创建曲线"工具按钮，选择 TOP 基准平面为参照平面，创建平面曲线如图 30-11 所示。

接着创建两条自由曲线如图 30-12 所示。

接着在工具栏中单击"曲面"工具按钮，出现控制面板，按住 Ctrl 键，选取如图 30-10 所示曲线 1 至曲线 4 四条曲线为参照链，完毕后单击"确认"按钮，完成曲面创建如图 30-13 所示。按照此过程，完成其他曲面创建如图 30-14 所示。

接着单击"投影曲线"工具按钮，出现控制面板，选择如图 30-6 所创建的草绘特征为投影曲线，选择如图 30-14 所创建的曲面为投影面，选择 RIGHT 基准平面为投影方向参照。

完毕后单击"确认"按钮☑,结果如图 30-15 所示。

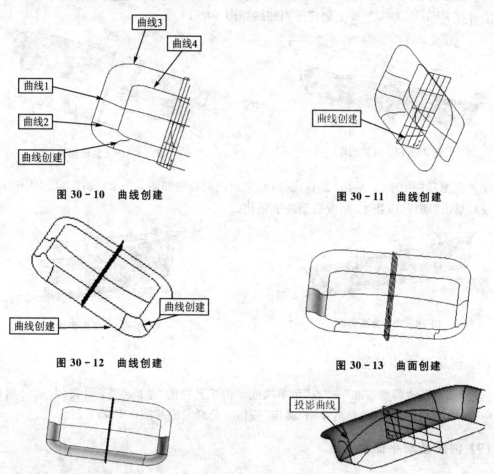

图 30-10 曲线创建　　　　　　　图 30-11 曲线创建

图 30-12 曲线创建　　　　　　　图 30-13 曲面创建

图 30-14 曲面创建　　　　　　　图 30-15 投影曲线创建

单击工具栏中"创建曲线"工具按钮～,选择 TOP 基准平面为参照平面,创建平面曲线如图 30-16 所示。

接着单击"投影曲线"工具按钮～,出现控制面板,选择如图 30-7 所创建的草绘特征为投影曲线,选择如图 30-16 所示曲面为投影面,选择 TOP 基准平面为投影方向参照。完毕后单击"确认"按钮☑,结果如图 30-17 所示。

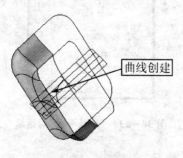

图 30-16 曲线创建

图 30-17 投影曲线创建

接着在工具栏中单击"曲面"工具按钮■,完成曲面创建如图30-18所示。
接着在RIGHT基准平面上创建平面曲线如图30-19所示。

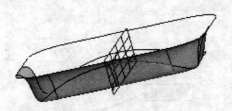

图30-18　曲面创建

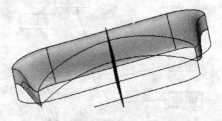

图30-19　曲线创建

接着在工具栏中单击"曲面"工具按钮■,完成曲面创建如图30-20和图30-21所示。
最后单击"确认"按钮✓,完成造型特征创建。

图30-20　曲面创建

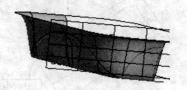

图30-21　曲面创建

(8) 创建基准点特征

选择"插入"→"模型基准"→"点"菜单项或单击工具栏的"基准点"工具按钮✕✕,分别选择图30-22中的端点为参照,然后单击"确定"按钮。分别完成基准点PNT2创建。

(9) 创建基准平面特征

选择"插入"→"模型基准"→"平面"菜单项或单击工具栏的"基准平面"工具按钮▱,出现"基准平面"对话框。选择PNT2基准点和RIGHT基准平面为参照,设置如图30-23所示。然后单击"确定"按钮,完成基准平面DTM2创建。

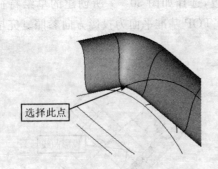

图30-22　选择点

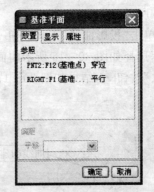

图30-23　"基准平面"对话框

(10) 创建镜像特征

选择上面创建的所有曲面特征,然后选择"编辑"→"镜像"菜单项或单击"特征"工具栏"镜像"工具按钮,选择 RIGHT 基准平面为镜像平面,完毕后直接单击"确认"按钮✔完成镜像特征,结果如图 30-24 所示。

(11) 创建草绘特征

单击"特征"工具栏"草绘"工具按钮,选择 FRONT 基准平面为草绘平面,单击"草绘"按钮,草绘截面如图 30-25 所示。完毕后单击"确认"按钮✔,完成草绘。

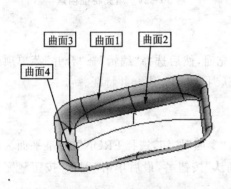

图 30-24 镜像特征创建

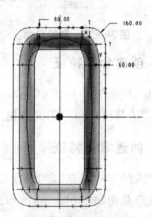

图 30-25 草绘截面

(12) 创建合并特征

按住 Ctrl 键,选中如图 30-24 所示的曲面 1 和曲面 2,然后选择"编辑"→"合并"菜单项或单击"特征"工具栏"合并"工具按钮,出现如图 30-26 所示合并特征控制面板,直接单击"确认"按钮✔完成合并特征。

按住 Ctrl 键,选择与上一合并面相对的两个曲面,完成合并。

接着按住 Ctrl 键,选择上面两个合并面,完成合并。

接着按住 Ctrl 键,分别选择图 30-24 所示的曲面 3、曲面 4 和上一步的合并面,完成合并。

图 30-26 "合并特征"控制面板

(13) 创建填充特征

选择"编辑"→"填充"菜单项,出现如图 30-27 所示"填充特征"控制面板。单击"参照"按钮,选择 DTM1 基准平面为草绘平面,草绘截面如图 30-28 所示。完毕后单击"确认"按钮✔,最后单击"确认"按钮✔完成填充,结果如图 30-29 所示。

图 30-27 "填充特征"控制面板

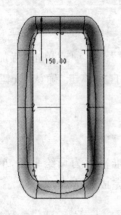
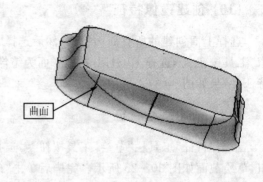

图 30-28 草绘截面　　　　图 30-29 填充特征创建

(14) 创建合并特征

按住 Ctrl 键,选中如图 30-29 所示的曲面和填充面,然后选择"编辑"→"合并"菜单项或单击"特征"工具栏"合并"工具按钮 ,直接单击"确认"按钮 完成合并特征。

(15) 创建填充特征

选择"编辑"→"填充"菜单项,在控制面板中单击"参照"按钮,选择 FRONT 基准平面为草绘平面,草绘截面如图 30-30 所示。完毕后单击"确认"按钮 ,最后单击"确认"按钮 完成填充,结果如图 30-31 所示。

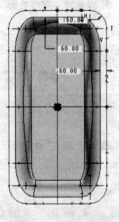
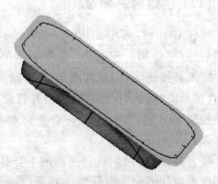

图 30-30 草绘截面　　　　图 30-31 填充特征创建

(16) 创建合并特征

按住 Ctrl 键,选中如图 30-29 所示的曲面和上一步的填充面,然后选择"编辑"→"合并"菜单项或单击"特征"工具栏"合并"工具按钮 ,直接单击"确认"按钮 完成合并特征,结果如图 30-32 所示。

(17) 创建草绘特征

单击"特征"工具栏"草绘"工具按钮 ,选择 FRONT 基准平面为草绘平面,单击"草绘"按钮,草绘截面如图30-33所示。完毕后单击"确认"按钮✓,完成草绘。

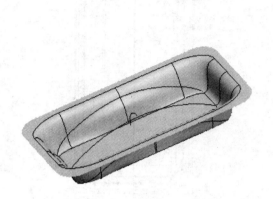

图30-32 合并特征创建

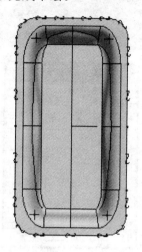

图30-33 草绘截面

(18) 创建可变剖面扫描特征

选择"插入"→"可变剖面扫描"菜单项或单击"特征"工具栏"可变剖面扫描"工具按钮,出现如图30-34所示"可变剖面扫描命令"控制面板,选择"曲面方式"按钮。单击"参照"选项,系统弹出"参照"上滑面板,先选择上一步创建的草绘特征为原点轨迹,然后单击"创建或编辑扫描剖面"工具按钮,草绘剖面如图30-35所示,完毕后单击"确认"按钮✓,返回到三维模式,单击"确认"按钮✓,结果如图30-36所示。

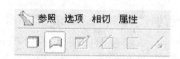

图30-34 "可变剖面扫描命令"控制面板

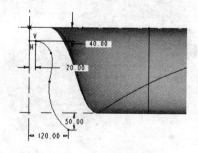

图30-35 草绘剖面

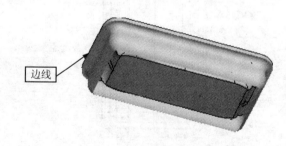

图30-36 可变剖面扫描特征创建

(19) 创建基准平面特征

选择"插入"→"模型基准"→"平面"菜单项或单击工具栏的"基准平面"工具按钮,出现"基准平面"对话框。选择DTM1基准平面和如图30-36所示的边为参照,设置如图30-37所示。然后单击"确定"按钮,完成基准平面DTM3创建。

(20) 创建草绘特征

单击"特征"工具栏"草绘"工具按钮,选择DTM3基准平面为草绘平面,单击"草绘"按钮,草绘截面如图30-38所示。完毕后单击"确认"按钮✓,完成草绘。

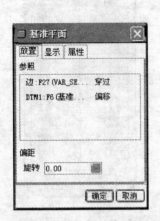

图30-37 "基准平面"对话框

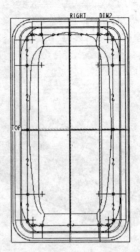

图30-38 草绘截面

(21) 创建填充特征

选择"编辑"→"填充"菜单项,在控制面板中单击"参照"按钮,选择DTM3基准平面为草绘平面,草绘截面如图30-39所示。完毕后单击"确认"按钮✓,最后单击"确认"按钮✓完成填充,结果如图30-40所示。

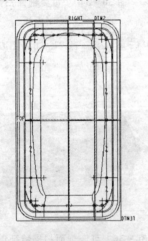

图30-39 草绘截面

图30-40 填充特征创建

(22) 创建合并特征

按住Ctrl键,选中如图30-36中创建的可变剖面扫描混合面和如图30-41所示的曲面,然后选择"编辑"→"合并"菜单项或单击"特征"工具栏"合并"工具按钮 ,直接单击"确认"按钮✓完成合并特征。

接着按住Ctrl键,选择如图30-41所示曲面和步骤(30)创建的填充面,完成合并特征创建。

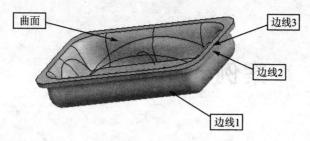

图 30-41 选择曲面

（23）创建倒圆角特征

选择"插入"→"倒圆角"菜单项或单击工具栏的"倒圆角"工具按钮，出现如图 30-42 所示"倒圆角命令"控制面板。在控制面板中输入 75，选择如图 30-41 所示的边线 1 为参考，完毕后直接单击"确认"按钮 ✓ 完成倒角特征。

图 30-42 "倒圆角命令"控制面板

重复上一步骤，选择如图 30-41 所示的边线 2 为参照，输入圆角半径值 23.5，完成倒圆角特征。

重复上一步骤，选择如图 30-41 所示的边线 3 为参照，输入圆角半径值 20，完成倒圆角特征。

（24）创建实体化特征

选中整个曲面，选择"编辑"→"实体化"菜单项，在出现的"实体化"控制面板中直接单击"确认"按钮 ✓ 完成实体化特征。

30.3 简单渲染

选择"视图"→"颜色和外观"菜单项或单击"颜色和外观"工具按钮，出现"外观编辑器"对话框，如图 30-43 所示，选择 ptc_metallic_steel_light 材料，分配外观为"零件"或者"面"，选择用户喜欢的颜色进行渲染，最后单击"应用"按钮，结果如图 30-44 所示。

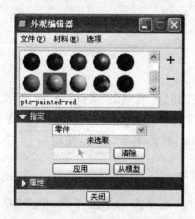

图 30-43 "外观编辑器"对话框

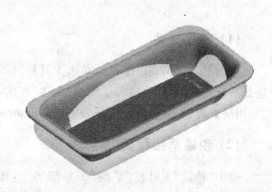

图 30-44 浴　缸

案例 31 鼠标建模

31.1 模型分析

鼠标外形如图 31-1 所示,由左右键、手柄等基本结构特征组成。

鼠标建模的主要操作步骤如下:
① 创建草绘特征。
② 创建类型特征。
③ 创建延伸特征。
④ 创建拉伸特征。
⑤ 创建边界混合特征。
⑥ 创建合并特征。
⑦ 创建倒圆角特征。
⑧ 创建投影特征。
⑨ 创建基准点特征。
⑩ 创建镜像特征。
⑪ 创建填充特征。
⑫ 创建基准平面特征。
⑬ 创建旋转特征。
⑭ 创建可变剖面扫描特征。
⑮ 简单渲染。

图 31-1 鼠标模型

31.2 创建鼠标

(1) 新建文件

启动 Pro/E Wildfire 4.0,单击工具栏"新建"工具按钮 ,或单击"文件"→"新建"菜单项。选择系统默认"零件"选项,子类型"实体"方式,"名称"文本框中输入 shubiao,同时注意不勾选"使用缺省模板"复选框。选择公制模板 mmns-part-solid,然后单击"确定"按钮。

(2) 创建草绘特征

单击"特征"工具栏"草绘"工具按钮 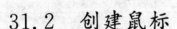,选择 TOP 基准平面为草绘平面,单击"草绘"按钮,草绘截面如图 31-2 所示。完毕后单击"确认"按钮 ,完成草绘。

重复上一步骤,选择 RIGHT 基准平面为草绘平面,草绘截面如图 31-3 所示。

重复上一步骤,选择 RIGHT 基准平面为草绘平面,草绘截面如图 31-4 所示。

图 31-2 草绘截面

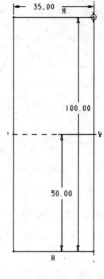
图 31-3 草绘截面

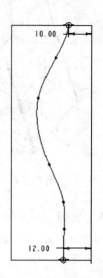
图 31-4 草绘截面

(3) 创建造型特征

选择"插入"→"造型"菜单项,或单击工具栏"造型"工具按钮 ,在弹出的工具栏中单击"设置活动平面"工具按钮 ,然后选择 TOP 基准平面。接着单击"创建曲线"工具按钮 ,在出现的"曲线"控制面板中选择"平面"选项,并单击"参照"按钮,进入"参照"上滑面板,设置偏移距离为 35,如图 31-5 所示。然后绘制如图 31-6 所示平面曲线。完毕后单击"确认"按钮 。

继续设置活动平面为 TOP 基准平面,单击"创建曲线"工具按钮 ,在出现的"曲线"控制面板中选择"平面"选项,并单击"参照"按钮,进入"参照"上滑面板,设置偏移距离为 0,然后绘制如图 31-7 所示平面曲线。完毕后单击"确认"按钮 。

单击"设置活动平面"工具按钮 ,然后选择 RIGHT 基准平面。接着单击"创建曲线"工具按钮 ,在出现的"曲线"控制面板中选择"平面"选项,并单击"参照"按钮,进入"参照"上滑面板,设置偏移距离为 0,然后绘制如图 31-8 所示平面曲线。完毕后单击"确认"按钮 。

重复上一步骤,绘制曲线如图 31-9 所示。

图 31-5 "参照"上滑面板

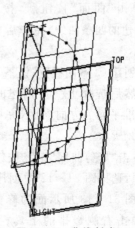
图 31-6 曲线创建

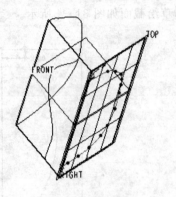
图31-7 曲线创建

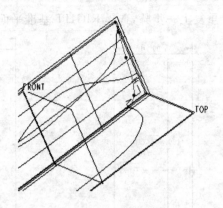
图31-8 曲线创建

单击如图31-6创建的曲线,接着单击该曲线的一个端点,并进入"相切"上滑面板,从"约束"选项组的"第一个"选项列表框中选择"垂直"选项,如图31-10所示。完毕后选择另一端点做同样设置。

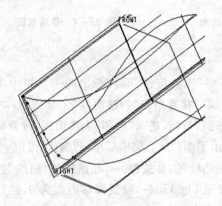
图31-9 曲线创建

图31-10 "相切"上滑面板

用同样方法设置图31-7创建的曲线两个端点和图31-8和图31-9创建的曲线的下端点。

接着单击"曲面"按钮,按住Ctrl键,选择图31-6~图31-9创建的四条曲线,完毕后单击"确认"按钮,结果如图31-11所示。

单击"创建COS曲线"按钮,选择图31-4创建的曲线为曲线参照,然后选择上一步创建的曲面为曲面参照,最后选择RIGHT基准平面为方向参照,完毕后单击"确认"按钮,结果如图31-12所示。

接着单击"修剪曲面"工具按钮,选择创建的曲面为要修剪的面参照,选择图31-12中创建的曲线为用于修建的曲线参照,选择如图31-13所示面为修剪面,完毕后单击"确认"按钮。最后单击右侧竖排的工具栏中的"确认"按钮,结果如

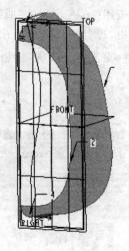
图31-11 曲面创建

图 31-14 所示。

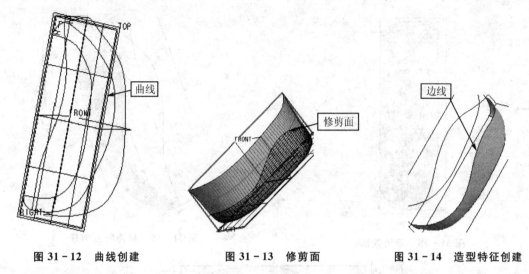

图 31-12 曲线创建　　图 31-13 修剪面　　图 31-14 造型特征创建

(4) 创建延伸特征

选取如图 31-14 中所示边线，选择"编辑"→"延伸"菜单项，出现如图 31-15 所示的"延伸特征"控制面板，单击"到平面"按钮，然后单击"基准平面"工具按钮，选择 TOP 基准平面为偏移参照，输入偏移值为 29，单击"确定"按钮，建立基准平面 DTM1。然后选择 DTM1 基准平面为延伸到的平面，直接单击"完成"按钮完成延伸，如图 31-16 所示。

图 31-15 "延伸特征"控制面板

(5) 创建拉伸特征

选择"插入"→"拉伸"菜单项或单击"特征"工具栏"拉伸"工具按钮，出现如图 31-17 所示"拉伸命令"控制面板，选择"曲面方式"按钮和"对称拉伸"按钮，输入深度值 100，选择去除材料，选择如图 31-16 曲面为"面组"参照，然后单击"放置"→"定义"选项，选择 RIGHT 基准平面为草绘平面，单击"草绘"按钮。然后绘制截面如图 31-18 所示，完毕后单击"确认"按钮，进入三维模式，直接单击"确认"按钮，结果如图 31-19 所示。

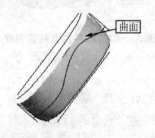

图 31-16 延伸特征创建

图 31-17 "拉伸命令"控制面板

(6) 创建草绘特征

单击"特征"工具栏"草绘"工具按钮，选择 RIGHT 基准平面为草绘平面，单击"草绘"按钮,草绘截面如图 31-20 所示。完毕后单击"确认"按钮✓,完成草绘。

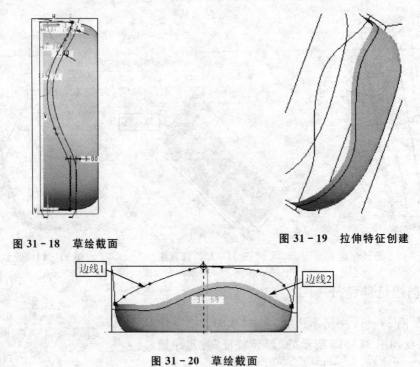

图 31-18　草绘截面　　　　　　图 31-19　拉伸特征创建

图 31-20　草绘截面

(7) 创建边界混合特征

选择"插入"→"边界混合"菜单项或单击"特征"工具栏"边界混合"工具按钮，出现如图 31-21 所示"边界混合特征"控制面板。然后按住 Ctrl 键,选择如图 31-20 所示的边线 1 和边线 2 为第一方向链参考,完毕后直接单击"确认"按钮✓完成边界混合特征创建,如图 31-22 所示。

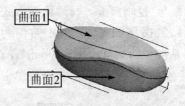

图 31-21　"边界混合特征"控制面板　　　图 31-22　边界混合特征创建

(8) 创建合并特征

按住 Ctrl 键,选中如图 31-22 所示曲面 1 和曲面 2,然后选择"编辑"→"合并"菜单项或单击"特征"工具栏"合并"工具按钮，直接单击"确认"按钮✓完成合并特征。

(9) 创建倒圆角特征

选择"插入"→"倒圆角"菜单项或单击工具栏的"倒圆角"工具按钮，选择曲面 1 和曲面 2 交线为参照,输入半径值 2,完毕后直接单击"确认"按钮✓完成倒角。

(10) 创建草绘特征

单击"特征"工具栏"草绘"工具按钮，选择 TOP 基准平面为草绘平面，单击"草绘"按钮，草绘截面如图 31-23 所示。完毕后单击"确认"按钮✓，完成草绘。

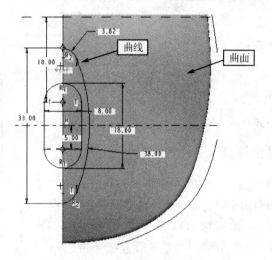

图 31-23 草绘截面

(11) 创建投影特征

选择"编辑"→"投影"菜单项，出现如图 31-24 所示"投影特征"控制面板，单击"参照"按钮，出现如图 31-25 所示"参照"上滑面板，选择"投影链"选项，选择如图 31-23 曲线为投影链，选择如图 31-23 所示曲面为投影曲面，TOP 基准平面为投影方向。完毕后单击"确认"按钮✓完成投影特征创建，如图 31-26 所示。

图 31-24 "投影特征"控制面板

图 31-25 "参照"上滑面板

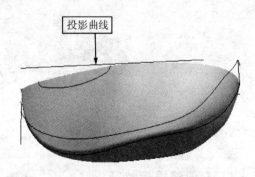

图 31-26 投影特征创建

(12) 创建基准点特征

选择"插入"→"模型基准"→"点"菜单项或单击工具栏的"基准点"工具按钮,分别选择图 31-26 所示中的投影曲线两个端点为参照,然后单击"确定"按钮。完成基准点 PNT0 和 PNT1 创建。

(13) 创建草绘特征

单击"特征"工具栏"草绘"工具按钮,选择 RIGHT 基准平面为草绘平面,单击"草绘"按钮,草绘截面如图 31-27 所示。完毕后单击"确认"按钮,完成草绘。

(14) 创建边界混合特征

选择"插入"→"边界混合"菜单项或单击"特征"工具栏"边界混合"工具按钮,出现如图 31-28 所示"边界混合特征"控制面板。然后按住 Ctrl 键,选择步骤(11)中的投影曲线和步骤(13)中的草绘曲线为第一方向链参考,完毕后直接单击"确认"按钮完成边界混合特征创建,如图 31-29 所示。

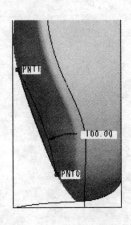

图 31-27 草绘截面

(15) 创建合并特征

按住 Ctrl 键,选中如图 31-29 所示曲面 1 和边界混合曲面,然后选择"编辑"→"合并"菜单项或单击"特征"工具栏"合并"工具按钮,直接单击"确认"按钮完成合并特征。

图 31-28 "边界混合特征"控制面板

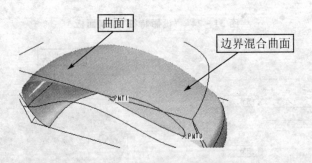

图 31-29 边界混合特征创建

(16) 创建镜像特征

选择合并曲面,然后选择"编辑"→"镜像"菜单项或单击"特征"工具栏"镜像"工具按钮,选择 RIGHT 基准平面为镜像平面,完毕后直接单击"确认"按钮完成镜像特征创建,如

图 31-30 所示。

(17) 创建合并特征

按住 Ctrl 键，选中上一步骤合并曲面和镜像曲面，然后选择"编辑"→"合并"菜单项或单击"特征"工具栏"合并"工具按钮，完成合并特征。

(18) 创建填充特征

选择"编辑"→"填充"菜单项，出现如图 31-31 所示"填充特征"控制面板。单击"参照"按钮，选择 TOP 基准平面为草绘平面，草绘截面如图 31-32 所示。完毕后单击"确认"按钮，最后单击"确认"按钮完成填充，如图 31-33 所示。

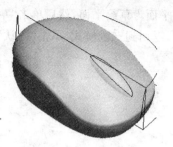

图 31-30 镜像特征创建

图 31-31 "填充特征"控制面板

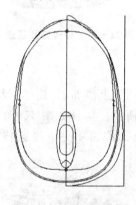

图 31-32 草绘截面

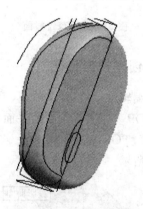

图 31-33 填充特征创建

(19) 创建合并特征

按住 Ctrl 键，选中前面步骤的合并曲面和填充曲面，然后选择"编辑"→"合并"菜单项或单击"特征"工具栏"合并"工具按钮，完成合并特征。

(20) 创建基准平面特征

选择"插入"→"模型基准"→"平面"菜单项或单击工具栏的"基准平面"工具按钮，出现基准平面对话框。选择 FRONT 基准平面为参照，设置如图 31-34 所示。然后单击"确定"按钮，完成基准平面 DTM2 创建。

图 31-34 "基准平面"对话框

(21) 创建旋转特征

选择"插入"→"旋转"菜单项或单击"特征"工具栏"旋转"工具按钮，出现如图 31-35 所示"旋转命令"控制面板，选择"实体方式"按钮。单击"位置"→"定义"选项，选择 DTM2 基准平面为草绘平面,然后单击"草绘"按钮,草绘截面如图31-36所示,完毕后单击"确认"按钮✓,返回到三维模式,单击"确认"按钮✓,如图31-37所示。

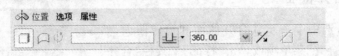

图31-35 "旋转命令"控制面板

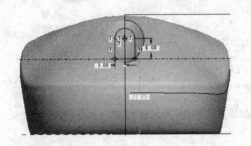

图31-36 草绘截面

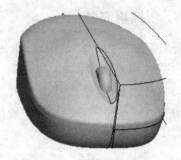

图31-37 旋转特征创建

(22) 创建投影特征

选择"编辑"→"投影"菜单项,单击"参照"按钮,出现"参照"上滑面板,选择"投影草绘"选项,选择TOP基准平面为草绘平面,草绘截面如图31-38所示。选择如图31-38所示曲面为投影曲面,TOP基准平面为投影方向。完毕后单击"确认"按钮✓完成投影特征创建,如图31-39所示。

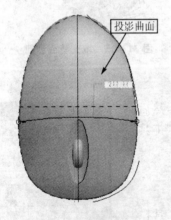

图31-38 草绘截面

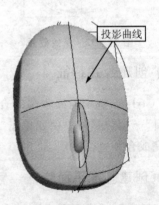

图31-39 投影特征创建

(23) 创建可变剖面扫描特征

选择"插入"→"可变剖面扫描"菜单项或单击"特征"工具栏"可变剖面扫描"工具按钮,出现如图31-40所示"可变剖面扫描命令"控制面板,选择"曲面方式"按钮和"去除材料"按钮。然后选择如图31-38所示投影曲面为"面组"参照,单击"参照"选项,系统弹出"参照"上滑面板,先选择上

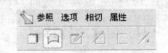

图31-40 "可变剖面扫描命令"控制面板

一步创建的投影曲线为原点轨迹,然后单击"创建或编辑扫描剖面"工具按钮,草绘剖面如图 31-41 所示,完毕后单击"确认"按钮✓,返回到三维模式,单击"确认"按钮✓,如图 31-42 所示。

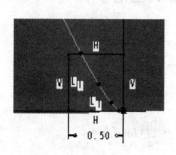

图 31-41　草绘剖面

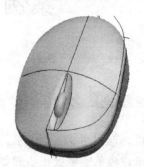

图 31-42　可变剖面扫描特征创建

31.3　简单渲染

选择"视图"→"颜色外观"菜单项,出现"外观编辑器"对话框,设置如图 31-43 所示参数,"指定"颜色到"零件"模型,完毕后单击"应用"按钮,结果如图 31-44 所示。

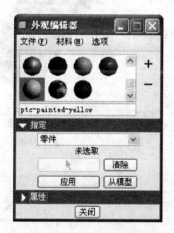

图 31-43　"外观编辑器"对话框

图 31-44　鼠　标

案例 32　打火机建模

32.1　模型分析

打火机外形如图 32-1 所示,由机身、挡风壳等基本结构特征组成。

打火机建模的主要操作步骤如下:
① 创建拉伸特征。
② 创建抽壳特征。
③ 创建拉伸特征。
④ 创建倒圆角特征。
⑤ 创建拉伸特征。
⑥ 创建倒圆角特征。
⑦ 创建基准面特征。
⑧ 创建拉伸特征。
⑨ 创建合并特征。
⑩ 创建偏移特征。
⑪ 创建加厚特征。
⑫ 创建拉伸特征。
⑬ 创建镜像特征。
⑭ 创建旋转特征。
⑮ 简单渲染。

图 32-1　打火机模型

32.2　创建打火机

(1) 新建文件

启动 Pro/E Wildfire 4.0,单击工具栏"新建"工具按钮,或单击"文件"→"新建"菜单项。选择系统默认"零件"选项,子类型"实体"方式,"名称"文本框中输入 dahuoji,同时注意不勾选"使用缺省模板"复选框。选择公制模板 mmns-part-solid,然后单击"确定"按钮。

(2) 创建拉伸特征

选择"插入"→"拉伸"菜单项或单击"特征"工具栏"拉伸"工具按钮,出现如图 32-2 所示"拉伸命令"控制面板,选择"实体方式"按钮,输入深度值 70,然后单击"放置"→"定义"选项,选择 TOP 基准平面为草绘平面,单击"草绘"按钮。然后绘制如图 32-3 所示截面,完毕后单击"确认"按钮，进入三维模式，直接单击"确认"按钮，结果如图32-4所示。

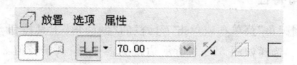

图32-2 "拉伸命令"控制面板

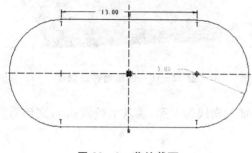

图32-3 草绘截面

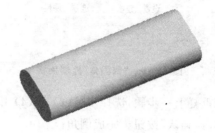

图32-4 拉伸特征创建

(3) 创建壳特征

选择"插入"→"壳"菜单项，或单击工具栏"壳"工具按钮，出现如图32-5所示控制面板，设置壳壁厚度值为0.5。按住Ctrl键，在工作区选择如图32-4所示拉伸特征的两个断面为移除面，单击"确认"按钮，完成抽壳特征创建，如图32-6所示。

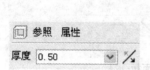

图32-5 "壳"控制面板

图32-6 壳特征创建

(4) 创建拉伸特征

选择"插入"→"拉伸"菜单项或单击"特征"工具栏"拉伸"工具按钮，选择"实体方式"按钮，输入深度值3，然后单击"放置"→"定义"选项，选择TOP基准平面为草绘平面，单击"草绘"按钮。然后绘制如图32-7所示截面，完毕后单击"确认"按钮，进入三维模式，直接单击"确认"按钮，结果如图32-8所示。

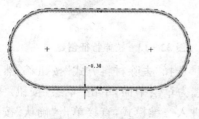

图32-7 草绘截面

图32-8 拉伸特征创建

(5) 创建倒圆角特征

选择"插入"→"倒圆角"菜单项或单击工具栏的"倒圆角"工具按钮，出现如图32-9所示"倒圆角"控制面板。选择如图32-8所示边线为参照，输入半径值2，完毕后直接单击"确认"按钮完成倒角，如图32-10所示。

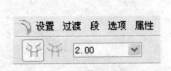

图32-9 "倒圆角"控制面板

图32-10 倒圆角特征创建

重复上一步骤，选择步骤(2)和(4)中拉伸特征的交线为参照，输入半径值0.1，完毕后直接单击"确认"按钮完成倒角。

(6) 创建拉伸特征

选择"插入"→"拉伸"菜单项或单击"特征"工具栏"拉伸"工具按钮，出现如图32-11所示"拉伸命令"控制面板，选择"实体方式"按钮，指定拉伸为"对称方式"按钮，深度值为19.30，选择"去除材料"按钮，然后单击"放置"→"定义"选项，选择FRONT基准平面为草绘平面，单击"草绘"按钮。然后绘制截面如图32-12所示，完毕后单击"确认"按钮，进入三维模式，直接单击"确认"按钮，结果如图32-13所示。

图32-11 "拉伸命令"控制面板

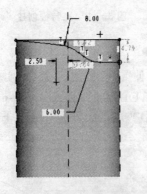

图32-12 草绘截面

图32-13 拉伸特征创建

重复上一步骤，选择"实体方式"按钮，输入深度值1，选择"去除材料方式"按钮，然后单击"放置"→"定义"选项，选择步骤(4)中拉伸特征的外端为草绘平面，单击"草绘"按钮。然后绘制如图32-14所示截面，完毕后单击"确认"按钮，进入三维模式，直接单击"确认"按钮，结果如图32-15所示。

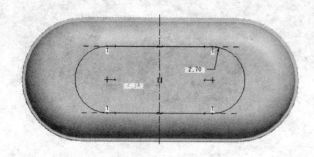
图32-14 草绘截面

图32-15 拉伸特征创建

(7) 创建倒圆角特征

选择"插入"→"倒圆角"菜单项或单击工具栏的"倒圆角"工具按钮，选择如图32-15中创建拉伸特征产生的边线为参照，输入半径值0.3，完毕后直接单击"确认"按钮完成倒角。

(8) 创建拉伸特征

选择"插入"→"拉伸"菜单项或单击"特征"工具栏"拉伸"工具按钮，出现如图32-16所示"拉伸命令"控制面板，选择"实体方式"按钮，输入深度值39，然后单击"放置"→"定义"选项，选择 TOP 基准平面为草绘平面，单击"草绘"按钮。然后绘制如图32-17所示截面，完毕后单击"确认"按钮，进入三维模式，直接单击"确认"按钮，结果如图32-18所示。

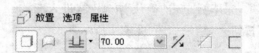
图32-16 "拉伸命令"控制面板

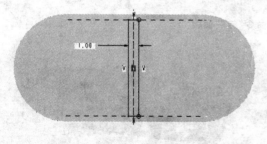
图32-17 草绘截面

图32-18 拉伸特征创建

(9) 创建倒圆角特征

选择"插入"→"倒圆角"菜单项或单击工具栏的"倒圆角"工具按钮，出现如图32-19所示"倒圆角"控制面板。按住 Ctrl 键，选择如图32-18所示边线为参照，然后单击设"设置"按钮，弹出上滑面板，直接单击"完全倒圆角"按钮，完毕后直接单击"确认"按钮完成倒角，结果如图32-20所示。

图 32-19 "倒圆角"控制面板

图 32-20 倒圆角特征创建

(10) 创建基准平面特征

选择"插入"→"模型基准"→"平面"菜单项或单击工具栏的"基准平面"工具按钮,出现如图 32-21 所示"基准平面"对话框。选择 TOP 基准平面为参照,输入平移距离值 80,然后单击"确定"按钮。完成基准平面 DTM1 创建。

(11) 创建拉伸特征

选择"插入"→"拉伸"菜单项或单击"特征"工具栏"拉伸"工具按钮,出现如图 32-22 所示"拉伸命令"控制面板,选择"实体方式"按钮,输入深度值 5,然后单击"放置"→"定义"选项,选择 DTM1 基准平面为草绘平面,单击"草绘"按钮。然后绘制截面如图 32-23 所示,完毕后单击"确认"按钮,进入三维模式,直接单击"确认"按钮,结果如图 32-24 所示。

图 32-21 "基准平面"对话框

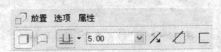

图 32-22 "拉伸命令"控制面板

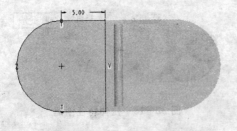

图 32-23 草绘截面

图 32-24 拉伸特征创建

重复上一步骤,指定拉伸为"对称方式"按钮,深度值为 32.68,选择"去除材料"按钮,然后单击"放置"→"定义"选项,选择 FRONT 基准平面为草绘平面,单击"草绘"按钮。然后绘制截面如图 32-25 所示,完毕后单击"确认"按钮,进入三维模式,直接单击"确认"按钮,结果如图 32-26 所示。

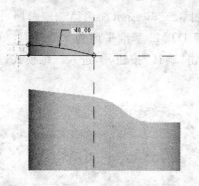

图 32-25 草绘截面

图 32-26 拉伸特征创建

重复上一步骤,然后绘制截面如图 32-27 所示,完成拉伸特征如图 32-28 所示。

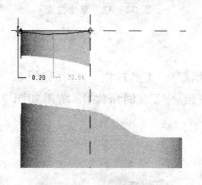

图 32-27 草绘截面

图 32-28 拉伸特征

(12) 创建基准平面特征

选择"插入"→"模型基准"→"平面"菜单项或单击工具栏的"基准平面"工具按钮,选择 DTM1 基准平面为参照,输入平移距离值 5,出现如图 32-29 所示"基准平面"对话框。然后单击"确定"按钮。完成基准平面 DTM2 创建,如图 32-30 所示。

图 32-29 "基准平面"对话框

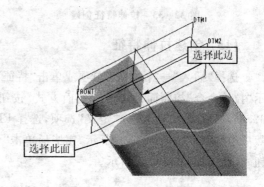

图 32-30 基准平面创建

(13) 创建拉伸特征

选择"插入"→"拉伸"菜单项或单击"特征"工具栏"拉伸"工具按钮,选择"实体方式"按钮,选择"拉伸至点、曲线、平面方式"选项,然后单击"选项"按钮,出现上滑面板,选择如

图32-30所示边线为第一侧参照,然后同样选择如图32-30所示面为第二侧参照,设置如图32-31所示。然后单击"放置"→"定义"选项,选择DTM2基准平面为草绘平面,单击"草绘"按钮。然后绘制如图32-32所示截面,完毕后单击"确认"按钮✓,进入三维模式,直接单击"确认"按钮✓,结果如图32-33所示。

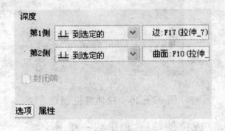

图32-31 上滑面板

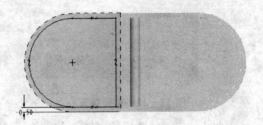

图32-32 草绘截面

(14) 创建倒圆角特征

选择"插入"→"倒圆角"菜单项或单击工具栏的"倒圆角"工具按钮,选择如图32-33所示边线为参照,输入1.2,完毕后直接单击"确认"按钮✓完成倒角操作,结果如图32-34所示。

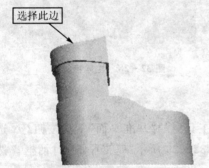

图32-33 拉伸特征创建

图32-34 倒圆角特征创建

(15) 创建拉伸特征

选择"插入"→"拉伸"菜单项或单击"特征"工具栏"拉伸"工具按钮,出现如图32-35所示"拉伸命令"控制面板,选择"曲面方式"按钮,指定拉伸为"对称方式"按钮,深度值为32.86,然后单击"放置"→"定义"选项,选择FRONT基准平面为草绘平面,单击"草绘"按钮。然后绘制截面如图32-36所示,完毕后单击"确认"按钮✓,进入三维模式,直接单击"确认"按钮✓,结果如图32-37所示。

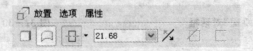

图32-35 "拉伸命令"控制面板

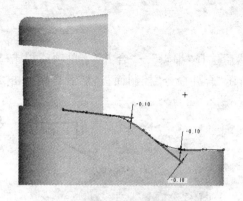
图 32-36 草绘截面

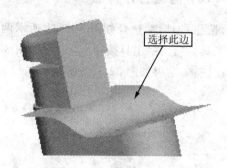
图 32-37 拉伸特征创建

重复上一步骤,选择"曲面方式"按钮,选择"拉伸至选定的点、曲线、平面和曲面方式"按钮,选择如图 32-37 所示面为参照,然后单击"放置"→"定义"选项,选择 DTM1 基准平面为草绘平面,单击"草绘"按钮。然后绘制如图 32-38 所示截面,完毕后单击"确认"按钮,进入三维模式,直接单击"确认"按钮,结果如图 32-39 所示。

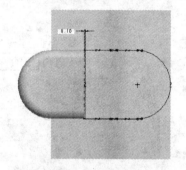
图 32-38 草绘截面

图 32-39 拉伸特征创建

重复上一步骤,选择"曲面方式"按钮,指定拉伸为"对称方式"按钮,深度值为 22.20,然后单击"放置"→"定义"选项,选择 FRONT 基准平面为草绘平面,单击"草绘"按钮。然后绘制截面如图 32-40 所示,完毕后单击"确认"按钮,进入三维模式,直接单击"确认"按钮,结果如图 32-41 所示。

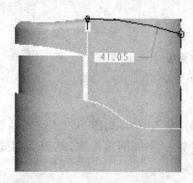
图 32-40 草绘截面

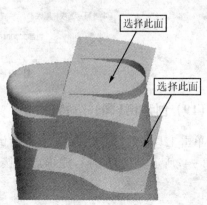
图 32-41 拉伸特征创建

(16) 创建合并特征

按住 Ctrl 键,选择如图 32-41 所示两个面,然后选择"编辑"→"合并"菜单项或单击"特征"工具栏"合并"工具按钮,出现如图 32-42 所示"合并命令"控制面板,然后直接单击"确认"按钮,结果如图 32-43 所示。

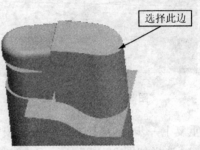

图 32-42 "合并"控制面板　　　　图 32-43 合并特征创建

(17) 创建倒圆角特征

选择"插入"→"倒圆角"菜单项或单击工具栏的"倒圆角"工具按钮,选择如图 32-43 所示边线为参照,输入 1.2,完毕后直接单击"确认"按钮完成倒角操作,结果如图 32-44 所示。

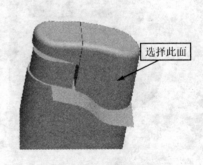

(18) 创建偏移特征

选择如图 32-44 所示曲面,然后选择"编辑"→"偏移"菜单项,在"偏移"控制面板中选择具有拔模特征按钮,输入偏距值 0.6,如图 32-45 所示。然后单击

图 32-44 倒圆角特征创建

"参照"→"定义"选项,选择 FRONT 基准平面为草绘平面,单击"草绘"按钮。然后绘制如图 32-46 所示截面,完毕后单击"确认"按钮,进入三维模式,直接单击"确认"按钮,结果如图 32-47 所示。

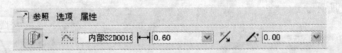

图 32-45 "偏移"控制面板

(19) 创建倒(圆)角特征

单击工具栏的"倒角"命令,选择倒角方式 45×D,输入 0.6,如图 32-48 所示,选择如图 32-47 所示交线为参照,完毕后直接单击"确认"按钮完成倒角操作,结果如图 32-49 所示。

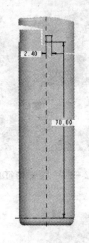

图 32-46 草绘截面

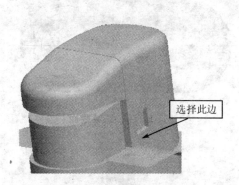

图 32-47 偏移特征创建

图 32-48 "倒角"控制面板

图 32-49 倒角特征创建

接着选择"插入"→"倒圆角"菜单项或单击工具栏的"倒圆角"工具按钮，在控制面板中输入 0.2，按住 Ctrl 键，选择偏移特征的其他所有边线和交线，完毕后直接单击"确认"按钮完成倒角。

重复步骤(18)和(19)，在另一侧也创建偏移特征。

(20) 创建加厚特征

选择如图 32-44 所示曲面，接着选择"编辑"→"加厚"菜单项，输入厚度 0.3，完毕后直接单击"确认"按钮完成加厚特征创建。

(21) 创建拉伸特征

选择"插入"→"拉伸"菜单项或单击"特征"工具栏"拉伸"工具按钮，选择"实体方式"按钮，输入深度值 5，选择"去除材料"按钮，然后单击"放置"→"定义"选项，选择 DTM1 基准平面为草绘平面，单击"草绘"按钮。然后绘制如图 32-50 所示截面，完毕后单击"确认"按钮，进入三维模式，直接单击"确认"按钮，结果如图 32-51 所示。

重复上一过程，输入深度值 22.2，选择 RIGHT 基准平面为草绘平面，然后绘制截面如图 32-52 所示，完毕后单击"确认"按钮，进入三维模式，直接单击"确认"按钮，结果如图 32-53 所示。

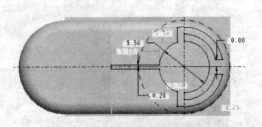

图 32-50 草绘截面

图 32-51 拉伸特征创建

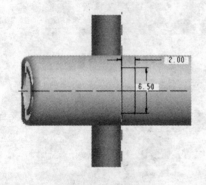

图 32-52 草绘截面

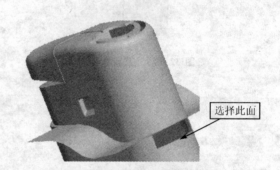

图 32-53 拉伸特征创建

重复上一步骤,输入深度值 2,但此步不选择"去除材料"按钮,然后单击"放置"→"定义"选项,选择如图 32-53 所示平面为草绘平面,单击"草绘"按钮。然后绘制如图 32-54 所示截面,完毕后单击"确认"按钮,进入三维模式,直接单击"确认"按钮,结果如图 32-55 所示。

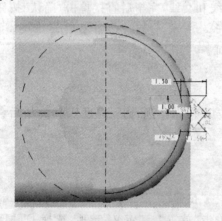

图 32-54 草绘截面

图 32-55 拉伸特征创建

(22) 创建倒圆角特征

选择"插入"→"倒圆角"菜单项或单击工具栏的"倒圆角"工具按钮,在控制面板中输入 0.15,按住 Ctrl 键,选择图 32-55 中拉伸特征的三角槽顶和槽底交线,完毕后直接单击"确认"按钮完成倒角。

(23) 创建拉伸特征

选择"插入"→"拉伸"菜单项或单击"特征"工具栏"拉伸"工具按钮，选择"实体方式"按钮，选择"穿透方式"按钮，选择"去除材料"按钮，然后单击"放置"→"定义"选项，选择 RIGHT 基准平面为草绘平面，单击"草绘"按钮。然后绘制如图 32-56 所示截面，完毕后单击"确认"按钮，进入三维模式，直接单击"确认"按钮，结果如图 32-57 所示。

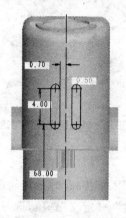
图 32-56 草绘截面

图 32-57 拉伸特征创建

(24) 创建基准轴和基准平面特征

选择"插入"→"模型基准"→"轴"菜单项或单击工具栏的"基准轴"工具按钮，选择 RIGHT 和 FRONT 基准平面为参照，然后单击"确定"按钮，完成基准轴 A_1。

选择"插入"→"模型基准"→"平面"菜单项或单击工具栏的"基准平面"工具按钮，选择 FRONT 基准平面和 A_2 基准轴为参照，旋转输入 45，然后单击"确定"按钮，完成基准平面 DTM4。

(25) 创建拉伸特征

选择"插入"→"拉伸"菜单项或单击"特征"工具栏"拉伸"工具按钮，选择"穿透方式"按钮，选择"去除材料"按钮，然后单击"放置"→"定义"选项，选择 DTM4 基准平面为草绘平面，单击"草绘"按钮。然后绘制如图 32-58 所示截面，完毕后单击"确认"按钮，进入三维模式，直接单击"确认"按钮，结果如图 32-59 所示。

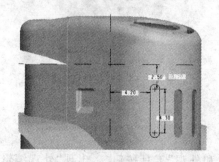
图 32-58 草绘截面

图 32-59 拉伸特征创建

(26) 创建镜像特征

选择上一步创建的拉伸特征,然后选择"编辑"→"镜像"菜单项或单击"特征"工具栏"镜像"工具按钮,出现如图 32-60 所示"镜像命令"控制面板,选择 FRONT 基准平面为镜像平面,完毕后直接单击"确认"按钮完成镜像特征创建,结果如图 32-61 所示。

图 32-60 "镜像命令"控制面板　　图 32-61 镜像特征创建

(27) 创建旋转特征

选择"插入"→"旋转"菜单项或单击"特征"工具栏"旋转"工具按钮,出现如图 32-62 所示"旋转命令"控制面板,选择"实体方式"按钮。单击"位置"→"定义"选项,选择 FRONT 基准平面为草绘平面,然后单击"草绘"按钮,草绘如图 32-63 所示截面,完毕后单击"确认"按钮,返回到三维模式,单击"确认"按钮,结果如图 32-64 所示。

图 32-62 "旋转命令"控制面板

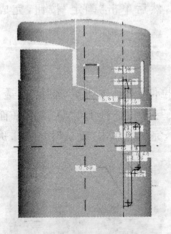

图 32-63 草绘截面　　图 32-64 旋转特征创建

32.3 简单渲染

选择"视图"→"颜色和外观"菜单项或单击"颜色和外观"工具按钮,出现"外观编辑器"对话框,如图 32-65 所示,选择 ptc_metallic_steel_light 材料,分配外观为"零件"或者"面",选择用户喜欢的颜色进行渲染,最后单击"应用"按钮,结果如图32-66所示。

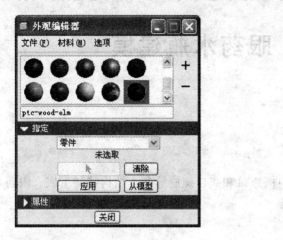

图32-65 "外观编辑器"对话框

图32-66 打火机

案例 33　眼药水瓶建模

33.1　模型分析

眼药水瓶外形如图 33-1 所示,由瓶身、瓶口和瓶口螺旋等基本结构特征组成。眼药水瓶建模的主要操作步骤如下：

① 创建草绘特征。
② 创建基准平面特征。
③ 创建可变剖面扫描特征。
④ 创建拉伸特征。
⑤ 创建修剪特征。
⑥ 创建边界混合特征。
⑦ 创建基准点特征。
⑧ 创建基准线特征。
⑨ 创建镜像特征。
⑩ 创建基准轴特征。
⑪ 创建基准线特征。
⑫ 创建边界混合特征。
⑬ 创建旋转特征。
⑭ 创建螺旋扫描特征。
⑮ 简单渲染。

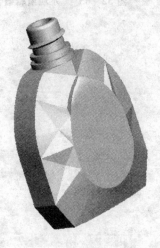

图 33-1　眼药水瓶模型

33.2　创建眼药水瓶

(1) 新建文件

启动 Pro/E Wildfire 4.0,单击工具栏"新建"工具按钮,或单击"文件"→"新建"菜单项。选择系统默认"零件"选项,子类型"实体"方式,"名称"文本框中输入 yanyaoshuiping,同时注意不勾选"使用缺省模板"复选框。选择公制模板 mmns-part-solid,然后单击"确定"按钮。

(2) 创建草绘特征

单击"特征"工具栏"草绘"工具按钮,选择 TOP 基准平面为草绘平面,单击"草绘"按钮,绘制截面如图 33-2 所示。完毕后单击"确认"按钮,完成草绘如图 33-3 所示。

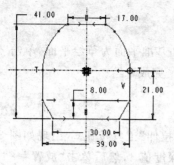

图33-2 草绘截面

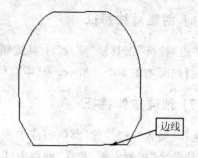

图33-3 草绘创建

(3) 创建基准平面特征

选择"插入"→"模型基准"→"平面"菜单项或单击工具栏的"基准平面"工具按钮，出现"基准平面"对话框。选择FRONT基准平面和如图33-3所示边线为参照，设置如图33-4所示参数。然后单击"确定"按钮，完成基准平面DTM1创建。

图33-4 "基准平面"对话框

(4) 创建草绘特征

单击"特征"工具栏"草绘"工具按钮，选择DTM1基准平面为草绘平面，单击"草绘"按钮，绘制截面如图33-5所示。完毕后单击"确认"按钮 ✓ 完成草绘。

图33-5 草绘截面

(5) 创建基准平面特征

选择"插入"→"模型基准"→"平面"菜单项或单击工具栏的"基准平面"工具按钮，出现"基准平面"对话框。选择TOP基准平面为参照，输入平移为5，如图33-6所示。然后单击"确定"按钮，完成基准平面DTM2创建。

图33-6 "基准平面"对话框

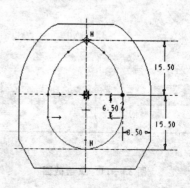

图33-7 草绘截面

(6) 创建草绘特征

单击"特征"工具栏"草绘"工具按钮，选择 DTM2 基准平面为草绘平面，单击"草绘"按钮，绘制截面如图 33-7 所示。完毕后单击"确认"按钮✔完成草绘。

(7) 创建拉伸特征

选择"插入"→"拉伸"菜单项或单击"特征"工具栏"拉伸"工具按钮，出现如图 33-8 所示"拉伸命令"控制面板，选择"曲面方式"按钮，输入深度值 4，然后单击"放置"→"定义"选项，选择 TOP 基准平面为草绘平面，单击"草绘"按钮。然后绘制如图 33-9 所示截面，完毕后单击"确认"按钮✔，进入三维模式，直接单击"确认"按钮✔，结果如图 33-10 所示。

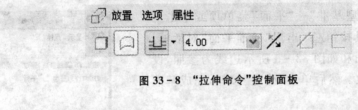

图 33-8 "拉伸命令"控制面板

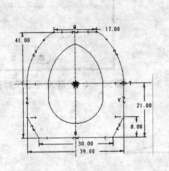

图 33-9 草绘截面

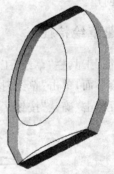

图 33-10 拉伸特征创建

重复上一步骤，选择"曲面方式"按钮和"对称方式"按钮，输入深度值 28，然后选择 RIGHT 基准平面为草绘平面，绘制截面如图 33-11 所示，最后完成如图 33-12 所示拉伸特征。

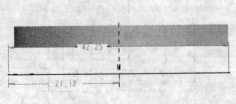

图 33-11 草绘截面

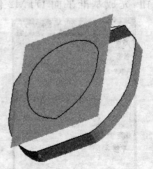

图 33-12 拉伸特征创建

(8) 创建修剪特征

选择图 33-12 中创建的拉伸特征,然后选择"编辑"→"修剪"菜单项或单击"特征"工具栏"修剪"工具按钮,出现如图 33-13 所示的"修剪特征"控制面板,选择步骤(6)中创建的草绘为修剪对象,完毕后直接单击"确认"按钮,结果如图 33-14 所示。

图 33-13 "修剪特征"控制面板　　　　图 33-14 修剪特征创建

(9) 创建草绘特征

单击"特征"工具栏"草绘"工具按钮,选择图 33-14 中所示的表面为草绘平面,单击"草绘"按钮,绘制如图 33-15 所示截面。完毕后单击"确认"按钮完成草绘,如图 33-16 所示。

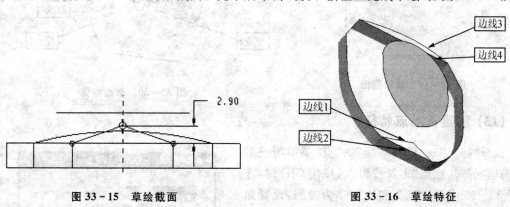

图 33-15 草绘截面　　　　图 33-16 草绘特征

(10) 创建边界混合特征

选择"插入"→"边界混合"菜单项或单击"特征"工具栏"边界混合"工具按钮,出现如图 33-17 所示"边界混合特征"控制面板。然后按住 Ctrl 键,选择图 33-16 中的边线 1 和边线 2 为第一方向链参考,完毕后直接单击"确认"按钮完成边界混合特征,如图 33-18 所示。

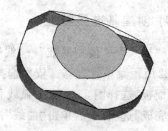

图 33-17 "边界混合特征"控制面板　　　　图 33-18 边界混合特征创建

重复上一步骤,然后按住 Ctrl 键,选择图 33-16 中的边线 3 和边线 4 为第一方向链参考,完成边界混合特征。

(11) 创建基准平面特征

选择"插入"→"模型基准"→"平面"菜单项或单击工具栏的"基准平面"工具按钮 ▱,出现"基准平面"对话框。选择 TOP 基准平面为参照,输入平移值 2.5,然后单击"确定"按钮,完成基准平面 DTM3 创建。

(12) 创建草绘特征

单击"特征"工具栏"草绘"工具按钮 ,选择 DTM3 基准平面为草绘平面,单击"草绘"按钮,绘制如图 33-19 所示截面。完毕后单击"确认"按钮 ✓ 完成草绘,如图 33-20 所示。

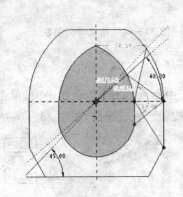

图 33-19　草绘截面

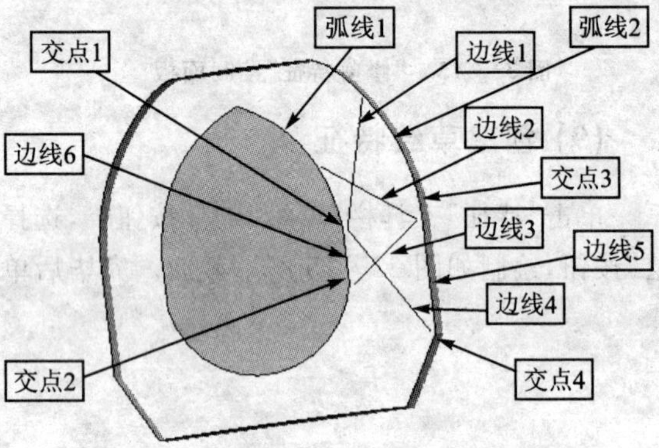

图 33-20　草绘特征

(13) 创建基准点特征

选择"插入"→"模型基准"→"点"菜单项或单击工具栏的"基准点"工具按钮 ,按住 Ctrl 键,选择图 33-20 中的边线 1 和边线 2 为参照,设置如图 33-21 所示"基准点"对话框。然后单击"确定"按钮,完成基准点 PNT0 创建。

重复上一步骤,按住 Ctrl 键,选择图 33-20 中的边线 3 和边线 4 为参照,然后单击"确定"按钮。完成基准点 PNT1 创建。

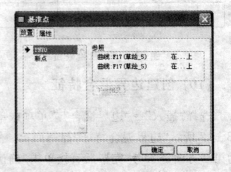

图 33-21　"基准点"对话框

(14) 创建基准线特征

选择"插入"→"模型基准"→"线"菜单项或单击工具栏的"基准线"工具按钮 ,出现如图 33-22 所示菜单管理器。依次选择"经过点"→"完成"按钮,系统弹出如图 33-23 所示"曲线"控制面板,选择图 33-20 中弧线和直线的交点 1 和 PNT1 基准点为参照,然后单击菜单管理器中"完成"选项,最后单击"曲线"控制面板中"确定"按钮。完成如图 33-24 所示基准线 1 创建。

图 33-22　菜单管理器

图 33-23　"曲线"对话框

重复上一步骤，选择图 33-20 中弧线和直线的交点 2 和 PNT1 基准点为参照，完成基准线 2 的创建，如图 33-25 所示。

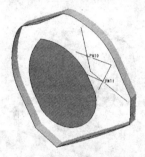

图 33-24　基准曲线创建

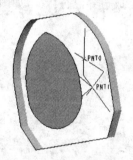

图 33-25　基准曲线创建

重复上一步骤，选择图 33-20 中弧线和直线的交点 3 和 PNT1 基准点为参照，完成基准线 3 的创建，如图 33-26 所示。

重复上一步骤，分别选择图 33-20 中交点 4 和 PNT1 基准点、交点 2 和交点 4、交点 1 和交点 3、交点 1 和 PNT0、交点 3 和 PNT0 为参照，完成基准线 4～基准线 8 的创建，如图 33-27 所示。

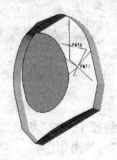

图 33-26　基准曲线创建

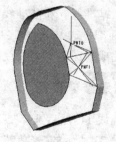

图 33-27　基准曲线创建

(15) 创建基准点特征

选择"插入"→"模型基准"→"点"菜单项或单击工具栏的"基准点"工具按钮，按住 Ctrl 键，选择图 33-20 中的弧线 1 和边线 2 为参照，然后单击"确定"按钮，完成基准点 PNT2 的创建。

重复上一步骤，按住 Ctrl 键，选择图 33-20 中的弧线 2 和边线 1 为参照，然后单击"确定"按钮，完成基准点 PNT3 的创建。

(16) 创建基准线特征

按照步骤(14)，分别选择 PNT2 和 PNT0 基准点、PNT3 和 PNT0、PNT2 和 PNT3 为参照，完成基准线分别为基准线 9～基准线 11。

(17) 创建边界混合特征

选择"插入→边界混合"菜单项或单击"特征"工具栏"边界混合"工具按钮，出现如图 33-28 所示"边界混合特征"控制面板。然后按住 Ctrl 键，选择基准线 2 和基准线 4 为第一方向链参考，然后在第二方向链框中单击，选择基准线 5 为第二方向链，完毕后直接单击"确认"按钮✓完成边界混合特征，如图 33-29 所示。

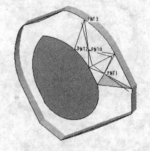

图 33-28 "边界混合特征"控制面板

图 33-29 边界混合特征创建

重复上一步骤，然后按住 Ctrl 键，选择基准线 3 和基准线 4 为第一方向链参考，然后在第二方向链框中单击，选择图 33-20 中边线 5 为第二方向链，完成边界混合特征创建。

重复上一步骤，分别选择基准线 1 和基准线 2、基准线 1 和基准线 6、基准线 6 和基准线 7 为第一方向链参考，分别对应选择图 33-20 中边线 6、基准线 3、基准线 8 为为第二方向链。完成如图 33-30 所示边界混合特征。

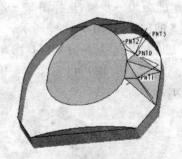

图 33-30 边界混合特征创建

(18) 创建修剪特征

选择基准线 11，然后选择"编辑"→"修剪"菜单项或单击特征工具栏"修剪"工具按钮，出现如图 33-31 所示的"修剪特征"控制面板，单击"参照"按钮，弹出如图 33-32 所示的上滑面板，首先选中"修剪的曲线"选项框，然后选择图 33-20 中的弧线 1，然后选中"修剪对象"选项框，选择基准线 11 为修剪对象(注意箭头方向朝向 PNT1 方向)，完毕后直接单击"确认"按钮✓完成修剪特征。

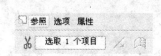

图 33-31 "修剪特征"控制面板

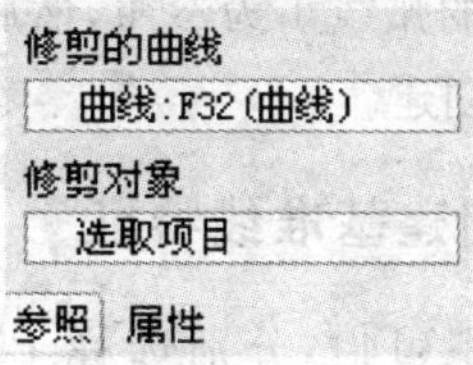

图 33-32 "参照"上滑面板

(19) 创建边界混合特征

按照步骤(17)，按住 Ctrl 键，分别选择基准线 7 和基准线 9、基准线 9 和基准线 10 为第一方向链参考，然后在"第二方向链"选项框中单击，对应选择图 33-20 中的弧线 1、基准线 11 为第二方向链，完毕后直接单击"确认"按钮 完成边界混合特征，如图 33-33 所示。

(20) 创建修剪特征

选择草绘 1，然后选择"编辑"→"修剪"菜单项或单击"特征"工具栏"修剪"工具按钮 ，在出现的"修剪特征"控制面板中单击"参照"按钮，弹出如图 33-34 所示的上滑面板，首先选中"修剪的曲线"选项框，然后选择图 33-20 中的弧线 2，然后选中"修剪对象"选项框，选择基准线 11 为修剪对象（注意箭头方向朝向 PNT1 方向），完毕后直接单击"确认"按钮 完成修剪特征。

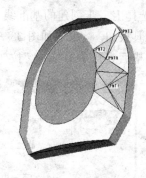

图 33-33 边界混合特征创建

(21) 创建边界混合特征

按照步骤(17)，按住 Ctrl 键，选择基准线 10 和基准线 8 为第一方向链参考，然后在第二方向链框中单击，选择图 33-20 中对应的弧线 2 为第二方向链，完毕后直接单击"确认"按钮 完成边界混合特征创建，结果如图 33-35 所示。

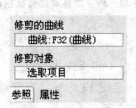

图 33-34 "参照"上滑面板

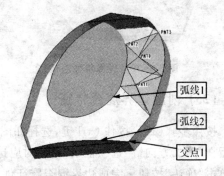

图 33-35 边界混合特征创建

(22) 创建基准点特征

选择"插入"→"模型基准"→"点"菜单项或单击工具栏的"基准点"工具按钮 ，选择

图33-35中的弧线1为参照,然后设置如图33-36所示参数。然后单击"确定"按钮,完成基准点PNT4创建。

(23) 创建基准线特征

按照步骤(14),分别选择PNT4和图33-35中的交点1为参照,完成基准线12的创建。

(24) 创建镜像特征

选择上一步创建的基准线12,然后选择"编辑"→"镜像"菜单项或单击"特征"工具栏"镜像"工具按钮 ,出现如图33-37所示"镜像命令"控制面板,选择RIGHT基准平面为镜像平面,完毕后直接单击"确认"按钮 完成镜像基准线13创建,结果如图33-38所示。

图33-36 "基准点"对话框

图33-37 "镜像命令"控制面板

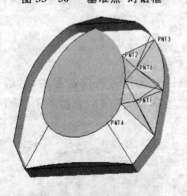

图33-38 镜像特征创建

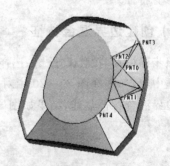

图33-39 边界混合特征创建

(25) 创建边界混合特征

按照步骤(17),按住Ctrl键,选择如图33-35中所示弧线1和弧线2为第一方向链参考,然后在"第二方向链"选项框中单击,对应选择基准线12和基准线13为第二方向链,完毕后直接单击"确认"按钮 完成边界混合特征创建,结果如图33-39所示。

重复上一步骤,完成如图33-40所示边界混合特征创建。

(26) 创建基准平面特征

选择"插入"→"模型基准"→"平面"菜单项或单击工具栏的"基准平面"工具按钮 ,出现

"基准平面"对话框。选择 TOP 基准平面为参照,设置如图 33-41 所示。然后单击"确定"按钮,完成基准平面 DTM4 创建。

(27) 创建基准轴特征

选择"插入"→"模型基准"→"轴"菜单项或单击工具栏的"基准轴"工具按钮,出现"基准轴"对话框。选择如图 33-40 所示的顶点和 DTM3 基准平面为参照,设置如图 33-42 所示参数。然后单击"确定"按钮,完成基准轴 A_1 创建。

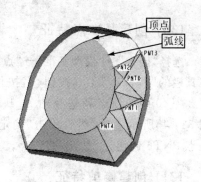

图 33-40 边界混合特征创建

图 33-41 "基准平面"对话框

图 33-42 "基准轴"对话框

(28) 创建基准点特征

选择"插入"→"模型基准"→"点"菜单项或单击工具栏的"基准点"工具按钮,按住 Ctrl 键,选择图 33-40 中的弧线和基准轴 A_1 为参照,设置如图 33-43 所示参数,然后单击"确定"按钮,完成基准点 PNT5 创建。

(29) 创建草绘特征

单击"特征"工具栏"草绘"工具按钮,选择 DTM2 基准平面为草绘平面,单击"草绘"按钮,绘制截面如图 33-44 所示。完毕后单击"确认"按钮,完成草绘。

图 33-43 基准点设置

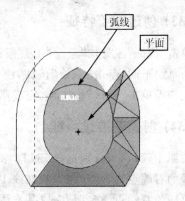

图 33-44 草绘截面

(30) 创建基准点特征

选择"插入"→"模型基准"→"点"菜单项或单击工具栏的"基准点"工具按钮，按住 Ctrl 键，选择图 33-40 中的顶点和基准轴 A_1 为参照，设置如图 33-45 所示参数，然后单击"确定"按钮，完成基准点 PNT6 创建。

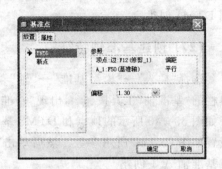

(31) 创建修剪特征

选择如图 33-44 中的平面，然后选择"编辑"→"修剪"菜单项或单击"特征"工具栏"修剪"工具按钮，在出现的"修剪特征"控制面板中单击"参照"按

图 33-45 基准点设置

钮，弹出如图 33-46 所示的"参照"上滑面板，然后选择图 33-44 中的弧线为修剪对象，完毕后直接单击"确认"按钮 完成修剪特征创建，结果如图 33-47 所示。

图 33-46 "参照"上滑面板

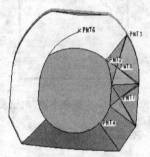

图 33-47 修剪特征创建

(32) 创建基准轴特征

选择"插入"→"模型基准"→"轴"菜单项或单击工具栏的"基准轴"工具按钮，出现"基准轴"对话框。选择 PNT6 和 PNT2 基准点为参照，完成基准轴 A_2 创建。

(33) 创建草绘特征

单击"特征"工具栏"草绘"工具按钮，选择 DTM4 基准平面为草绘平面，单击"草绘"按钮，绘制如图 33-48 所示截面。完毕后单击"确认"按钮 ，完成草绘。

(34) 创建基准线特征

按照步骤(14)，分别选择 PNT2 和如图 33-48 中创建的草绘线的右端点为参照，完成基准线 14 的创建。同样分别选择 PNT3 和如图 33-48 中创建的草绘线的右端点为参照，完成基准线 15 的创建。

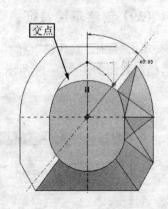

图 33-48 草绘截面

(35) 创建基准轴特征

选择"插入"→"模型基准"→"轴"菜单项或单击工具栏的"基准轴"工具按钮，出现"基准轴"对话框。选择 PNT5 和如图 33-48 中创建的草绘线的右端点为参照，完成基准轴 A_3 创建。

同样方法选择 PNT6 和如图 33-48 中交点为参照，完成基准轴 A_4 创建。

同样方法选择 PNT5 和如图 33-48 中创建的草绘线的右端点为参照，完成基准轴 A_5 创建。

(36) 创建基准线特征

选择"插入"→"模型基准"→"线"菜单项或单击工具栏的"基准线"工具按钮，出现如图 33-49 所示菜单管理器。依次选择"经过点"→"完成"选项，系统弹出如图 33-50 所示"曲线"对话框，选择 PNT2 基准点和 PNT6 基准点为参照，然后单击菜单管理器中"完成"选项。然后双击"曲线"对话框中的"扭曲"选项，出现如图 33-51 所示的"修改曲线"对话框，此时在绘图区曲线上出现两个点，拖动两个点使曲线中间向外侧拱起，然后单击"确认"按钮完成基准线 16 的创建。

图 33-49 菜单管理器

图 33-50 "曲线"对话框

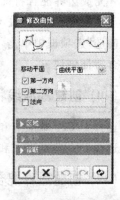
图 33-51 "修改曲线"对话框

重复上一步骤，选择 PNT6 基准点和如图 33-48 中交点为参照，创建基准线 17 如图 33-52 所示。

(37) 创建边界混合特征

按照步骤(17)，按住 Ctrl 键，选择基准线 16 和基准线 17 为第一方向链参考，然后在"第二方向链"选项框中单击，选择如图 33-52 所示弧线为第二方向链，完毕后直接单击"确认"按钮完成边界混合特征创建，结果如图 33-53 所示。

(38) 创建基准线特征

选择 PNT5 基准点和 PNT6 基准点为参照，完成基准线 18 创建。

选择 PNT5 和如图 33-48 中创建的草绘线的右端点为参照，完成基准线 19 创建。

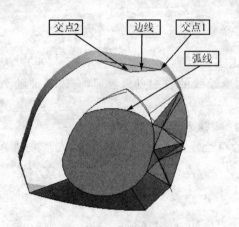

图 33-52 基准线创建

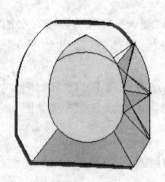

图 33-53 边界混合特征创建

(39) 创建边界混合特征

按照步骤(17),按住 Ctrl 键,选择基准线 16 和基准线 19 为第一方向链参考,然后在"第二方向链"选项框中单击,选择基准线 14 和基准线 18 为第二方向链,完毕后直接单击"确认"按钮☑完成边界混合特征创建。

重复上一步骤,按住 Ctrl 键,选择基准线 11 和基准线 14 为第一方向链参考,然后在"第二方向链"选项框中单击,选择基准线 15 为第二方向链,完毕后直接单击"确认"按钮☑完成边界混合特征创建。

(40) 创建基准线特征

选择 PNT5 基准点和如图 33-52 所示交点 1 为参照,完成基准线 20 创建。

选择 PNT5 基准点和如图 33-52 所示交点 2 为参照,完成基准线 33 创建。

(42) 创建边界混合特征

按照步骤(17),按住 Ctrl 键,选择基准线 15 和基准线 20 为第一方向链参考,然后在"第二方向链"选项框中单击,选择基准线 19 和如图 33-20 中的弧线 2 为第二方向链,完毕后直接单击"确认"按钮☑完成边界混合特征创建。

重复上一步骤,按住 Ctrl 键,选择基准线 20 和基准线 33 为第一方向链参考,然后在"第二方向链"选项框中单击,选择如图 33-52 中边线为第二方向链,完毕后直接单击"确认"按钮☑完成边界混合特征创建,如图 33-54 所示。

(43) 创建镜像特征

选择所有创建的边界混合特征(除了如图 33-54 所示的曲面外),然后选择"编辑"→"镜像"菜单项或单击"特征"工具栏"镜像"工具按钮,出现如图 33-55 所

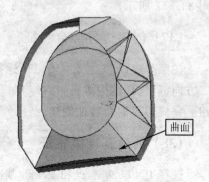

图 33-54 边界混合特征创建

示"镜像命令"控制面板,选择 RIGHT 基准平面为镜像平面,完毕后直接单击"确认"按钮 ✓ 完成镜像特征创建,结果如图 33-56 所示。

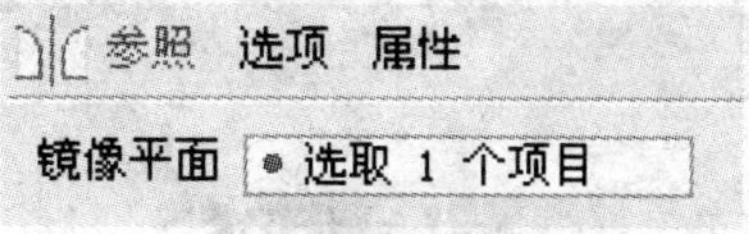

(44) 创建基准平面特征

图 33-55 "镜像命令"控制面板

选择"插入"→"模型基准"→"平面"菜单项或单击工具栏的"基准平面"工具按钮 ,出现"基准平面"对话框。选择如图 33-56 所示曲线为参照,然后单击"确定"按钮。完成基准平面 DTM5 创建。

(45) 创建镜像特征

选择如图 33-56 所示的所有特征,然后选择"编辑"→"镜像"菜单项或单击"特征"工具栏"镜像"工具按钮 ,选择 DTM5 基准平面为镜像平面,完毕后直接单击"确认"按钮 ✓ 完成镜像特征创建,结果如图 33-57 所示。

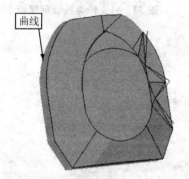

图 33-56 镜像特征创建

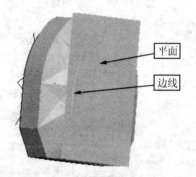

图 33-57 镜像特征创建

(46) 创建修剪特征

选择如图 33-57 所示平面,然后选择"编辑"→"修剪"菜单项或单击"特征"工具栏"修剪"工具按钮 ,在出现的"修剪特征"控制面板中单击"参照"按钮,弹出如图 33-58 所示的上滑面板,单击"细节"按钮,弹出"链"对话框,选择"基于规则"选项,然后选择如图 33-57 所示边线为修剪对象,接着单击"链"对话框中的"选项"标签,然后选中"已添加的"选项框,如图 33-59 所示,然后按住 Ctrl 键,依次选择如图 33-60 中的线条,然后单击"链"对话框中的"确定"按钮,完毕后直接单击"确认"按钮 ✓ 完成修剪特征创建,结果如图 33-61 所示。

图 33-58 "参照"上滑面板

(47) 创建旋转特征

选择"插入"→"旋转"菜单项或单击"特征"工具栏"旋转"工具按钮 ,出现如图 33-62 所示"旋转命令"控制面板,选择"实体方式"按钮 。单击"位置"→"定义"选项,选择 RIGHT 基准平面为草绘平面,然后单击"草绘"按钮,草绘如图 33-63 所示截面,完毕后单击"确认"按钮 ✓ ,返回到三维模式,单击"确认"按钮 ✓ ,结果如图 33-64 所示。

图 33-59 "链"对话框

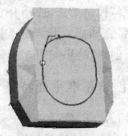

图 33-60 选择线条

图 33-61 修剪特征创建

图 33-62 "旋转命令"控制面板

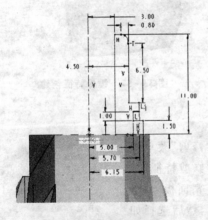

图 33-63 草绘截面

图 33-64 旋转特征创建

(48) 创建螺旋特征

选择"插入"→"螺旋扫描"→"伸出项"菜单项,系统弹出如图 33-65 所示菜单管理器和如图 33-66 所示"伸出项"对话框,在菜单管理器中直接单击"完成"选项,接着选择 RIGHT 基准平面为草绘平面,依次选择"正向"→"缺省"选项,草绘轨迹如图 33-67 所示。完毕后单击"确认"按钮✓。系统提示输入节距值,此时输入 2.5,单击"确认"按钮✓,然后绘制截面如图 33-68 所示,完毕后单击"确认"按钮✓。最后单击"伸出项"对话框中的"确定"按钮,结果如图 33-69 所示。

图 33-65 菜单管理器

图 33-66 "伸出项"对话框

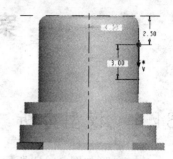
图 33-67 草绘轨迹

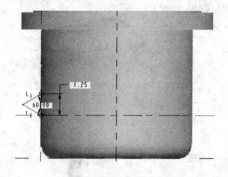
图 33-68 草绘截面

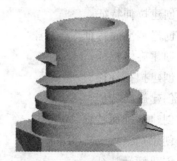
图 33-69 螺旋扫描面特征创建

33.3 简单渲染

选择"视图"→"颜色和外观"菜单项或单击"颜色和外观"工具按钮，出现"外观编辑器"对话框，如图 33-70 所示，选择 ptc_metallic_steel_light 材料，分配外观为"零件"或者"面"，选择用户喜欢的颜色进行渲染，最后单击"应用"按钮，结果如图 33-71 所示。

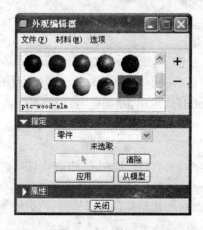
图 33-70 "外观编辑器"对话框

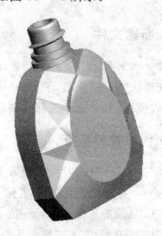
图 33-71 眼药水瓶

案例 34　台灯建模

34.1　模型分析

台灯外形如图 34-1 所示,由底座、灯罩和灯等基本结构特征组成。台灯建模的主要操作步骤如下:
① 创建拉伸特征。
② 创建基准面特征。
③ 创建旋转特征。
④ 创建扫描特征。
⑤ 创建旋转特征。
⑥ 创建基准面特征。
⑦ 创建扫描特征。
⑧ 创建旋转特征。
⑨ 创建镜像特征。
⑩ 创建基准面特征。
⑪ 创建拉伸特征。
⑫ 简单渲染。

图 34-1　台灯模型

34.2　创建台灯

(1) 新建文件

启动 Pro/E Wildfire 4.0,单击工具栏"新建"工具按钮 ,或单击"文件"→"新建"菜单项。选择系统默认"零件"选项,子类型"实体"方式,"名称"文本框中输入 taideng,同时注意不勾选"使用缺省模板"复选框。选择公制模板 mmns-part-solid,然后单击"确定"按钮。

(2) 创建拉伸特征

选择"插入"→"拉伸"菜单项或单击"特征"工具栏"拉伸"工具按钮 ,出现如图 34-2 所示"拉伸命令"控制面板,选择"实体方式"按钮 ,深度值为 10,然后单击"放置"→"定义"选项,选择 TOP 基准平面为草绘平面,单击"草绘"按钮。然后绘制如图 34-3 所示截面,完毕后单击"确认"按钮 ,进入三维模式,直接单击"确认"按钮 ,结果如图 34-4 所示。

图 34-2 "拉伸命令"控制面板

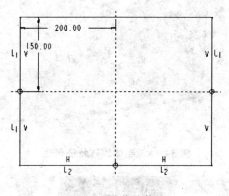

图 34-3 草绘截面

图 34-4 拉伸特征创建

(3) 创建基准面特征

选择"插入"→"模型基准"→"面"菜单项或单击"特征"工具栏"基准面"工具按钮□,选择 RIGHT 基准平面为参照,输入偏移值 100,如图 34-5 所示。完毕后单击"确定"按钮,创建基准平面 DTM1。

(4) 创建旋转特征

选择"插入"→"旋转"菜单项或单击"特征"工具栏"旋转"工具按钮,出现如图 34-6 所示"旋转命令"控制面板,选择"实体方式"按钮□。单击"位置"→"定义"选项,选择 FRONT 基准平面为草绘平面,然后单击"草绘"按钮,草绘截面如图 34-7 所示,完毕后单击"确认"按钮✓,返回到三维模式,单击"确认"按钮☑,结果如图 34-8 所示。

图 34-5 "基准平面"对话框

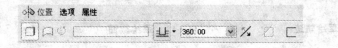

图 34-6 "旋转命令"控制面板

(5) 创建扫描特征

选择"插入"→"扫描"→"伸出项"菜单项,出现如图 34-9 所示"伸出项"对话框和 34-10 所示菜单管理器,单击"草绘轨迹"选项,选择 DTM1 为草绘平面,然后依次选择"正向"→"缺省"选项,草绘轨迹如图 34-11 所示,完毕后单击"确认"按钮✓。在菜单管理器中选择"合并端点"选项,然后草绘如图 34-12 所示截面。完毕后单击"确认"按钮✓。最后单击"扫描命令"控制面板中的"确定"按钮,完成扫描如图 34-13 所示。

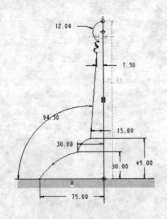

图 34-7 草绘截面

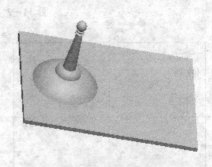

图 34-8 实体旋转特征创建

图 34-9 "伸出项"对话框

图 34-10 菜单管理器

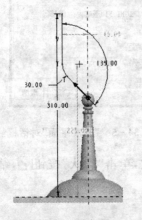

图 34-11 草绘轨迹

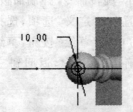

图 34-12 草绘截面

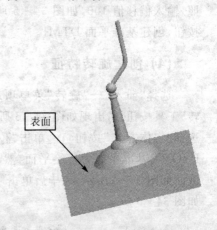

图 34-13 扫描特征创建

(6) 创建旋转特征

选择"插入"→"旋转"菜单项或单击"特征"工具栏"旋转"工具按钮,选择"实体方式"按钮。单击"位置"→"定义"选项,选择 DTM1 基准平面为草绘平面,然后单击"草绘"按钮,草绘截面如图 34-14 所示,完毕后单击"确认"按钮✓,返回到三维模式,单击"确认"按钮✓,如图 34-15 所示。

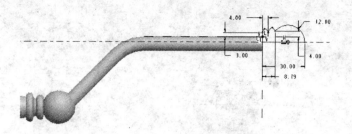
图 34-14 草绘截面

图 34-15 实体旋转特征创建

(7) 创建基准面特征

选择"插入"→"模型基准"→"面"菜单项或单击"特征"工具栏"基准面"工具按钮 ▱，选择 FRONT 基准平面为参照，输入偏移值 45，如图 34-16 所示。完毕后单击"确定"按钮，创建基准平面 DTM2。

重复上一过程，选择图 34-13 中所示的表面的相对面为参照，输入偏移值 328，如图 34-17 所示。完毕后单击"确定"按钮，创建基准平面 DTM3。

图 34-16 "基准平面"对话框

图 34-17 "基准平面"对话框

(8) 创建扫描特征

选择"插入"→"扫描"→"伸出项"菜单项，出现如图 34-18 所示"伸出项"对话框和 34-19 所示菜单管理器，单击"草绘轨迹"选项，选择 DTM3 为草绘平面，然后依次选择"正向"→"缺省"选项，草绘轨迹如图 34-20 所示，完毕后单击"确认"按钮 ✓。在菜单管理器中选择"合并端点"选项，然后草绘截面如图 34-21 所示。完毕后单击"确认"按钮 ✓。最后单击"伸出项"对话框中的"确定"按钮，完成扫描如图 34-22 所示。

图 34-18 "伸出项"对话框

图 34-19 菜单管理器

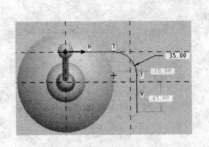
图 34-20　草绘轨迹

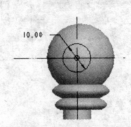
图 34-21　草绘截面

图 34-22　扫描特征创建

(9) 创建镜像特征

选择上一步创建的扫描特征，然后选择"编辑"→"镜像"菜单项或单击"特征"工具栏"镜像"工具按钮，出现如图 34-23 所示"镜像命令"控制面板，选择 DTM1 基准平面为镜像平面，完毕后直接单击"确认"按钮 ✓ 完成镜像特征创建，如图 34-24 所示。

图 34-23　"镜像命令"控制面板

图 34-24　镜像特征创建

(10) 创建旋转特征

选择"插入"→"旋转"菜单项或单击"特征"工具栏"旋转"工具按钮，选择"实体方式"按钮。单击"位置"→"定义"选项，选择 DTM3 基准平面为草绘平面，然后单击"草绘"按钮，草绘截面如图 34-25 所示，完毕后单击"确认"按钮 ✓，返回到三维模式，单击"确认"按钮 ✓，如图 34-26 所示。

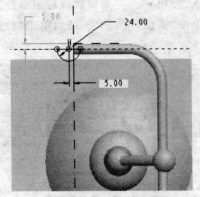

图 34-25　草绘截面

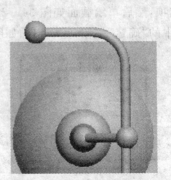

图 34-26　实体旋转特征创建

(11) 创建镜像特征

选择上一步创建的旋转特征,然后选择"编辑"→"镜像"菜单项或单击"特征"工具栏"镜像"工具按钮,出现如图34-27所示"镜像命令"控制面板,选择DTM1基准平面为镜像平面,毕后直接单击"确认"按钮完成镜像特征创建,如图34-28所示。

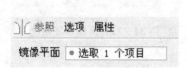

图 34-27 "镜像命令"控制面板

图 34-28 镜像特征创建

(12) 创建基准面特征

选择"插入"→"模型基准"→"面"菜单项或单击"特征"工具栏"基准面"工具按钮,选择FRONT基准平面为参照,输入偏移值50,如图34-29所示。完毕后单击"确定"按钮,创建基准平面DTM4。

(13) 创建旋转特征

选择"插入"→"旋转"工具按钮或单击"特征"工具栏"旋转"工具按钮,选择"实体方式"按钮。单击"位置"→"定义"选项,选择DTM3基准平面为草绘平面,然后单击"草绘"按钮,草绘截面如图34-30所示,完毕后单击"确认"按钮,返回到三维模式,单击"确认"按钮,如图34-31所示。

图 34-29 "基准平面"对话框

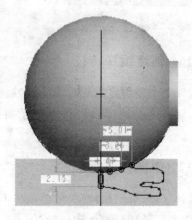

图 34-30 草绘截面

(14) 创建镜像特征

选择上一步创建的旋转特征,然后选择"编辑"→"镜像"菜单项或单击"特征"工具栏"镜像"工具按钮,选择 DTM1 基准平面为镜像平面,完毕后直接单击"确认"按钮完成镜像特征创建,如图 34-32 所示。

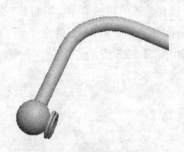
图 34-31 实体旋转特征创建

图 34-32 镜像特征创建

(15) 创建旋转特征

选择"插入"→"旋转"菜单项或单击"特征"工具栏"旋转"工具按钮,选择"实体方式"按钮。单击"位置"→"定义"选项,选择 DTM3 基准平面为草绘平面,然后单击"草绘"按钮,草绘截面如图 34-33 所示,完毕后单击"确认"按钮,返回到三维模式,单击"确认"按钮,如图 34-34 所示。

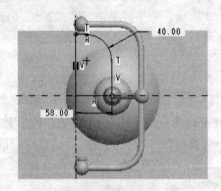
图 34-33 草绘截面

图 34-34 实体旋转特征创建

(16) 创建镜像特征

选择上一步创建的旋转特征,然后选择"编辑"→"镜像"菜单项或单击"特征"工具栏"镜像"工具按钮,选择 DTM1 基准平面为镜像平面,完毕后直接单击"确认"按钮完成镜像特征。

(17) 创建拉伸特征

选择"插入"→"拉伸"菜单项或单击"特征"工具栏"拉伸"工具按钮,出现如图 34-35 所示"拉伸命令"控制面板,选择"实体方式"按钮,指定拉伸为"对称方式",深度值为 163,选择"去除材料"按钮,然后单击"放置"→"定义"选项,选择 DTM3 基准平面为草绘平面,单击"草绘"按钮。然后绘制截面如图 34-36 所示,完毕后单击"确认"按钮,进入三维模式,直接单击"确认"按钮,结果如图 34-37 所示。

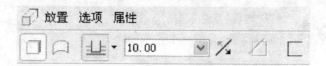

图 34 - 35 拉伸命令控制面板

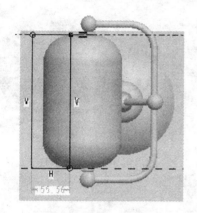

图 34 - 36 草绘截面

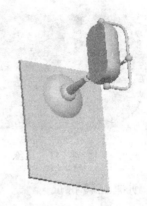

图 34 - 37 拉伸特征创建

(18) 创建旋转特征

选择"插入"→"旋转"菜单项或单击"特征"工具栏"旋转"工具按钮，选择"实体方式"按钮，选择"去除材料"按钮。单击"位置"→"定义"选项，选择 DTM3 基准平面为草绘平面，然后单击"草绘"按钮，草绘截面如图 34 - 38 所示，完毕后单击"确认"按钮，返回到三维模式，单击"确认"按钮，结果如图 34 - 39 所示。

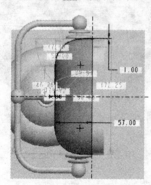

图 34 - 38 草绘截面

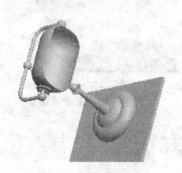

图 34 - 39 实体旋转特征创建

(19) 创建拉伸特征

选择"插入"→"拉伸"菜单项或单击"特征"工具栏"拉伸"工具按钮，选择"实体方式"按钮，指定"拉伸为拉伸至下一曲面方式"按钮，选择"去除材料"按钮，如图 34 - 40 所示"拉伸命令"控制面板，然后单击"放置"→"定义"选项，选择 DTM4 基准平面为草绘平面，单击"草绘"按钮。然后绘制截面如图 34 - 41 所示，完毕后单击"确认"按钮，进入三维模式，直接单击"确认"按钮，结果如图 34 - 42 所示。

图 34-40 "拉伸命令"控制面板

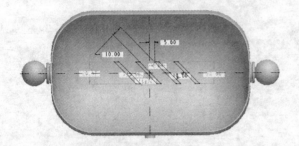

图 34-41 草绘截面

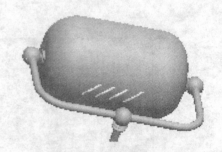

图 34-42 拉伸特征创建

(20) 创建旋转特征

选择"插入"→"旋转"菜单项或单击"特征"工具栏"旋转"工具按钮，选择"实体方式"按钮。单击"位置"→"定义"选项，选择 DTM4 基准平面为草绘平面，然后单击"草绘"按钮，草绘截面如图 34-43 所示，完毕后单击"确认"按钮，返回到三维模式，单击"确认"按钮，如图 34-44 所示。

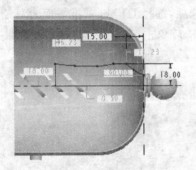

图 34-43 草绘截面

图 34-44 实体旋转特征创建

重复上一步骤，草绘截面如图 34-45 所示，完毕后单击"确认"按钮，返回到三维模式，单击"确认"按钮，结果如图 34-46 所示。

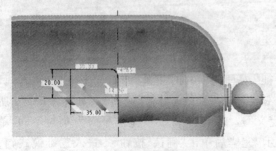

图 34-45 草绘截面

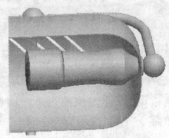

图 34-46 实体旋转特征创建

(21) 创建基准面特征

选择"插入"→"模型基准"→"面"菜单项或单击"特征"工具栏"基准面"工具按钮，选择 DTM4 基准平面为参照，输入偏移值 7.5，如图 34-47 所示。完毕后单击"确定"按钮，创建基准平面 DTM5。

(22) 创建扫描特征

选择"插入"→"扫描"→"伸出项"菜单项，出现如图 34-48 所示"伸出项"对话框和图 34-49 所示菜单管理器，单击"草绘轨迹"选项，选择 DTM5 为草绘平面，然后依次选择"正向"→"缺省"选项，草绘轨迹如图 34-50 所示，完毕后单击"确认"按钮✓。在菜单管理器中选择"合并端点"选项，然后草绘截面如图 34-51 所示。完毕后单击"确认"按钮✓。最后单击"伸出项"对话框中的"确定"按钮，完成扫描如图 34-52 所示。

图 34-47 "基准平面"对话框　　图 34-48 "伸出项"对话框　　图 34-49 "扫描轨迹"菜单管理器

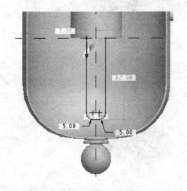 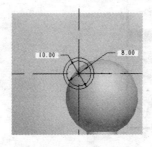 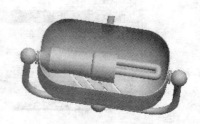

图 34-50 草绘轨迹　　图 34-51 草绘截面　　图 34-52 扫描特征创建

(23) 创建镜像特征

选择上一步创建的扫描特征，然后选择"编辑"→"镜像"菜单项或单击"特征"工具栏"镜像"工具按钮，选择 DTM4 基准平面为镜像平面，完毕后直接单击"确认"按钮✓完成镜像特征。

(24) 创建拉伸特征

选择"插入"→"拉伸"菜单项或单击"特征"工具栏"拉伸"工具按钮，选择"实体方式"按钮□,深度值为 20,选择"去除材料"按钮,然后单击"放置"→"定义"选项,选择 TOP 基准平面为草绘平面,单击"草绘"按钮。然后绘制截面如图 34-53 所示,完毕后单击"确认"按钮,进入三维模式,直接单击"确认"按钮,结果如图 34-54 所示。

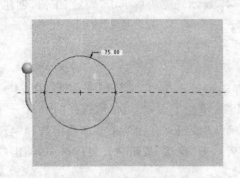

图 34-53 草绘截面

图 34-54 拉伸特征创建

34.3 简单渲染

选择"视图"→"颜色和外观"菜单项或单击"颜色和外观"工具按钮,出现"外观编辑器"对话框,如图 34-55 所示,选择 ptc_metallic_steel_light 材料,分配外观为"零件"或者"面",选择用户喜欢的颜色进行渲染,最后单击"应用"按钮,结果如图 34-56 所示。

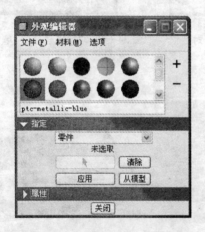

图 34-55 "外观编辑器"对话框

图 34-56 台 灯

案例 35　玩具小鸡建模

35.1　模型分析

玩具小鸡外形如图 35-1 所示,由鸡头、鸡身等基本结构特征组成。

玩具小鸡建模的主要操作步骤如下:
① 创建旋转特征。
② 创建扭曲特征。
③ 创建合并特征。
④ 创建镜像特征。
⑤ 简单渲染。

图 35-1　玩具小鸡模型

35.2　创建玩具小鸡

(1) 新建文件

启动 Pro/E Wildfire 4.0,单击工具栏"新建"工具按钮 ,或单击"文件"→"新建"菜单项。选择系统默认"零件"选项,子类型"实体"方式,"名称"文本框中输入 xiaoji,同时注意不勾选"使用缺省模板"复选框。选择公制模板 mmns-part-solid,然后单击"确定"按钮。

(2) 创建旋转特征

选择"插入"→"旋转"菜单项或单击"特征"工具栏"旋转"工具按钮 ,出现如图 35-2 所示"旋转命令"控制面板,选择"曲面方式"按钮 。单击"位置"→"定义"选项,选择 FRONT 基准平面为草绘平面,然后单击"草绘"按钮,草绘截面如图 35-3 所示,完毕后单击"确认"按钮 ,返回到三维模式,单击"确认"按钮 ,结果如图 35-4 所示。

重复上一步骤,草绘截面如图 35-5 所示,完成旋转特征创建,结果如图 35-6 所示。

图 35-2　"旋转命令"控制面板

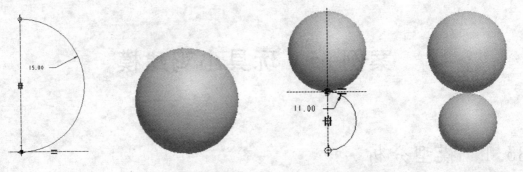

图 35-3　草绘截面　　图 35-4　旋转特征创建　　图 35-5　草绘截面　　图 35-6　旋转特征创建

(3) 创建扭曲特征

选择"插入"→"扭曲"菜单项,出现"扭曲命令"控制面板,单击"参照"按钮,选中图 35-4 中创建的旋转特征为几何参照,选择 TOP 基准平面为方向参照,如图 35-7 所示。然后单击"雕刻工具"按钮,设置如图 35-8 所示。完毕后单击"确认"按钮☑完成扭曲特征创建。

图 35-7　扭曲参照

图 35-8　雕刻工具设置

重复上一步骤,选中图 35-6 中创建的旋转特征为几何参照,选择 TOP 基准平面为方向参照。然后单击"变换工具"按钮,然后按住鼠标左键拖动如图 35-9 所示的小方块至合适位置。完毕后单击"确认"按钮☑完成扭曲特征创建,如图 35-10 所示。

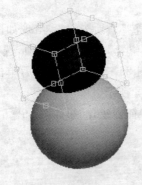

图 35-9　变换操作

图 35-10　扭曲特征创建

(4) 创建旋转特征

选择"插入"→"旋转"菜单项或单击"特征"工具栏"旋转"工具按钮,选择"曲面方式"按钮□。单击"位置"→"定义"按钮,选择 FRONT 基准平面为草绘平面,然后单击"草绘"按钮,草绘截面如图 35-11 所示,完毕后单击"确认"按钮✓,返回到三维模式,单击"确认"按钮✓,结果如图 35-12 所示。

(5) 创建扭曲特征

选择"插入"→"扭曲"菜单项,出现"扭曲命令"控制面板,单击"参照"按钮,选中图 35-12 中创建的旋转特征为几何参照,选择 TOP 基准平面为方向参照,如图 35-13 所示。然后单击"雕刻工具"按钮□,设置如图 35-14 所示。然后按住鼠标左键拖动小方框至合适位置。完毕后单击"确认"按钮✓完成扭曲特征创建,如图 35-15 所示。

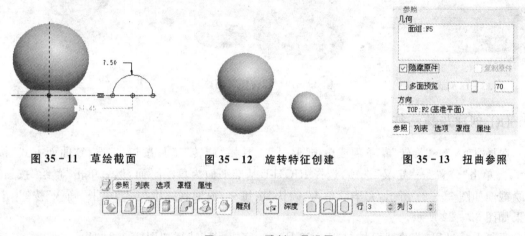

图 35-11　草绘截面　　　图 35-12　旋转特征创建　　　图 35-13　扭曲参照

图 35-14　雕刻工具设置

重复上一步骤,选中图 35-15 中创建的扭曲特征为几何参照,创建扭曲特征如图 35-16 所示。

重复上一步骤,选中图 35-16 中创建的扭曲特征为几何参照。选择 TOP 基准平面为方向参照。然后单击□按钮变换工具,然后按住鼠标左键拖动小方框至合适位置。完毕后单击"确认"按钮✓完成扭曲特征创建,如图 35-17 所示。

图 35-15　扭曲特征创建　　　图 35-16　扭曲特征创建　　　图 35-17　扭曲特征创建

(6) 创建旋转特征

选择"插入"→"旋转"菜单项或单击"特征"工具栏"旋转"工具按钮,选择"曲面方式"按钮□。单击"位置"→"定义"选项,选择 FRONT 基准平面为草绘平面,然后单击"草绘"按钮,草绘截面如图 35-18 所示,完毕后单击"确认"按钮✓,返回到三维模式,单击"确认"按钮✓,

结果如图35-19所示。

(7) 创建扭曲特征

按照步骤(5)的过程,选中图35-19中创建的扭曲特征为几何参照。选择 TOP 基准平面为方向参照。然后单击按钮"变换工具",然后按住鼠标左键拖动小方块至合适位置。完毕后单击"确认"按钮 完成扭曲特征创建,如图35-20所示。

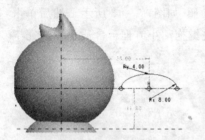
图 35-18 草绘截面　　图 35-19 旋转特征创建　　
图 35-20 扭曲特征创建

(8) 创建旋转特征

选择"插入"→"旋转"菜单项或单击"特征"工具栏"旋转"工具按钮,选择"曲面方式"按钮。单击"位置"→"定义"选项,选择 RIGHT 基准平面为草绘平面,然后单击"草绘"按钮,草绘截面如图35-21所示,完毕后单击"确认"按钮 ,返回到三维模式,单击"确认"按钮 ,结果如图35-22所示。

重复上一过程,草绘截面如图35-23所示。完成旋转特征如图35-24所示。

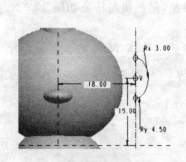
图 35-21 草绘截面　　
图 35-22 旋转特征创建　　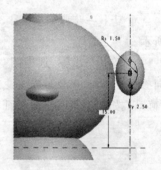
图 35-23 草绘截面

(9) 创建合并特征

按住 Ctrl 键,选中如图35-24中创建的两个旋转特征,然后选择"编辑"→"合并"菜单项或单击"特征"工具栏"合并"工具按钮,出现如图35-25所示"合并特征"控制面板,直接单击"确认"按钮 完成合并特征。

(10) 创建扭曲特征

按照步骤(7)的过程,选中上一步中创建的合并特征为几何参照。选择 TOP 基准平面为方向参照。然后单击"变换工具"按钮,然后按住鼠标左键拖动小方框至合适位置。完毕后单击"确认"按钮☑完成扭曲特征创建,如图35-26所示。

重复上一步骤,然后单击"雕刻工具"按钮,设置如图35-14所示。然后按住鼠标左键拖动小方框至合适位置。完毕后单击"确认"按钮☑完成扭曲特征创建,如图35-27所示。

 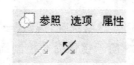 

图35-24　旋转特征创建　　　图35-25　"合并特征"控制面板　　　图35-26　扭曲特征创建

(11) 创建镜像特征

选择如图35-27创建的扭曲特征,然后选择"编辑"→"镜像"菜单项或单击"特征"工具栏的"镜像"工具按钮,出现如图35-28所示"镜像命令"控制面板,选择FRONT基准平面为镜像平面,完毕后直接单击"确认"按钮☑完成镜像特征创建,如图35-29所示。

 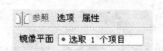 

图35-27　扭曲特征创建　　　图35-28　镜像命令控制面板　　　图35-29　镜像特征创建

(12) 创建旋转特征

选择"插入"→"旋转"菜单项或单击"特征"工具栏"旋转"工具按钮,选择"曲面方式"按钮。单击"位置"→"定义"选项,选择RIGHT基准平面为草绘平面,然后单击"草绘"按钮,草绘截面如图35-30所示,完毕后单击"确认"按钮✓,返回到三维模式,单击"确认"按钮☑,如图35-31所示。

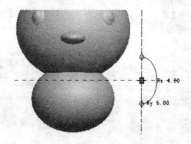 

图35-30　草绘截面　　　　　　　　　　　图35-31　旋转特征创建

(13) 创建扭曲特征

按照步骤(7)的过程,选中上一步中创建的旋转特征为几何参照。然后单击雕刻工具 ,设置如图 35-14 所示。然后按住鼠标左键拖动小方块至合适位置。完毕后单击"确认"按钮 完成扭曲特征创建,如图 35-32 所示。

(14) 创建镜像特征

选择如图 35-32 创建的扭曲特征,然后选择"编辑"→"镜像"菜单项或单击"特征"工具栏"镜像"工具按钮 ,出现如图 35-33 所示镜像命令控制面板,选择 FRONT 基准平面为镜像平面,完毕后直接单击"确认"按钮 完成镜像特征创建,如图 35-34 所示。

(15) 创建旋转特征

选择"插入"→"旋转"菜单项或单击"特征"工具栏"旋转"工具按钮 ,选择"曲面方式"按钮 。单击"位置"→"定义"选项,选择 FRONT 基准平面为草绘平面,然后单击"草绘"按钮,草绘截面如图 35-35 所示,完毕后单击"确认"按钮 ,返回到三维模式,单击"确认"按钮 ,结果如图 35-36 所示。

图 35-32 扭曲特征创建

图 35-33 "镜像命令"控制面板

图 35-34 镜像特征创建

(16) 创建扭曲特征

选择"插入"→"扭曲"菜单项,出现"扭曲命令"控制面板,单击"参照"按钮,选中图 35-36 中创建的旋转特征为几何参照,选择 RIGHT 基准平面为方向参照,如图 35-37 所示。然后单击"雕刻工具"按钮 ,设置如图 35-38 所示。然后按住鼠标左键拖动小方块至合适位置。完毕后单击"确认"按钮 完成扭曲特征创建,如图 35-39 所示。

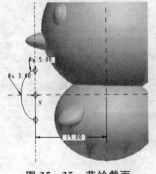
图 35-35 草绘截面

图 35-36 旋转特征创建

图 35-37 扭曲参照

图 35-38 雕刻工具设置

重复上一步骤,选中图 35-39 中创建的扭曲特征为几何参照。选择 TOP 基准平面为方向参照。然后单击"变换工具"按钮,然后按住鼠标左键拖动小方块至合适位置。完毕后单击"确认"按钮完成扭曲特征创建如图 35-40 所示。

图 35-39 扭曲特征创建

图 35-40 扭曲特征创建

(17) 创建镜像特征

选择如图 35-40 创建的扭曲特征,然后选择"编辑"→"镜像"菜单项或单击"特征"工具栏"镜像"工具按钮,选择 FRONT 基准平面为镜像平面,完毕后直接单击"确认"按钮完成镜像特征创建,如图 35-41 所示。

(18) 创建旋转特征

选择"插入"→"旋转"菜单项或单击"特征"工具栏"旋转"工具按钮,选择"曲面方式"按钮。单击"位置"→"定义"选项,选择 FRONT 基准平面为草绘平面,然后单击"草绘"按钮,草绘截面如图 35-42 所示,完毕后单击"确认"按钮,返回到三维模式,单击"确认"按钮,如图 35-43 所示。

图 35-41 镜像特征创建

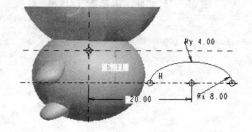

图 35-42 草绘截面

(19) 创建扭曲特征

按照步骤(16)的过程,选中上一步中创建的旋转特征为几何参照。选择 TOP 基准平面为方向参照。然后单击"变换工具"按钮,然后按住鼠标左键拖动小方块至合适位置。完毕后单击"确认"按钮完成扭曲特征创建,如图 35-44 所示。

图35-43 旋转特征创建

图35-44 扭曲特征创建

35.3 简单渲染

选择"视图"→"颜色和外观"菜单项或单击"颜色和外观"工具按钮，出现"外观编辑器"对话框，如图35-45所示，选择 ptc_metallic_steel_light 材料，分配外观为"零件"或者"面"，选择用户喜欢的颜色进行渲染，最后单击"应用"按钮，结果如图35-46所示。

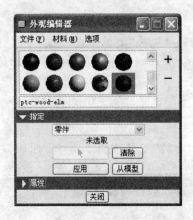
图35-45 "外观编辑器"对话框

图35-46 玩具小鸡

案例 36 玩具鲸鱼建模

36.1 模型分析

玩具鲸鱼外形如图 36-1 所示,由鱼身子、眼睛等基本结构特征组成。

玩具鲸鱼建模的主要操作步骤如下:

① 导入造型特征。
② 创建拉伸特征。
③ 创建造型特征。
④ 创建边界混合特征。
⑤ 创建偏移特征。
⑥ 创建造型特征。
⑦ 创建边界混合特征。
⑧ 创建基准点特征。
⑨ 创建修剪特征。
⑩ 创建造型特征。
⑪ 创建复制特征。
⑫ 创建镜像特征。
⑬ 创建草绘特征。
⑭ 创建偏移特征。
⑮ 简单渲染。

图 36-1 鲸鱼模型

36.2 创建鲸鱼

(1) 新建文件

启动 Pro/E Wildfire 4.0,单击工具栏"新建"工具按钮,或单击"文件"→"新建"菜单项。选择系统默认"零件"选项,子类型"实体"方式,"名称"文本框中输入 jingyu,同时注意不勾选"使用缺省模板"复选框。选择公制模板 mmns-part-solid,然后单击"确定"按钮。

(2) 导入造型特征

选择"文件"→"打开"菜单项或单击"打开"工具按钮,从中选择造型 pat 文件,然后双击打开。如图 36-2 所示。

(3) 创建拉伸特征

选择"插入"→"拉伸"菜单项或单击"特征"工具栏"拉伸"工具按钮，出现如图36-3所示"拉伸命令"控制面板，选择"曲面方式"按钮和"去除材料"按钮。输入深度值为25，然后单击"放置"→"定义"选项，选择FRONT基准平面为草绘平面，单击"草绘"按钮。然后绘

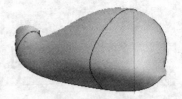

图36-2 造型特征

制截面如图36-4所示，完毕后单击"确认"按钮，进入三维模式，选择修剪面组为上一步的造型特征，直接单击"确认"按钮，结果如图36-5所示。

图36-3 "拉伸命令"控制面板

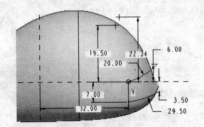

图36-4 草绘截面

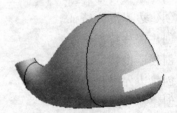

图36-5 拉伸特征创建

(4) 创建造型特征

选择"插入"→"造型"菜单项，或单击工具栏"造型"工具按钮，在弹出的工具栏中单击"创建曲线"工具按钮，出现如图36-6所示"曲线"控制面板，选中"平面"选项，然后单击"参照"按钮，选FRONT基准平面为参照平面，然后画出一条曲线，接着选择工具栏"编辑曲线"工具按钮，出现如图36-7所示"编辑曲线"控制面板，选中曲线为参照，右击并在弹出的菜单中选择"添加点"选项，曲线上会自动添加一个点，然后拖动点，把曲线拖动到合适的位置。完毕后单击"确认"按钮，如图36-8所示。重复上一步骤，创建另一条曲线，完毕后单击"确认"按钮，结果如图36-9所示。

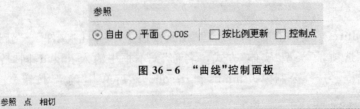

图36-6 "曲线"控制面板

图36-7 "曲线"控制面板

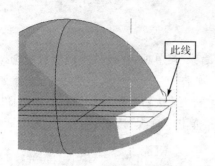

图36-8 曲线创建

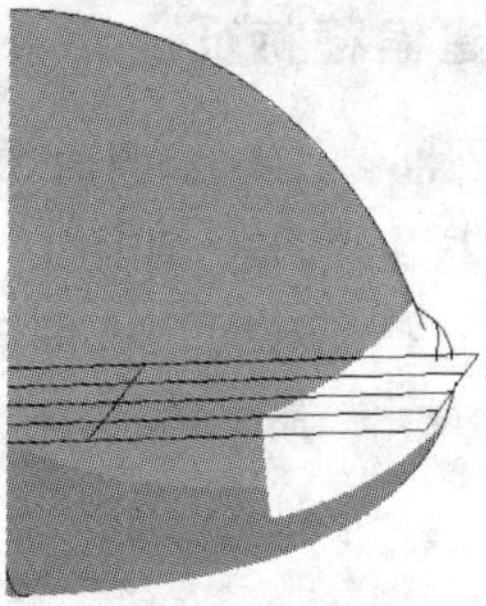

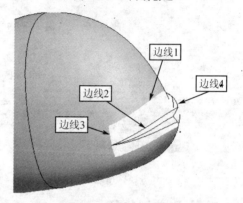

图36-9 曲线创建

接着在弹出的工具栏中单击"创建曲线"工具按钮，出现如图36-6所示"曲线"控制面板，选择"自由"选项，创建一条曲线，然后选择工具栏"编辑曲线"工具按钮，出现如图36-7所示"编辑曲线"控制面板，选中曲线为参照，右击并在弹出的菜单中选择"添加点"选项，曲线上会自动添加一个点，然后拖动点，把曲线拖动到合适的位置。完毕后单击"确认"按钮，重复上一过程，创建另五条曲线，完成如图36-10所示。

图36-10 曲线创建

(5) 创建边界混合特征

选择"插入"→"边界混合"菜单项或单击"特征"工具栏"边界混合"工具按钮，出现如图36-11所示"边界混合特征"控制面板。然后按住Ctrl键，选择如图36-10所示的边线1和边线2为第一方向链参考，接着选择边线3和边线4为第二方向链参考，完毕后直接单击"确认"按钮完成边界混合特征创建，如图36-12所示。

重复上一步骤，完成其他边界混合如图36-13所示。

图36-11 "边界混合特征"控制面板

图36-12 边界混合特征创建

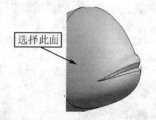

图36-13 边界混合特征创建

(6) 创建偏移特征

选择如图36-13所示曲面,然后选择"编辑"→"偏移"菜单项,在偏移控制面板中选择"具有拔模特征"按钮,输入偏距值1,拔模斜度值为30,如图36-14所示。然后单击"参照"→"定义"选项,选择FRONT基准平面为草绘平面,单击"草绘"按钮。然后绘制截面如图36-15所示,完毕后单击"确认"按钮,进入三维模式,直接单击"确认"按钮,结果如图36-16所示。

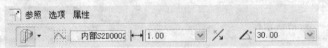

图36-14 "偏移"控制面板

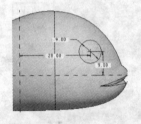

图36-15 草绘截面

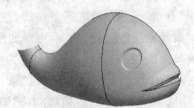

图36-16 偏移特征创建

(7) 创建造型特征

参照步骤(4),选择"插入"→"造型"菜单项,或单击工具栏"造型"工具按钮,在弹出的工具栏中单击"创建曲线"工具按钮,在"曲线"控制面板中选中"平面"选项,然后单击"参照"按钮,选FRONT基准平面为参照平面,然后画出一条曲线,接着选择工具栏"编辑曲线"工具按钮,选中曲线为参照,右击并在弹出的菜单中选择"添加点"工具按钮,曲线上会自动添加一个点,然后拖动点,把曲线拖动到合适的位置。完毕后单击"确认"按钮,如图36-17所示。

重复上一步骤,选择如图36-13所示曲面为参照平面,创建另一条曲线,完毕后单击"确认"按钮,结果如图36-18所示。

接着在弹出的工具栏中单击"创建曲线"工具按钮,在出现的"曲线"控制面板中选择"自由"选项,创建两条自由曲线,然后选择工具栏"编辑曲线"工具按钮,选中曲线为参照,右击并在弹出的菜单中选择"添加点"选项,曲线上会自动添加一个点,然后拖动点,把曲线拖动到合适的位置。完毕后单击"确认"按钮,结果如图36-19所示。

图36-17 曲线创建

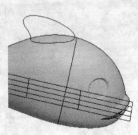

图36-18 曲线创建

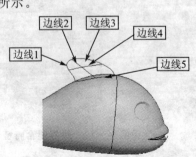

图36-19 曲线创建

(8) 创建边界混合特征

选择"插入"→"边界混合"菜单项或单击"特征"工具栏"边界混合"工具按钮，然后按住 Ctrl 键，选择如图 36-19 所示的边线 1、边线 2 和边线 3 为第一方向链参考，接着选择边线 4 和边线 5 为第二方向链参考，完毕后直接单击"确认"按钮完成边界混合特征创建，如图 36-20 所示。

(9) 创建造型特征

参照步骤(4)，选择"插入"→"造型"菜单项，或单击工具栏"造型"工具按钮，在弹出的工具栏中单击"创建曲线"工具按钮，在"曲线"控制面板中选中"平面"选项，然后单击"参照"按钮，选 FRONT 基准平面为参照平面，然后画出一条曲线，接着选择工具栏"编辑曲线"工具按钮，选中曲线为参照，右击并在弹出的菜单中选择"添加点"选项，曲线上会自动添加一个点，然后拖动点，把曲线拖动到合适的位置。完毕后单击"确认"按钮，结果如图 36-21 所示。

重复上一步骤，创建另一条曲线，完毕后单击"确认"按钮，结果如图 36-22 所示。

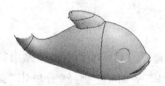
图 36-20 边界混合特征创建

图 36-21 边界混合特征创建

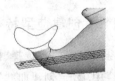
图 36-22 边界混合特征创建

接着在弹出的工具栏中单击"创建曲线"工具按钮，在出现的曲线控制面板中选择"自由"选项，创建四条自由曲线，然后选择工具栏"编辑曲线"工具按钮，选中曲线为参照，右击并在弹出的菜单中选择"添加点"选项，曲线上会自动添加一个点，然后拖动点，把曲线拖动到合适的位置。完毕后单击"确认"按钮，结果如图 36-23 所示。

(10) 创建基准点特征

选择"插入"→"模型基准"→"点"菜单项或单击工具栏的"基准点"工具按钮，选择图 36-23 中的端点 1 为参照，如图 36-24 所示"基准点"对话框。然后单击"确定"按钮。完成基准点 PNT0 创建。

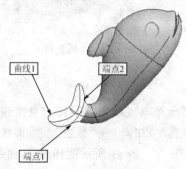
图 36-23 曲线创建

图 36-24 "基准点"对话框

重复上一步骤,选择端点2为参照,完成基准点PNT2。

(11) 创建修剪特征

选择如图36-23所示曲线1,然后选择"编辑"→"修剪"菜单项或单击"特征"工具栏"修剪"工具按钮，出现如图36-25所示的"修剪特征"控制面板,选择PNT0基准点为修建对象,完毕后直接单击"确认"按钮完成修剪特征创建如图36-26所示。

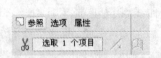

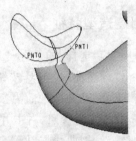

图36-25 "修剪特征"控制面板

图36-26 修剪特征创建

重复上一步骤,完成修剪如图36-27所示。

(12) 创建造型特征

参照步骤(4),选择"插入"→"造型"菜单项,或单击工具栏"造型"工具按钮，在弹出的工具栏中单击"创建曲线"工具按钮，在"曲线"控制面板中选中"平面"选项,然后单击"参照"按钮,选FRONT基准平面为参照平面,然后画出一条曲线,接着选择工具栏"编辑曲线"工具按钮，选中曲线为参照,右击并在弹出的菜单中选择"添加点"选项,曲线上会自动添加一个点,然后拖动点,把曲线拖动到合适的位置。完毕后单击"确认"按钮，重复上一过程,创建另一条曲线,完毕后单击"确认"按钮，结果如图36-28所示。

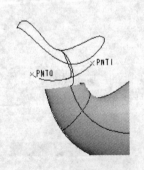

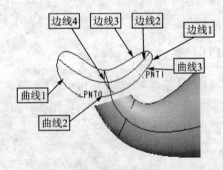

图36-27 修剪特征创建

图36-28 曲线创建

(13) 创建粘贴特征

选择如图36-28所示曲线1,选择"编辑"→"粘贴"菜单项或单击"粘贴"工具按钮，出现如图36-29所示"粘贴特征"控制面板,然后单击"参照"按钮,出现"参照"上滑面板,单击"细节"按钮,出现"链"对话框,按住Ctrl键,依次选择如图36-28中所示的曲线1、曲线2和曲线3,如图36-30所示。完毕后单击"确定"按钮。最后单击"确认"按钮完成粘贴。

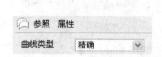

图36-29 "粘贴特征"控制面板

图36-30 "链"对话框

(14) 创建边界混合特征

选择"插入"→"边界混合"菜单项或单击"特征"工具栏"边界混合"工具按钮，然后按住Ctrl键，选择如图36-28所示的边线1、边线2和边线3为第一方向链参考，接着选择边线4为第二方向链参考，完毕后直接单击"确认"按钮完成边界混合特征创建，如图36-31所示。

(15) 创建拉伸特征

选择"插入"→"拉伸"菜单项或单击"特征"工具栏"拉伸"工具按钮，选择"曲面方式"按钮和"对称方式"按钮，输入深度值28。选择"去除材料"按钮。然后单击"放置"→"定义"选项，选择FRONT基准平面为草绘平面，单击"草绘"按钮。然后绘制截面如图36-32所示，完毕后单击"确认"按钮，进入三维模式，选择上一步的边界混合特征为修剪面组，直接单击"确认"按钮，结果如图36-33所示。

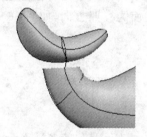

图36-31 边界混合特征创建

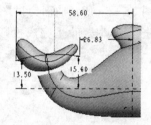

图36-32 草绘截面

(16) 创建边界混合特征

选择"插入"→"边界混合"菜单项或单击"特征"工具栏"边界混合"工具按钮，然后按住Ctrl键，选择如图36-33所示的边线1和边线2为第一方向链参考，完毕后直接单击"确认"按钮完成边界混合特征创建，如图36-34所示。

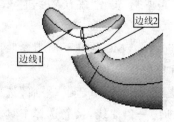

图36-33 拉伸特征创建

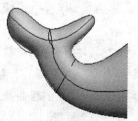

图36-34 边界混合特征创建

(17) 创建镜像特征

选择上面创建特征的所有曲面,然后选择"编辑"→"镜像"菜单项或单击"特征"工具栏"镜像"工具按钮,选择FRONT基准平面为镜像平面,完毕后直接单击"确认"按钮完成镜像特征创建,如图36-35所示。

(18) 创建草绘特征

单击"特征"工具栏"草绘"工具按钮,选择FRONT基准平面为草绘平面,单击"草绘"按钮,绘制如图36-36所示截面。完毕后单击"确认"按钮,完成草绘。

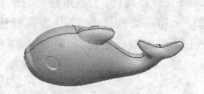
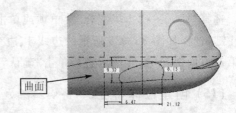

图36-35 镜像特征创建　　　　　图36-36 草绘截面

(19) 创建造型特征

选择"插入"→"造型"菜单项,或单击工具栏"造型"工具按钮,在弹出的工具栏中单击"曲线投影到曲面上"工具按钮,出现控制面板,选取上一步创建的草绘特征为投影对象,然后单击如图36-36所示曲面为投影面,选FRONT基准平面为参照方向,如图36-37所示,完毕后单击"确认"按钮,完成投影如图36-38所示。

图36-37 控制面板

接着选择工具栏"创建内部基准平面"工具按钮,选择RIGHT基准平面为参照面,然后输入平移距离为13,完毕后单击"确定"按钮完成基准平面DTM1创建。重复上一过程,选择如图36-38所示曲线为参照,设置为"穿过"方式,完成基准平面DTM2。

接着单击工具栏中"创建曲线"工具按钮,在"曲线"控制面板中选中"平面"选项,然后单击"参照"按钮,选DTM2基准平面为参照平面,然后画出一条曲线,接着选择工具栏"编辑曲线"工具按钮,选中曲线为参照,右击并在弹出的菜单中选择"添加点"选项,曲线上会自动添加一个点,然后拖动点,把曲线拖动到合适的位置。完毕后单击"确认"按钮,结果如图36-39所示。

接着选择工具栏"创建内部基准平面"工具按钮,选择DTM2基准平面为参照面,然后输入平移距离为5,完毕后单击"确定"按钮完成基准平面DTM3创建。

接着单击工具栏中"创建曲线"工具按钮,在"曲线"控制面板中选中"平面"选项,然后单击"参照"按钮,选DTM3基准平面为参照平面,然后画出一条曲线,接着选择工具栏"编辑曲线"工具按钮,选中曲线为参照,右击并在弹出的菜单中选择"添加点"选项,曲线上会自动添加一个点,然后拖动点,把曲线拖动到合适的位置。完毕后单击"确认"按钮☑,如图36-40所示。重复上一步骤,选择DTM1基准平面为参照平面,完成曲线创建如图36-41所示。最后单击"确认"按钮☑,完成造型特征创建。

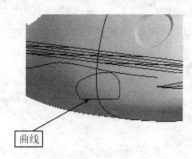

图36-38 曲线投影

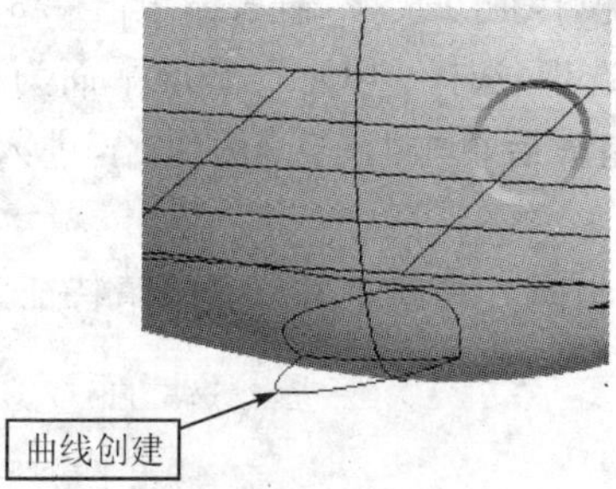

图36-39 曲线创建

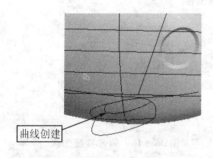

图36-40 曲线创建

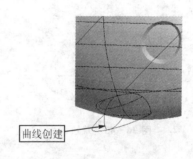

图36-41 曲线创建

(20) 创建边界混合特征

参照步骤(16),完成如图36-42所示边界混合特征(由三个封闭面组合而成)。

(21) 创建镜像特征

选择上面创建的边界混合特征的三个曲面,然后选择"编辑"→"镜像"菜单项或单击"特征"工具栏"镜像"工具按钮☑,选择FRONT基准平面为镜像平面,完毕后直接单击"确认"按钮☑完成镜像特征创建,如图36-43所示。

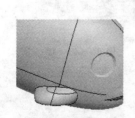

图36-42 边界混合特征创建

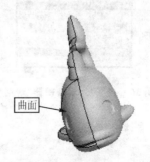

图36-43 镜像特征创建

(22) 创建偏移特征

选择如图 36-43 所示曲面,然后选择"编辑"→"偏移"菜单项,在"偏移"控制面板中选择具有拔模特征方式 ,输入偏距值 0.3,拔模斜度值为 30,如图 36-44 所示。然后单击"参照"→"定义"选项,选择 FRONT 基准平面为草绘平面,单击"草绘"按钮。然后绘制截面如图 36-45 所示,完毕后单击"确认"按钮 ✔,进入三维模式,直接单击"确认"按钮 ✔,结果如图 36-46 所示。

用相同方式创建另一侧眼睛特征。

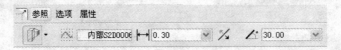

图 36-44 "偏移"控制面板

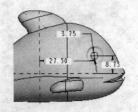 

图 36-45 草绘截面　　　　　　　　图 36-46 偏移特征创建

36.3 简单渲染

选择"视图"→"颜色和外观"菜单项或单击"颜色和外观"工具按钮 ,出现"外观编辑器"对话框,如图 36-47 所示,选择 ptc_metallic_steel_light 材料,分配外观为"零件"或者"面",选择用户喜欢的颜色进行渲染,最后单击"应用"按钮,结果如图 36-48 所示。

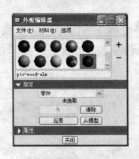 

图 36-47 "外观编辑器"对话框　　　　图 36-48 鲸鱼

案例 37　直升机建模

37.1　模型分析

直升机外形如图 37-1 所示。
直升机建模的主要操作步骤如下：
① 创建拉伸特征。
② 创建造型特征。
③ 创建基准点特征。
④ 创建修剪特征。
⑤ 创建边界混合特征。
⑥ 创建复制特征。
⑦ 创建草绘特征。
⑧ 创建合并特征。
⑨ 创建投影特征。
⑩ 创建延伸特征。
⑪ 创建扫描特征。
⑫ 创建填充特征。
⑬ 创建镜像特征。
⑭ 创建阵列特征。
⑮ 简单渲染。

图 37-1　直升机模型

37.2　创建直升机

(1) 新建文件

启动 Pro/E Wildfire 4.0，单击工具栏"新建"工具按钮，或单击"文件"→"新建"菜单项。选择系统默认"零件"选项，子类型"实体"方式，"名称"文本框中输入 zhishengji，同时注意不勾选"使用缺省模板"复选框。选择公制模板 mmns-part-solid，然后单击"确定"按钮。

(2) 创建拉伸特征

选择"插入"→"拉伸"菜单项或单击"特征"工具栏"拉伸"工具按钮，出现如图 37-2 所示"拉伸命令"控制面板，选择"曲面方式"按钮，输入深度值 74，然后单击"放置"→"定义"选项，选择 FRONT 基准平面为草绘平面，单击"草绘"按钮。然后绘制截面如图 37-3 所示，完毕后单击"确认"按钮 ✓，进入三维模式，直接单击"确认"按钮 ✓，结果如图37-4所示。

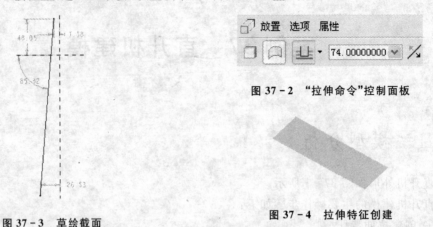

图37-2 "拉伸命令"控制面板

图37-3 草绘截面

图37-4 拉伸特征创建

(3) 创建造型特征

选择"插入"→"造型"菜单项，或单击工具栏"造型"工具按钮，在弹出的工具栏中单击"设置活动平面"工具按钮，然后选择FRONT基准平面。接着单击"创建曲线"工具按钮，出现的"曲线"控制面板中选择"平面"选项，并单击"参照"按钮，进入"参照"上滑面板，如图37-5所示。然后绘制如图37-6所示平面曲线。完毕后单击"确认"按钮 ✓。最后单击"确认"按钮 ✓ 完成造型特征创建。

图37-5 "参照"上滑面板

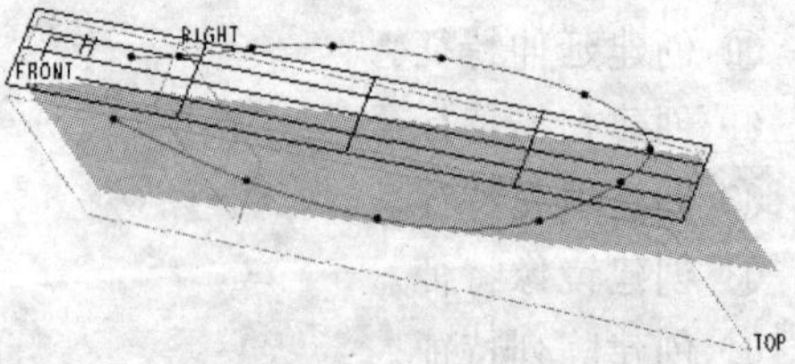

图37-6 曲线创建

(4) 创建基准点特征

选择"插入"→"模型基准"→"点"菜单项或单击工具栏的"基准点"工具按钮，按住Ctrl键，选择拉伸面和上一步创建的造型曲线为参照，然后单击"确定"按钮。完成基准点PNT0创建。

(5) 创建造型特征

按照步骤(3)，设置拉伸面为活动平面，绘制如图37-7所示平面曲线。最后单击"确认"按钮 ✓ 完成造型特征创建。

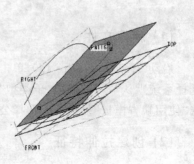

图37-7 曲线创建

（6）创建拉伸特征

按照步骤（2），输入深度值 80，选择 FRONT 基准平面为草绘平面，然后绘制截面如图 37-8 所示，最后完成拉伸如图 37-9 所示。

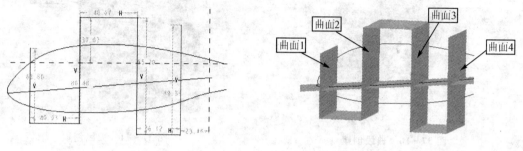

图 37-8 草绘截面　　　　　　　图 37-9 拉伸特征创建

（7）创建基准点特征

选择"插入"→"模型基准"→"点"菜单项或单击工具栏的"基准点"工具按钮，出现"基准点"对话框，按住 Ctrl 键，选择如图 37-9 所示曲面 1 和步骤（5）创建的造型线为参照，创建基准点 PNT1。然后单击"新点"选项，选择如图 37-9 所示曲面 2 和步骤（5）创建的造型线为参照，创建基准点 PNT2。然后按照此过程依次选择曲面 3、曲面 4 和 RIGHT 基准平面分别与步骤（5）创建的造型线为参照，完成基准点 PNT3、PNT4 和 PNT5 创建。

重复上一步骤，按住 Ctrl 键，依次选择如图 37-9 所示曲面 1、曲面 2、曲面 3、曲面 4 和 RIGHT 基准平面分别与步骤（3）创建的造型线为参照，完成 PNT6 至 PNT15 基准点创建（注意：每一对参照都操作两次，所以是 10 个基准点）。

（8）创建造型特征

选择"插入"→"造型"菜单项，或单击工具栏"造型"工具按钮，在弹出的工具栏中单击"设置活动平面"工具按钮，然后选择如图 37-9 所示曲面 1。接着单击"创建曲线"工具按钮，出现的"曲线"控制面板中选择"平面"选项，然后按住 Shift 键，依次捕捉基准点 PNT6、PNT7 和 PNT1 三点，绘制如图 37-10 所示平面曲线。完毕后单击"确认"按钮。

按照上一步骤，分别设置如图 37-9 所示曲面 2、曲面 3、曲面 4 和 RIGHT 基准平面为活动面，分别捕捉 PNT8、PNT2 和 PNT9，PNT10、PNT3 和 PNT11，PNT12、PNT4 和 PNT13，PNT14、PNT5 和 PNT15，最后单击"确认"按钮完成造型特征创建，如图 37-11 所示。

（9）创建修剪特征

选择步骤（3）中创建的造型线特征，然后选择"编辑"→"修剪"菜单项或单击"特征"工具栏"修剪"工具按钮，出现如图 37-12 所示的"修剪特征"控制面板，单击"参照"按钮，出现如图 37-13 所示"参照"上滑面板。选择步骤（3）中创建的造型线特征为修剪的曲线，选择基准点 PNT0 为修剪对象，完毕后直接单击"确认"按钮完成修剪。

重复此步骤,分别选择步骤(3)中创建的造型线特征为修剪的曲线,选择基准点 PNT6 和 PNT7 为修剪对象,完毕后直接单击"确认"按钮☑完成两次修剪。

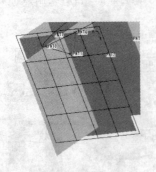

图 37-10 曲线创建

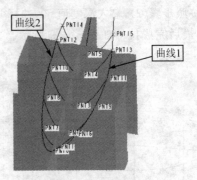

图 37-11 曲线创建

图 37-12 "修剪"控制面板

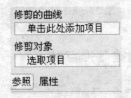

图 37-13 "参照"上滑面板

(10) 创建边界混合特征

选择"插入"→"边界混合"菜单项或单击"特征"工具栏"边界混合"工具按钮☑,出现如图 37-14 所示"边界混合特征"控制面板。然后按住 Ctrl 键,依次选择如图 37-11 所示曲线 1、步骤(5)创建的造型线和如图 37-11 所示曲线 2 为第一方向链参考,接着依次选择步骤(8)中创建的五条曲线为第二方向链参考,完毕后直接单击"确认"按钮☑完成边界混合特征创建,如图 37-15 所示。

图 37-14 "边界混合特征"控制面板

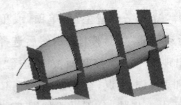

图 37-15 边界混合特征创建

(11) 创建拉伸特征

选择"插入"→"拉伸"菜单项或单击"特征"工具栏"拉伸"工具按钮☑,出现如图 37-16 所示"拉伸命令"控制面板,选择"曲面方式"按钮☑和"穿透方式"按钮☑,选择"去除材料"按钮☑,选择边界混合曲面为"面组"参照,然后单击"放置"→"定义"选项,选择 FRONT 基准平面为草绘平面,单击"草绘"按钮。然后绘制如图 37-17 所示截面,完毕后单击"确认"按钮☑,进入三维模式,直接单击"确认"按钮☑,结果如图 37-18 所示。

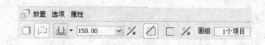

图 37-16 "拉伸命令"控制面板

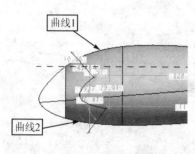

图 37-17 草绘截面

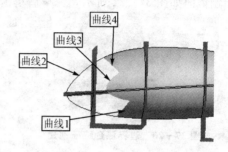

图 37-18 拉伸特征创建

(12) 创建修剪特征

选择如图 37-17 所示曲线 1,然后选择"编辑"→"修剪"菜单项或单击"特征"工具栏"修剪"工具按钮 ,选择曲线 1 为修剪的曲线,选择边界混合面为修剪对象,完毕后直接单击"确认"按钮 完成修剪。

(13) 创建粘贴特征

选择如图 37-18 所示曲线 1,然后选择"编辑"→"粘贴"菜单项或单击"粘贴"工具按钮 ,出现如图 37-19 所示"粘贴特征"控制面板,单击"确定"按钮。最后单击"确认"按钮 完成粘贴。

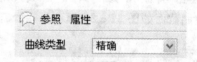

图 37-19 "粘贴特征"控制面板

(14) 创建修剪特征

选择如图 37-17 所示曲线 2,然后选择"编辑"→"修剪"菜单项或单击"特征"工具栏"修剪"工具按钮 ,选择如图 37-17 所示曲线 2 为修剪的曲线,选择如图 37-18 所示曲线 1 为修剪对象,完毕后直接单击"确认"按钮 完成修剪。

(15) 创建粘贴特征

选择如图 37-18 所示曲线 2,然后选择"编辑"→"粘贴"菜单项或单击"粘贴"工具按钮 ,单击"确认"按钮 完成粘贴。

(16) 创建边界混合特征

选择"插入"→"边界混合"菜单项或单击"特征"工具栏"边界混合"工具按钮 ,然后按住 Ctrl 键,依次选择如图 37-18 所示曲线 2 和曲线 3 为第一方向链参考,接着依次选择如图 37-18 所示曲线 1、步骤(5)中创建的造型线和如图 37-18 所示曲线 4 为第二方向链参考,完毕后直接单击"确认"按钮 完成边界混合特征创建,如图 37-20 所示。

(17) 创建草绘特征

单击"特征"工具栏"草绘"工具按钮，选择 FRONT 基准平面为草绘平面,单击"草绘"按钮,绘制截面如图 37-21 所示。完毕后单击"确认"按钮，完成草绘。

图 37-20 边界混合特征创建

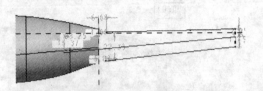

图 37-21 草绘截面

(18) 创建拉伸特征

选择"插入"→"拉伸"菜单项或单击"特征"工具栏"拉伸"工具按钮，选择"曲面方式"按钮，输入深度值 84,然后单击"放置"→"定义"选项,选择 FRONT 基准平面为草绘平面,单击"草绘"按钮。然后绘制截面如图 37-22 所示,完毕后单击"确认"按钮，进入三维模式,直接单击"确认"按钮，结果如图 37-23 所示。

(19) 创建草绘特征

单击"特征"工具栏"草绘"工具按钮，选择上一步骤的拉伸面为草绘平面,单击"草绘"按钮,绘制截面如图 37-24 所示。完毕后单击"确认"按钮，完成草绘。

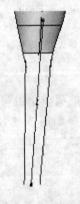

图 37-22 草绘截面

图 37-23 拉伸特征创建

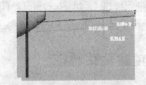

图 37-24 草绘截面

(20) 创建拉伸特征

按照步骤(18),输入深度值 84,绘制截面如图 37-25 所示,完成拉伸特征如图 37-26 所示。

(21) 创建基准点特征

选择"插入"→"模型基准"→"点"菜单项或单击工具栏的"基准点"工具按钮，出现"基准点"对话框，按住 Ctrl 键，选择如图 37-25 所示曲线 1 和上一步骤创建的拉伸面为参照，创建基准点 PNT16。然后单击"新点"选项，选择如图 37-25 所示曲线 2 和上一步骤创建的拉伸面为参照，创建基准点 PNT17。然后单击"新点"选项，选择步骤(19)创建的草绘曲线和上一步骤创建的拉伸面为参照，创建基准点 PNT18。

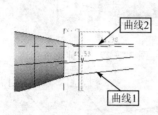

图 37-25　草绘截面

图 37-26　拉伸特征创建

（22）创建造型特征

选择"插入→造型"菜单项，或单击工具栏"造型"工具按钮，在弹出的工具栏中单击"设置活动平面"工具按钮，然后选择如图 37-26 创建的拉伸面。接着单击"创建曲线"工具按钮，出现的"曲线"控制面板中选择"平面"选项，然后按住 Shift 键，依次捕捉基准点 PNT16、PNT18 和 PNT17 三点，完毕后单击"确认"按钮。

接着单击"创建曲线"工具按钮，出现的"曲线"控制面板中选择"自由"选项，然后按住 Shift 键依次捕捉如图 37-25 所示曲线 1 的右端点、步骤(19)创建的草绘曲线右端点和如图 37-25 所示曲线 2 的右端点，然后单击"确认"按钮。最后单击"确认"按钮，完成造型特征创建。

（23）创建边界混合特征

选择"插入"→"边界混合"菜单项或单击"特征"工具栏"边界混合"工具按钮，然后按住 Ctrl 键，依次选择如图 37-25 所示曲线 1、步骤(19)创建的草绘曲线和如图 37-25 所示曲线 2 为第一方向链参考，接着依次选择上一步创建的两条造型曲线为第二方向链参考，完毕后直接单击"确认"按钮完成边界混合特征创建，如图 37-27 所示。

图 37-27　边界混合特征创建

（24）创建拉伸特征

选择"插入"→"拉伸"菜单项或单击"特征"工具栏"拉伸"工具按钮，选择"曲面方式"按钮和"穿透方式"按钮，然后单击"放置"→"定义"选项，选择 FRONT 基准平面为草绘平面，单击"草绘"按钮。然后绘制截面如图 37-28 所示，完毕后单击"确认"按钮，进入三维模式，选择"去除材料"按钮，选择如图 37-28 所示曲面 1 为"面组"参照，直接单击"确认"按钮，结果如图 37-29 所示。

重复上一步骤，选择如图 37-28 所示曲面 2 为"面组"参照，绘制如图 37-30 所示截面，完成拉伸特征创建如图 37-31 所示。

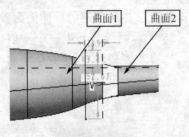
图 37-28 草绘截面

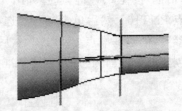
图 37-29 拉伸特征创建

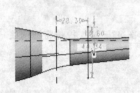
图 37-30 草绘截面

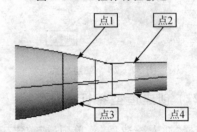
图 37-31 拉伸特征创建

(25) 创建造型特征

选择"插入"→"造型"菜单项,或单击工具栏"造型"工具按钮,在弹出的工具栏中单击"设置活动平面"工具按钮,然后选择 FRONT 基准平面。接着单击"创建曲线"工具按钮,出现的"曲线"控制面板中选择"平面"选项,然后按住 Shift 键,依次捕捉如图 37-32 所示点 1 和点 2,完毕后单击"确认"按钮。

重复上一步骤,按住 Shift 键,依次捕捉如图 37-32 所示点 3 和点 4,完毕后单击"确认"按钮。最后单击"确认"按钮,完成如图 37-32 所示造型特征创建。

选择"插入"→"造型"菜单项,或单击工具栏"造型"工具按钮,选取步骤(18)创建的拉伸面为活动平面,然后按住 Shift 键,依次捕捉如图 37-33 所示点 1 和点 2,完毕后单击"确认"按钮。

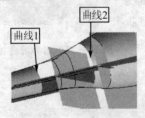
图 37-32 造型特征创建

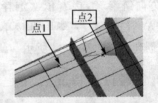
图 37-33 造型特征创建

(26) 创建边界混合特征

选择"插入"→"边界混合"菜单项或单击"特征"工具栏"边界混合"工具按钮,然后按住 Ctrl 键,依次选择上一步创建的三条造型线为第一方向链参考,接着选择如图 37-32 所示曲线 1 和曲线 2 为第二方向链参考,完毕后直接单击"确认"按钮完成边界混合特征如图 37-34 所示(此时将多余拉伸曲面隐藏)。

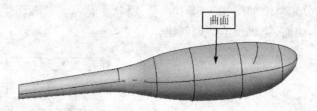

图 37-34 边界混合特征创建

(27) 创建合并特征

按住 Ctrl 键，选中如图 37-34 所示所有曲面，然后选择"编辑"→"合并"菜单项或单击"特征"工具栏"合并"工具按钮，直接单击"确认"按钮 ✓ 完成合并特征。

(28) 创建基准平面特征

选择"插入"→"模型基准"→"平面"菜单项或单击工具栏的"基准平面"工具按钮 ☐，出现"基准平面"对话框。选择 TOP 基准平面为参照，设置如图 37-35 所示。然后单击"确定"按钮，完成基准平面 DTM1 创建。

(29) 创建投影特征

选择"编辑"→"投影"菜单项，出现如图 37-36 所示"投影特征"控制面板，单击"参照"按钮，出现如图 37-36 所示"参照"上滑面板，选择"投影草绘"选项，单击"定义"按钮，选择 DTM1 基准平面为草绘平面，草绘截面如图 37-38 所示。选择如图 37-34 所示曲面为投影曲面，DTM1 基准平面为投影方向。完毕后单击"确认"按钮 ✓ 完成投影特征创建。

图 37-35 "基准平面"对话框

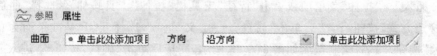

图 37-36 "投影特征"控制面板

图 37-37 "参照"上滑面板

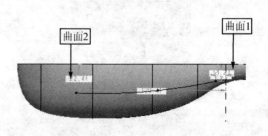

图 37-38 草绘截面

重复上一步骤,分别草绘如图 37-39 和 37-40 所示截面。分别选择如图 37-38 所示曲面 1 和曲面 2 为投影曲面,完成投影特征创建。

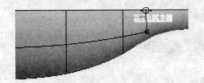

图 37-39 草绘截面

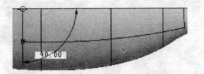

图 37-40 草绘截面

(30) 创建草绘特征

单击"特征"工具栏"草绘"工具按钮,选择 FRONT 为草绘平面,单击"草绘"按钮,绘制如图 37-41 所示截面。完毕后单击"确认"按钮,完成草绘。

(31) 创建拉伸特征

选择"插入"→"拉伸"菜单项或单击"特征"工具栏"拉伸"工具按钮,选择"曲面方式"按钮,输入深度值 98,然后单击"放置"→"定义"选项,选择 FRONT 基准平面为草绘平面,单击"草绘"按钮。然后绘制如图 37-41 所示截面,完毕后单击"确认"按钮,进入三维模式,直接单击"确认"按钮,结果如图 37-42 所示。

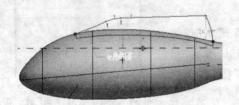

图 37-41 草绘截面

图 37-42 拉伸特征创建

选择"插入"→"拉伸"菜单项或单击"特征"工具栏"拉伸"工具按钮,选择"曲面方式"按钮和"穿透方式"按钮,然后单击"放置"→"定义"选项,选择 TOP 基准平面为草绘平面,单击"草绘"按钮。然后绘制截面如图 37-43 所示,完毕后单击"确认"按钮,进入三维模式,选择"去除材料"按钮,选择如图 37-42 所示拉伸面为"面组"参照,直接单击"确认"按钮,结果如图 37-44 所示。

图 37-43 草绘截面

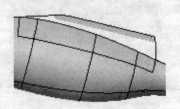

图 37-44 拉伸特征创建

(32) 创建造型特征

选择"插入"→"造型"菜单项,或单击工具栏"造型"工具按钮 。接着单击"创建曲线"工具按钮 ,出现的"曲线"控制面板中选择"自由"选项,然后按住 Shift 键,依次捕捉如图 37-45 所示点 1 和点 2,完毕后单击"确认"按钮 。最后单击"确认"按钮 完成造型特征创建。

(33) 创建边界混合特征

仿照步骤(26),创建如图 37-46 所示边界混合特征。

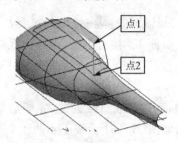

图 37-45 选择点

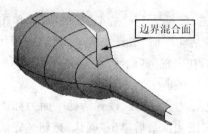

图 37-46 边界混合特征创建

(34) 创建合并特征

按住 Ctrl 键,选中如图 37-44 创建的拉伸曲面和上一步创建的边界混合曲面,然后选择"编辑"→"合并"菜单项或单击"特征"工具栏"合并"工具按钮 ,直接单击"确认"按钮 完成合并特征。

(35) 创建造型特征

仿照步骤(32),创建造型曲线特征如图 37-47 和图 37-48 所示。

图 37-47 造型特征创建

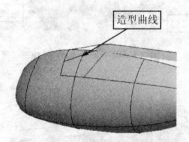

图 37-48 造型特征创建

(36) 创建拉伸特征

选择"插入"→"拉伸"菜单项或单击"特征"工具栏"拉伸"工具按钮 ,选择"曲面方式"按钮 ,输入深度值 98,然后单击"放置"→"定义"选项,选择 FRONT 基准平面为草绘平面,单击"草绘"按钮。然后绘制截面如图 37-49 所示,完毕后单击"确认"按钮 ,进入三维模式,直接单击"确认"按钮 ,结果如图 37-50 所示。

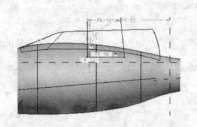

图 37-49 草绘截面　　　　图 37-50 拉伸特征创建

(37) 创建造型特征

选择"插入"→"造型"菜单项,或单击工具栏"造型"工具按钮,在弹出的工具栏中单击"设置活动平面"工具按钮,然后选择如图 37-50 所示曲面 1。接着单击"创建曲线"工具按钮,在出现的"曲线"控制面板中选择"平面"选项,然后按住 Shift 键,绘制曲线,完毕后单击"确认"按钮。

重复上一步骤,设置活动平面为如图 37-50 所示曲面 2,完成曲线创建,完毕后单击"确认"按钮。最后单击"确认"按钮完成造型特征创建,如图 37-51 曲线 1 和曲线 2 所示。

(38) 创建边界混合特征

选择"插入"→"边界混合"菜单项或单击"特征"工具栏"边界混合"工具按钮,然后按住 Ctrl 键,依次选择如图 37-52 所示两条边线为第一方向链参考,接着选择如图 37-53 所示六条曲线为第二方向链参考,完毕后直接单击"确认"按钮完成边界混合特征创建,如图 37-54 所示。

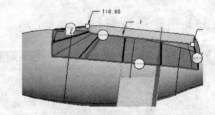

图 37-51 造型特征创建　　　　图 37-52 选择边线

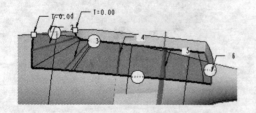

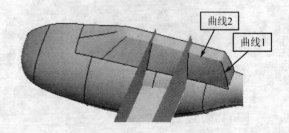

图 37-53 选择边线　　　　图 37-54 边界混合特征创建

(39) 创建合并特征

按住 Ctrl 键,选中步骤(34)创建的合并特征和上一步创建的边界混合曲面,然后选择"编辑"→"合并"菜单项或单击"特征"工具栏"合并"工具按钮,直接单击"确认"按钮完成合并特征。

(40) 创建倒圆角特征

选择"插入"→"倒圆角"菜单项或单击工具栏的"倒圆角"工具按钮，选择图 37-54 中的曲线 1 为参照，输入半径值 5，完毕后直接单击"确认"按钮 完成倒角。

重复上一步骤，选择图 37-54 中的曲线 2 为参照，输入半径值 3，完成倒角创建。

(41) 创建延伸特征

选取如图 37-55 所示交线，选择"编辑"→"延伸"菜单项，出现如图 37-56 所示的"延伸特征"控制面板，输入偏移值 5，直接单击"完成"按钮 ，完成延伸。

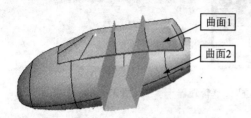

图 37-55 延伸特征创建

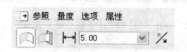

图 37-56 "延伸特征"控制面板

(42) 创建合并特征

按住 Ctrl 键，选中如图 37-55 所示曲面 1 和曲面 2，然后选择"编辑"→"合并"菜单项或单击"特征"工具栏"合并"工具按钮，直接单击"确认"按钮 完成合并特征。

(43) 创建拉伸特征

选择"插入"→"拉伸"菜单项或单击"特征"工具栏"拉伸"工具按钮，选择"曲面方式"按钮，输入深度值 43，然后单击"放置"→"定义"选项，选择 FRONT 基准平面为草绘平面，单击"草绘"按钮。然后在直升机尾部绘制如图 37-57 所示截面，完毕后单击"确认"按钮 ，进入三维模式，直接单击"确认"按钮 ，结果如图 37-58 所示。

(44) 创建草绘特征

单击"特征"工具栏"草绘"工具按钮，选择 FRONT 为草绘平面，单击"草绘"按钮，绘制如图 37-59 所示截面。完毕后单击"确认"按钮 ，完成草绘。

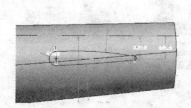

图 37-57 草绘截面

图 37-58 拉伸特征创建

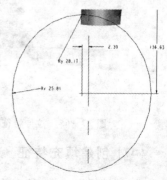

图 37-59 草绘截面

(45) 创建扫描特征

选择"插入"→"扫描"→"伸出项"菜单项,出现如图 37-60 所示"扫描"对话框和如图 37-61"扫描轨迹"菜单管理器,单击"选取轨迹"选项,选取上一步创建的草绘,然后依次单击"完成"→"完成"选项。接着绘制扫描截面如图 37-62 所示。完毕后单击"确认"按钮✓,最后单击"扫描"对话框中的"确定"按钮,完成如图 37-63 所示扫描特征。

图 37-60 "扫描"对话框

图 37-61 "扫描轨迹"菜单管理器

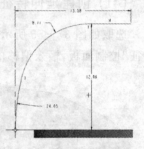
图 37-62 扫描截面

(46) 创建拉伸特征

按照步骤(43)操作,草绘如图 37-64 所示截面。输入深度值 50,创建拉伸特征如图 37-65 所示。

图 37-63 扫描特征创建

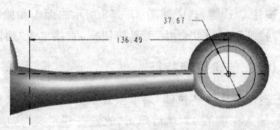
图 37-64 草绘截面

同样草绘截面如图 37-66 所示,输入深度值 2,创建拉伸特征如图 37-67 所示。

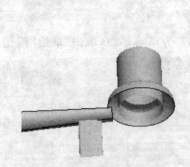
图 37-65 拉伸特征创建

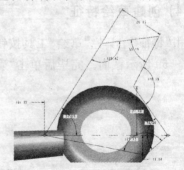
图 37-66 草绘截面

(47) 创建填充特征

选择"编辑"→"填充"菜单项,出现如图 37-68 所示"填充特征"控制面板。单击"参照"按钮,选择 FRONT 基准平面为草绘平面,草绘截面如图 37-69 所示。完毕后单击"确认"按钮✓,最后单击"确认"按钮✓完成填充操作,结果如图 37-70 所示。

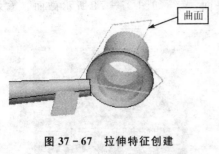

图 37-67 拉伸特征创建

图 37-68 "填充特征"控制面板

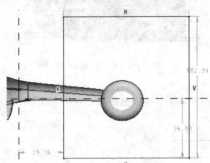

图 37-69 草绘截面

图 37-70 填充特征创建

(48) 创建合并特征

按住 Ctrl 键,选中如图 37-67 所示曲面和上一步创建的填充面,然后选择"编辑"→"合并"菜单项或单击"特征"工具栏"合并"工具按钮,直接单击"确认"按钮✓完成合并特征,结果如图 37-71 所示。

重复上一步骤,选择如图 37-71 所示创建的合并特征和所示的曲面1,完成合并特征如图 37-72 所示。

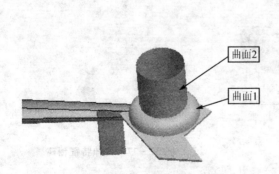

图 37-71 合并特征创建

图 37-72 合并特征创建

重复上一步骤,选择如图 37-72 所示创建的合并特征和如图 37-71 所示的曲面2,完成合并特征如图 37-73 所示。

(49) 创建拉伸特征

按照步骤(43),选择 RIGHT 基准平面为草绘平面,草绘如图 37-74 所示截面。输入深度值 20,创建如图 37-75 所示拉伸特征。

图 37-73 合并特征创建

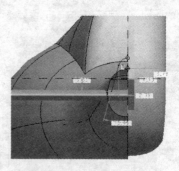

图 37-74 草绘截面

按照步骤(43),选择 FRONT 基准平面为草绘平面,草绘如图 37-76 所示截面。输入深度值 2,创建如图 37-77 所示拉伸特征。

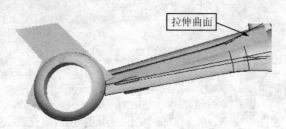

图 37-75 拉伸特征创建

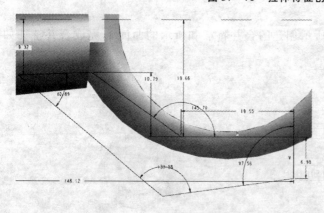

图 37-76 草绘截面

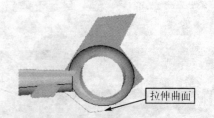

图 37-77 拉伸特征创建

(50) 创建填充特征

选择"编辑"→"填充"菜单项,单击"参照"按钮,选择 FRONT 基准平面为草绘平面,草绘如图 37-78 所示截面。完毕后单击"确认"按钮✓,最后单击"确认"按钮✓完成填充,结果如图 37-79 所示。

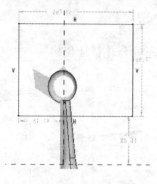
图 37-78 草绘截面

图 37-79 填充特征创建

(51) 创建合并特征

按住 Ctrl 键，选中如图 37-77 所示拉伸曲面和上一步创建的填充面，然后选择"编辑"→"合并"菜单项或单击"特征"工具栏"合并"工具按钮，直接单击"确认"按钮完成合并特征，结果如图 37-80 所示。

重复上一步骤，选择如图 37-80 所示创建的合并特征和所示的曲面1，完成合并特征如图 37-81 所示。

重复上一步骤，选择如图 37-81 所示曲面1和曲面2，完成合并特征。

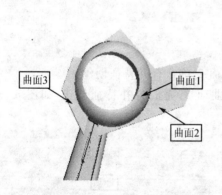
图 37-80 合并特征创建

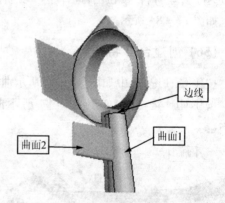
图 37-81 合并特征创建

(52) 创建延伸特征

选取如图 37-81 所示边线，选择"编辑"→"延伸"菜单项，输入偏移值5，直接单击"完成"按钮，完成延伸。

(53) 创建镜像特征

选择如图 37-80 所示曲面1、曲面2和曲面3，然后选择"编辑"→"镜像"菜单项或单击"特征"工具栏"镜像"工具按钮，选择 FRONT 基准平面为镜像平面，完毕后直接单击"确认"按钮完成镜像特征，结果如图 37-82 所示。

(54) 创建合并特征

按住 Ctrl 键,选中如图 37-82 所示曲面 1 和曲面 2,完成合并特征创建。

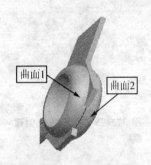

图 37-82 镜像特征创建

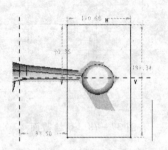

图 37-83 草绘截面

(55) 创建拉伸特征

选择"插入"→"拉伸"菜单项或单击"特征"工具栏"拉伸"工具按钮,选择"曲面方式"按钮和"穿透方式"按钮,然后单击"放置"→"定义"选项,选择 FRONT 基准平面为草绘平面,单击"草绘"按钮。然后绘制如图 37-83 所示截面,完毕后单击"确认"按钮,进入三维模式,选择"去除材料"按钮,选择上一步创建的合并面为"面组"参照,直接单击"确认"按钮,结果如图 37-84 所示。

(56) 创建合并特征

按住 Ctrl 键,选中如图 37-84 所示曲面 1 和曲面 2,完成合并特征创建。

按住 Ctrl 键,选中如图 37-84 所示曲面 1 和曲面 3,完成合并特征创建,如图 37-85 所示。

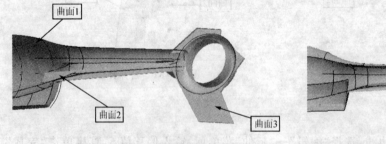

图 37-84 拉伸特征创建

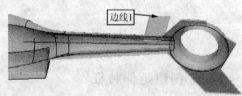

图 37-85 合并特征创建

(57) 创建基准平面特征

选择"插入"→"模型基准"→"平面"菜单项或单击工具栏的"基准平面"工具按钮,出现"基准平面"对话框。选择 FRONT 基准平面为参照,设置如图 37-86 所示参数。然后单击"确定"按钮,完成基准平面 DTM2 创建。

(58) 创建填充特征

选择"编辑"→"填充"菜单项，单击"参照"按钮，选择 DTM2 基准平面为草绘平面，草绘如图 37-87 所示截面。完毕后单击"确认"按钮 ✓，最后单击"确认"按钮 ✓ 完成填充操作，结果如图 37-88 所示。

图 37-86 "基准平面"对话框

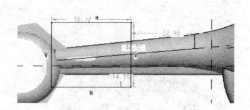

图 37-87 草绘截面

(59) 创建合并特征

按住 Ctrl 键，选中如图 37-88 所示曲面 1 和上一步创建的填充面，完成合并特征创建，如图 37-89 所示。

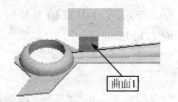

图 37-88 填充特征创建

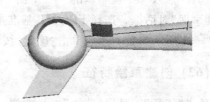

图 37-89 合并特征创建

(60) 创建镜像特征

选择整个面组，然后选择"编辑"→"镜像"菜单项或单击"特征"工具栏"镜像"工具按钮 ，选择 FRONT 基准平面为镜像平面，完毕后直接单击"确认"按钮 ✓ 完成镜像特征创建，如图 37-90 所示。

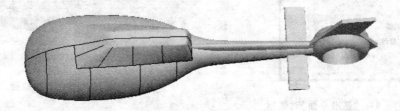

图 37-90 镜像特征创建

(61) 创建旋转特征

选择"插入"→"旋转"菜单项或单击"特征"工具栏"旋转"工具按钮 ，出现如图 37-91 所示"旋转命令"控制面板,选择"曲面方式"按钮,单击"位置"→"定义"选项,选择 FRONT 基准平面为草绘平面,然后单击"草绘"按钮,草绘截面如图 37-92 所示,完毕后单击"确认"按钮,返回到三维模式,单击"确认"按钮,结果如图 37-93 所示。

图 37-91 "旋转命令"控制面板

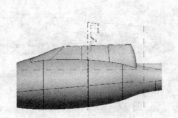

图 37-92 草绘截面

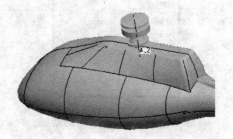

图 37-93 旋转特征创建

(62) 创建基准平面特征

选择"插入"→"模型基准"→"平面"菜单项或单击工具栏的"基准平面"工具按钮,出现"基准平面"对话框。选择 FRONT 基准平面和如图 37-93 所示 A_2 基准轴为参照,设置如图 37-94 所示参数。然后单击"确定"按钮,完成基准平面 DTM3 创建。

(63) 创建草绘特征

单击"特征"工具栏"草绘"工具按钮,选择 DTM3 为草绘平面,单击"草绘"按钮,绘制如图 37-95 所示截面。完毕后单击"确认"按钮,完成草绘。

图 37-94 "基准平面"对话框

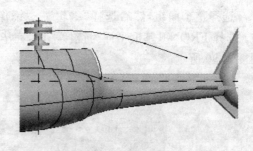

图 37-95 草绘截面

(64) 创建扫描特征

按照步骤(45),选取上一步创建的草绘为选取轨迹,接着绘制扫描截面如图 37-96 所示。完成如图 37-97 所示扫描特征。

图 37-96　扫描截面

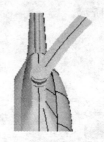

图 37-97　扫描特征创建

(65) 创建复制特征

选中上一步创建的扫描特征,然后单击"复制"工具按钮,接着选择"选择性粘贴"工具按钮,系统弹出如图 37-98 所示"选择性粘贴"对话框,选择"对副本应用移动/旋转变换"命令,单击"确定"按钮,出现如图 37-99 所示"选择性粘贴特征"控制面板,选择 TOP 基准平面为方向参照,输入移动距离值为 2,然后单击"选项"按钮,在上滑面板中去掉"隐藏原始几何"前面的对勾,最后单击"确认"按钮,结果如图 37-100 所示。

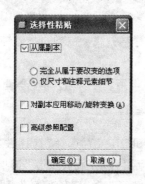

图 37-98　"选择性粘贴"对话框

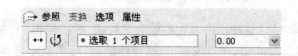

图 37-99　"选择性粘贴特征"控制面板

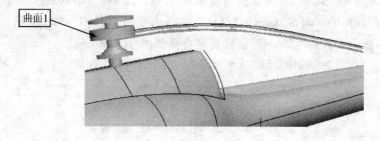

图 37-100　复制特征创建

(66) 创建拉伸特征

按照步骤(43),选择 TOP 基准平面为草绘平面,草绘截面如图 37-101 所示。输入深度值 200,创建如图 37-102 所示拉伸特征。

(67) 创建合并特征

按住 Ctrl 键,选中如图 37-100 所示曲面 1 和上一步创建的拉伸面,完成合并特征创建,如图 37-103 所示。

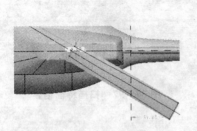

图 37-101　草绘截面

图 37-102　拉伸特征创建

按住 Ctrl 键，选中如图 37-100 所示的复制特征和上一步创建的拉伸面，完成合并特征创建，如图 37-104 所示。

图 37-103　合并特征创建

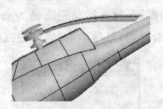

图 37-104　合并特征创建

(68) 创建复制特征

选中上一步创建的合并特征，然后单击"复制"工具按钮，接着选择"选择性粘贴"工具按钮，在系统弹出"选择性粘贴"对话框中选择"对副本应用移动/旋转变换"选项，单击"确定"按钮，出现如图 37-105 所示"选择性粘贴特征"控制面板，选择"绕轴旋转"工具按钮，然后选择 A_2 基准轴为参照，输入旋转角度值 120，然后单击"选项"按钮，在上滑面板中去掉"隐藏原始几何"前面的对勾，最后单击"确认"按钮，结果如图 37-106 所示。

同样过程，输入旋转角度值 240，创建复制特征如图 37-107 所示。

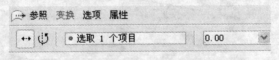

图 37-105　"选择性粘贴特征"控制面板

图 37-106　复制特征创建

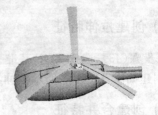

图 37-107　复制特征创建

(69) 创建草绘特征

单击"特征"工具栏"草绘"工具按钮，选择 FRONT 为草绘平面，单击"草绘"按钮，绘制如图 37-108 所示截面。完毕后单击"确认"按钮，完成草绘。

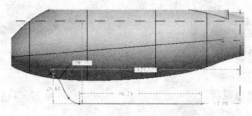

图 37-108　草绘截面

(70) 创建相交特征

选择如图 37-108 中的草绘，然后选择"编辑"→"相交"菜单项，出现"相交特征"控制面板，然后单击"参照"按钮，出现如图 37-109 所示"参照"上滑面板，接着单击第二草绘的"定义"按钮，选择 TOP 基准平面为草绘平面，草绘如图 37-110 所示截面，完毕后单击"确认"按钮，结果如图 37-111 所示。

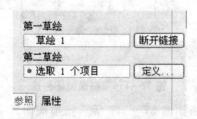

图 37-109　"参照"上滑面板

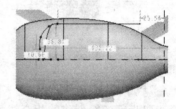

图 37-110　草绘截面

(71) 创建草绘特征

单击"特征"工具栏"草绘"工具按钮，选择 FRONT 为草绘平面，单击"草绘"按钮，绘制如图 37-112 所示截面。完毕后单击"确认"按钮，完成草绘。

图 37-111　相交特征创建

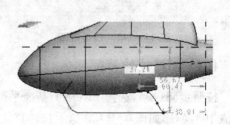

图 37-112　草绘截面

(72) 创建相交特征

选择如图 37-112 中的草绘，然后选择"编辑"→"相交"菜单项，出现"相交特征"控制面板，然后单击"参照"按钮，在出现的"参照"上滑面板中单击第二草绘的"定义"按钮，选择 TOP

基准平面为草绘平面,草绘截面如图 37-113 所示,完毕后单击"确认"按钮✓,结果如图 37-114 所示。

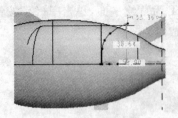

图 37-113 草绘截面

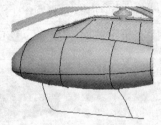

图 37-114 相交特征创建

(73) 创建扫描特征

按照步骤(45)过程,选取步骤(70)创建的相交线为选取轨迹,接着绘制扫描截面如图 37-115 所示。完成如图 37-116 所示扫描特征。

图 37-115 扫描截面

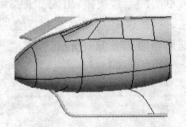

图 37-116 扫描特征创建

接着选取步骤(72)创建的相交线为选取轨迹,绘制如图 37-117 所示扫描截面。完成如图 37-118 所示扫描特征。

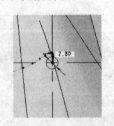

图 37-117 扫描截面

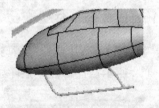

图 37-118 扫描特征创建

(74) 创建拉伸特征

按照步骤(43),选择 FRONT 基准平面为草绘平面,草绘如图 37-119 所示截面。输入深度值 108,创建如图 37-120 所示拉伸特征。

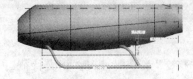

图 37-119 草绘截面

图 37-120 拉伸特征创建

按照步骤(43),选择如图 37-120 所示的曲面为草绘平面,草绘截面如图 37-121 所示。选择"拉伸至方式"按钮,选择如图 37-122 中创建的拉伸特征所指平面的相对面为参照,创建拉伸特征如图 37-122 所示。

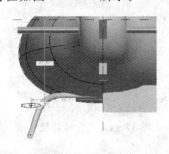
图 37-121 草绘截面

图 37-122 拉伸特征创建

(75) 创建合并特征

按住 Ctrl 键,选中步骤(73)中创建的两个扫描特征,完成合并特征。

接着按住 Ctrl 键,选中上一步创建的合并特征和如图 37-122 创建的拉伸特征,完成合并特征。

(76) 创建镜像特征

选择上一步创建的合并特征,然后选择"编辑"→"镜像"菜单项或单击"特征"工具栏"镜像"工具按钮,选择 FRONT 基准平面为镜像平面,完毕后直接单击"确认"按钮完成镜像特征创建,结果如图 37-123 所示。

(77) 创建拉伸特征

按照步骤(43),选择 FRONT 基准平面为草绘平面,草绘如图 37-124 所示截面。输入深度值 10,创建如图 37-125 所示拉伸特征。

图 37-123 镜像特征创建

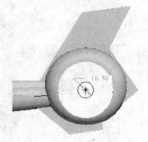
图 37-124 草绘截面

图 37-125 拉伸特征创建

接着选择 FRONT 基准平面为草绘平面,草绘如图 37-126 所示截面。输入深度值 108,创建如图 37-127 所示拉伸特征。

(78) 创建投影特征

选择"编辑"→"投影"菜单项,出现如图 37-128 所示"投影特征"控制面板,单击"参照"按钮,在"参照"上滑面板中选择"投影草绘"选项,单击"定义"按钮,选择如图 37-127 所示平面为草绘平面,草绘截面如图 37-129 所示。完毕后单击"确认"按钮✓。

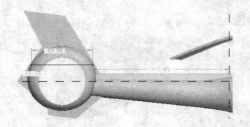
图 37-126 草绘截面

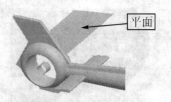
图 37-127 拉伸特征创建

然后选中"曲面"选项框,选择如图 37-125 创建的拉伸特征为投影面,然后选择如图 37-127 所示平面为方向参照,完毕后单击"确认"按钮✓完成投影特征创建,结果如图 37-130 所示。

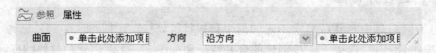
图 37-128 "投影特征"控制面板

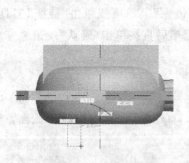
图 37-129 草绘平面

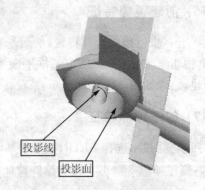
图 37-130 投影特征创建

重复上一步骤,草绘截面如图 37-131 所示。选择如图 37-130 所示投影面,完成投影特征创建,如图 37-132 所示。

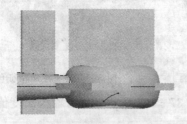
图 37-131 草绘平面

图 37-132 投影特征创建

(79) 创建边界混合特征

选择"插入"→"边界混合"菜单项或单击"特征"工具栏"边界混合"工具按钮,出现如

图 37-133 所示"边界混合特征"控制面板。然后按住 Ctrl 键,选择如图 37-130 和图 37-132 中的投影线为第一方向链参考,完毕后直接单击"确认"按钮☑完成边界混合特征创建,结果如图 37-134 所示。

图 37-133 "边界混合特征"控制面板　　　　图 37-134 边界混合特征创建

(80) 创建拉伸特征

按照步骤(43),选择 FRONT 基准平面为草绘平面,草绘截面如图 37-135 所示。输入深度值 109,创建如图 37-136 所示拉伸特征。

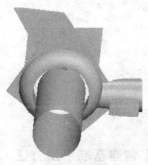

图 37-135　草绘截面　　　　图 37-136　拉伸特征创建

(81) 创建修剪特征

选择图 37-134 中创建的边界混合特征,然后选择"编辑"→"修剪"菜单项或单击"特征"工具栏"修剪"工具按钮　,出现如图 37-137 所示的"修剪特征"控制面板,选择如图 37-136 创建的拉伸特征为修剪对象,完毕后直接单击"确认"按钮☑,结果如图 37-138 所示。

图 37-137　"修剪特征"控制面板　　　　图 37-138　修剪特征创建

（82）创建阵列特征

选择图 37-134 中创建的边界混合特征，此时工具栏的"阵列"工具按钮将被激活，或者选择"编辑"→"阵列"菜单项，出现如图 37-139 所示对话框，阵列方式选择"尺寸"阵列方式，在工作区单击尺寸，增量改为 22.5，阵列个数输入为 15，完毕后单击"确认"按钮，阵列结果如图 37-140 所示。

图 37-139 "阵列特征"控制面板

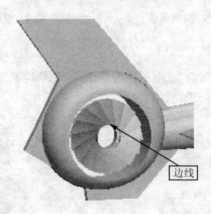

图 37-140 阵列特征创建

（83）创建基准平面特征

选择"插入"→"模型基准"→"平面"菜单项或单击工具栏的"基准平面"工具按钮，出现"基准平面"对话框。选择如图 37-140 所示边线为参照，然后单击"确定"按钮，完成基准平面 DTM4 创建。

（84）创建填充特征

选择"编辑"→"填充"菜单项，单击"参照"按钮，选择 DTM4 基准平面为草绘平面，草绘截面如图 37-141 所示。完毕后单击"确认"按钮，最后单击"确认"按钮完成填充，结果如图 37-142 所示。

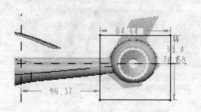

图 37-141 草绘截面

图 37-142 填充特征创建

(85) 创建合并特征

按住 Ctrl 键,选中上一步创建的填充面和如图 37-125 中创建的拉伸特征,完成合并特征如图 37-143 所示。

(86) 创建镜像特征

选择上一步创建的合并特征和阵列特征,然后选择"编辑"→"镜像"菜单项或单击"特征"工具栏"镜像"工具按钮,选择 FRONT 基准平面为镜像平面,完毕后直接单击"确认"按钮✔完成镜像特征创建,结果如图 37-144 所示。

图 37-143 合并特征创建

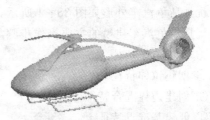

图 37-144 镜像特征创建

37.3 简单渲染

选择"视图"→"颜色外观"菜单项,出现"外观编辑器"对话框,设置如图 37-145 所示参数,"指定"颜色到"零件"模型,完毕后单击"应用"按钮,结果如图 37-146 所示。

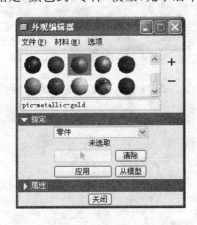

图 37-145 "外观编辑器"对话框

图 37-146 直升机

案例 38　玩具乌龟汽车建模

38.1　模型分析

玩具乌龟汽车外形如图 38-1 所示,由车身、车轮等基本结构特征组成。

玩具乌龟汽车建模的主要操作步骤如下:
① 创建造型特征。
② 创建拉伸特征。
③ 创建边界混合特征。
④ 创建基准点特征。
⑤ 创建基准平面特征。
⑥ 创建合并特征。
⑦ 创建倒圆角特征。
⑧ 创建基准轴特征。
⑨ 创建填充特征。
⑩ 创建实体化特征。
⑪ 创建偏移特征。
⑫ 创建投影特征。
⑬ 创建扫描特征。
⑭ 创建旋转特征。
⑮ 创建镜像特征。
⑯ 简单渲染。

图 38-1　乌龟汽车模型

38.2　创建玩具乌龟汽车

(1) 新建文件

启动 Pro/E Wildfire 4.0,单击工具栏"新建"工具按钮,或单击"文件"→"新建"菜单项。选择系统默认"零件"选项,子类型"实体"方式,"名称"文本框中输入 wuguiqiche,同时注意不勾选"使用缺省模板"复选框。选择公制模板 mmns-part-solid,然后单击"确定"按钮。

(2) 创建造型特征

选择"插入"→"造型"菜单项,或单击工具栏"造型"工具按钮,在弹出的工具栏中单击"创建曲线"工具按钮,然后单击"设置活动基准平面"按钮,选择 RIGHT 基准平面为活动平面,在出现如图38-2所示"曲线"控制面板中选中"自由"选项,然后画出一条曲线,接着选择工具栏"编辑曲线"工具按钮,出现如图38-3所示"编辑曲线"控制面板,选中曲线为参照,右击并在弹出的菜单中选择"添加点"选项,曲线上会自动添加一个点,然后拖动点,把曲线拖动到合适的位置。完毕后单击"确认"按钮☑,结果如图38-4所示。

图38-2 "曲线"控制面板

图38-3 "曲线编辑"控制面板

(3) 创建基准平面特征

选择"插入"→"模型基准"→"平面"菜单项或单击工具栏的"基准平面"工具按钮,出现"基准平面"对话框。选择FRONT基准平面为参照,设置如图38-5所示。然后单击"确定"按钮,完成基准平面DTM1创建。

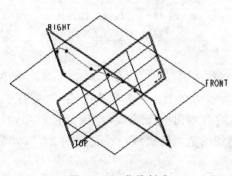

图38-4 曲线创建

图38-5 "基准平面"对话框

(4) 创建造型特征

选择"插入"→"造型"菜单项,或单击工具栏"造型"工具按钮,在弹出的工具栏中单击"创建曲线"工具按钮,出现如图38-2所示"曲线"控制面板,选中"平面"选项,然后单击"参照"按钮,选DTM1基准平面为参照平面,然后画出一条曲线,接着选择工具栏"编辑曲线"工具按钮,选中曲线为参照,右击并在弹出的菜单中选择"添加点"选项,曲线上会自动添加一个点,然后拖动点,把曲线拖动到合适的位置。完毕后单击"确认"按钮☑,结果如图38-6所示。

(5) 创建拉伸特征

选择"插入"→"拉伸"菜单项或单击"特征"工具栏"拉伸"工具按钮,出现如图38-7所示"拉伸命令"控制面板,选择"曲面方式"按钮,输入深度值 3880,然后单击"放置"→"定义"选项,选择 RIGHT 基准平面为草绘平面,单击"草绘"按钮。然后绘制截面如图 38-8 所示,完毕后单击"确认"按钮,进入三维模式,直接单击"确认"按钮,结果如图 38-9 所示。

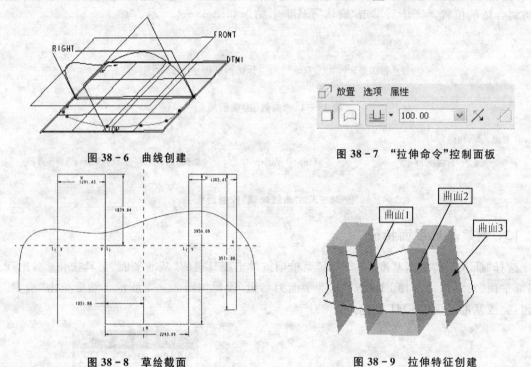

图 38-6 曲线创建

图 38-7 "拉伸命令"控制面板

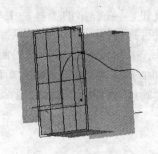

图 38-8 草绘截面

图 38-9 拉伸特征创建

(6) 创建造型特征

选择"插入"→"造型"菜单项,或单击工具栏"造型"工具按钮,在弹出的工具栏中单击"设置活动平面"工具按钮,然后选择如图 38-9 所示曲面 1。接着单击"创建曲线"工具按钮,出现的"曲线"控制面板中选择"平面"选项,然后画出一条曲线,在画的过程中,按住 Shift 键,使曲线两个端点捕捉到步骤(2)和(4)中创建的造型特征线。绘制如图 38-10 所示平面曲线。完毕后单击"确认"按钮。

重复上一步骤,依次选择曲面 3、曲面 2 和曲面 1 为活动平面,分别绘制造型曲线如图 38-11 所示曲线 1、曲线 2 和曲线 3。

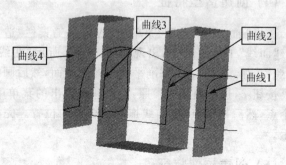

图 38-10 造型特征创建

图 38-11 造型特征创建

(7) 创建拉伸特征

按照步骤(5),输入深度值 2243,绘制截面如图 38-12 所示,拉伸特征如图 38-13 所示。

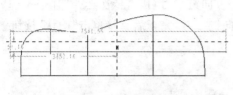

图 38-12 草绘截面

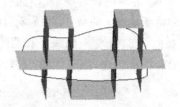

图 38-13 拉伸特征创建

(8) 创建造型特征

按照步骤(6),选择上一步创建的拉伸面为活动平面,创建平面造型曲线 1 如图 38-14 所示。

(9) 创建拉伸特征

按照步骤(5),输入深度值 2438,绘制截面如图 38-15 所示,拉伸特征如图 38-16 所示。

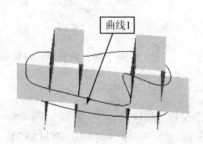

图 38-14 造型特征创建

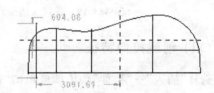

图 38-15 草绘截面

(10) 创建造型特征

按照步骤(6),选择上一步创建的拉伸面为活动平面,创建平面造型曲线 1 如图 38-17 所示。

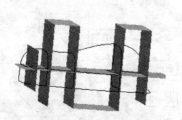

图 38-16 拉伸特征创建

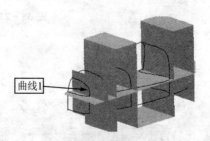

图 38-17 造型特征创建

(10) 创建边界混合特征

选择"插入"→"边界混合"菜单项或单击"特征"工具栏"边界混合"工具按钮,出现如图 38-18 所示"边界混合特征"控制面板。然后按住 Ctrl 键,依次选择如图 38-19 所示(此时都已将拉伸特征隐藏)曲线 1、曲线 2 和曲线 3 为第一方向链参考,接着依次选择如图 38-19 所示曲线 4、曲线 5、曲线 6、曲线 7 和曲线 8 为第二方向链参考,完毕后直接单击"确认"按钮完成边界混合特征创建,结果如图 38-20 所示。

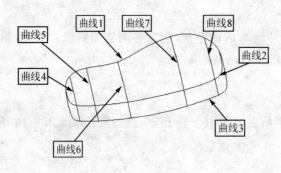

图 38-18 "边界混合特征"控制面板

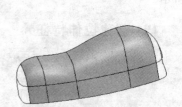

图 38-19 选择曲线

图 38-20 边界混合特征创建

(11) 创建拉伸特征

选择"插入"→"拉伸"菜单项或单击"特征"工具栏"拉伸"工具按钮,出现如图 38-21 所示"拉伸命令"控制面板,选择"曲面方式"按钮,输入深度为 5649,选择"去除材料"按钮,选择边界混合曲面为"面组"参照,然后单击"放置"→"定义"选项,选择 RIGHT 基准平面为草绘平面,单击"草绘"按钮。然后绘制如图 38-22 所示截面,完毕后单击"确认"按钮,进入三维模式,直接单击"确认"按钮,结果如图 38-23 所示。

图 38-21 "拉伸命令"控制面板

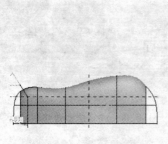

图 38-22 草绘截面

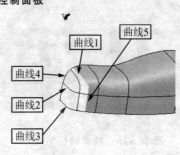

图 38-23 拉伸特征创建

重复上一步骤，输入深度值2460，草绘如图38-24所示截面，创建拉伸特征如图38-25所示。

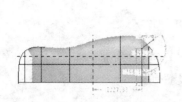

图38-24 草绘截面

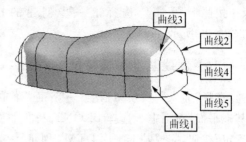

图38-25 拉伸特征创建

(12) 创建边界混合特征

选择"插入"→"边界混合"菜单项或单击"特征"工具栏"边界混合"工具按钮，然后按住Ctrl键，依次选择如图38-23所示（此时都已将拉伸特征隐藏）曲线1、曲线2和曲线3为第一方向链参考，接着依次选择如图38-23所示曲线4和曲线5为第二方向链参考，完毕后直接单击"确认"按钮完成边界混合特征创建。

重复上一步骤，然后按住Ctrl键，依次选择如图38-25所示（此时都已将拉伸特征隐藏）曲线1和曲线2为第一方向链参考，接着依次选择如图38-25所示曲线3、曲线4和曲线5为第二方向链参考，完毕后直接单击"确认"按钮完成边界混合特征创建，结果如图38-26所示。

(13) 创建造型特征

按照步骤(6)，选择RIGHT基准平面为活动平面，创建平面造型曲线如图38-27所示。

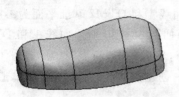

图38-26 边界混合特征创建

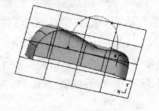

图38-27 造型特征创建

(14) 创建拉伸特征

按照步骤(5)，输入深度值2460，绘制如图38-28所示截面，拉伸特征如图38-29所示。

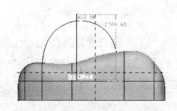

图38-28 草绘截面

图38-29 拉伸特征创建

(15) 创建造型特征

按照步骤（6），选择上一步创建的拉伸平面为活动平面，创建平面造型曲线如图38-30所示。

(16) 创建基准平面特征

选择"插入"→"模型基准"→"平面"菜单项或单击工具栏的"基准平面"工具按钮 ，出现"基准平面"对话框。选择FRONT基准平面为参照，设置如图38-31所示参数。然后单击"确定"按钮，完成基准平面DTM2创建。

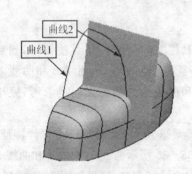

图38-30　造型特征创建

图38-31　"基准平面"对话框

(17) 创建基准点特征

选择"插入"→"模型基准"→"点"菜单项或单击工具栏的"基准点"工具按钮 ，弹出"基准点"创建对话框，按住Ctrl键，选择如图38-30所示曲线1和DTM2基准平面为参照，创建基准点PNT0，然后单击"新点"选项，按住Ctrl键，选择如图38-30所示曲线1和DTM2基准平面为参照，单击"下一相交"选项，创建基准点PNT1，然后单击"新点"选项，按住Ctrl键，选择如图38-30所示曲线2和DTM2基准平面为参照，创建基准点PNT2。然后单击"确定"按钮。

(18) 创建草绘特征

单击"特征"工具栏"草绘"工具按钮 ，选择DTM2基准平面为草绘平面，单击"草绘"按钮，绘制如图38-32所示截面。完毕后单击"确认"按钮 ，完成草绘。

(19) 创建边界混合特征

选择"插入"→"边界混合"菜单项或单击"特征"工具栏"边界混合"工具按钮 ，然后按住Ctrl键，依次选择如图38-30所示曲线1和上一步创建的草绘曲线为第一方向链参考，完毕后直接单击"确认"按钮 完成边界混合特征创建，结果如图38-33所示。

(20) 创建合并特征

按住Ctrl键，选中如图38-33所示曲面1和曲面2，然后选择"编辑"→"合并"菜单项或单击"特征"工具栏"合并"工具按钮◯,直接单击"确认"按钮✓完成合并特征。

(21) 创建拉伸特征

按照步骤(11),输入深度值6678,选择上一步的合并面为"面组"参照,选择TOP基准平面为草绘平面,草绘如图38-34所示截面,创建如图38-35所示拉伸特征。

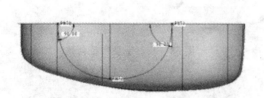
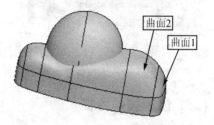

图38-32 草绘截面　　　　　图38-33 边界混合特征创建

(22) 创建基准平面特征

选择"插入"→"模型基准"→"平面"菜单项或单击工具栏的"基准平面"工具按钮◯,出现"基准平面"对话框。选择RIGHT基准平面为参照,设置如图38-36所示参数。然后单击"确定"按钮,完成基准平面DTM3创建。

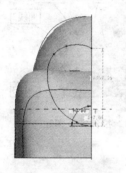

图38-34 草绘截面　　　图38-35 拉伸特征创建　　　图38-36 "基准平面"对话框

(23) 创建造型特征

按照步骤(6),选择DTM3基准平面为活动平面,创建平面造型曲线如图38-37所示。

重复上一步骤,分别选择如图38-8所示曲面2和曲面3为活动平面,创建平面造型曲线1和曲线2如图38-38所示。

(24) 创建边界混合特征

选择"插入"→"边界混合"菜单项或单击"特征"工具栏"边界混合"工具按钮,然后按住Ctrl键,依次选择如图38-38所示曲线4和曲线5为第一方向链参考,接着依次选择如图38-38所示曲线1、曲线2和曲线3为第二方向链参考,完毕后直接单击"确认"按钮✓完成边界混合特征。

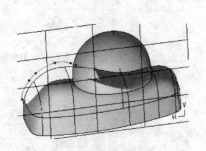

图 38-37　造型特征创建

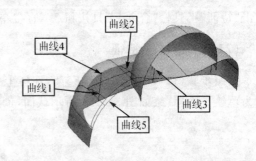

图 38-38　造型特征创建

(25) 创建拉伸特征

按照步骤(11)，输入深度值2041，选择上一步的边界混合面为"面组"参照，选择DTM2基准平面为草绘平面，草绘截面如图38-39所示，创建拉伸特征如图38-40所示。

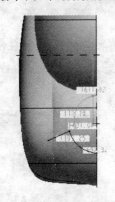

图 38-39　草绘截面

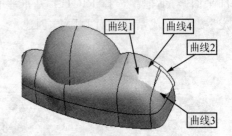

图 38-40　拉伸特征创建

(26) 创建边界混合特征

选择"插入"→"边界混合"菜单项或单击"特征"工具栏"边界混合"工具按钮，然后按住 Ctrl 键，依次选择如图38-40所示曲线1和曲线2为第一方向链参考，接着依次选择如图38-40所示曲线3和曲线4为第二方向链参考，完毕后直接单击"确认"按钮完成边界混合特征，如图38-41所示。

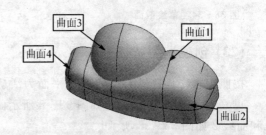

图 38-41　边界混合特征创建

(27) 创建合并特征

按住 Ctrl 键，选中如图38-41所示曲面1和上一步创建的边界混合特征，然后选择"编辑"→"合并"菜单项或单击"特征"工具栏"合并"工具按钮，直接单击"确认"按钮完成合并特征。

重复上一步骤，按住 Ctrl 键，选择上一步骤的合并面和曲面2，创建合并特征。

重复上一步骤,按住 Ctrl 键,选择上一过程的合并面和曲面 3,创建合并特征。

重复上一步骤,按住 Ctrl 键,选择上一过程的合并面和曲面 4,创建合并特征。

(28) 创建基准点特征

选择"插入"→"模型基准"→"点"→"草绘的"菜单项或单击工具栏的"草绘点"工具按钮，选择如图 38-11 所示的曲面 4 为草绘平面,然后单击"草绘"按钮,草绘点如图 38-42 所示。完毕后单击"确认"按钮，完成 PNT3 创建。

图 38-42 草绘点

(29) 创建基准轴特征

选择"插入"→"模型基准"→"轴"菜单项或单击工具栏的"基准轴"工具按钮，按住 Ctrl 键,选择如图 38-9 所示曲面 3 和上一步创建的基准点 PNT3,设置如图 38-43 所示参数。完毕后单击"确定"按钮。完成基准轴 A_1 创建。

(30) 创建基准平面特征

选择"插入"→"模型基准"→"平面"菜单项或单击工具栏的"基准平面"工具按钮，出现"基准平面"对话框。选择 A_1 基准轴和 DTM3 基准平面为参照,设置如图 38-44 所示参数。然后单击"确定"按钮,完成基准平面 DTM4 创建。

图 38-43 基准轴设置

图 38-44 基准平面设置

(31) 创建旋转特征

选择"插入"→"旋转"菜单项或单击"特征"工具栏"旋转"工具按钮，出现如图 38-45 所示"旋转命令"控制面板,选择"实体方式"按钮。单击"位置"→"定义"选项,选择 DTM4 基准平面为草绘平面,然后单击"草绘"按钮,草绘截面如图 38-46 所示,完毕后单击"确认"按钮，返回到三维模式,单击"确认"按钮，结果如图 38-47 所示。

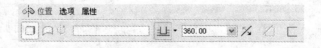

图 38-45 "旋转命令"控制面板

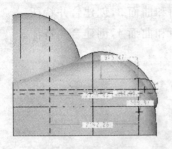

图 38-46 草绘截面

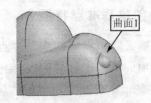

图 38-47 旋转特征创建

(32) 创建合并特征

按住 Ctrl 键,选中如图 38-47 所示曲面 1 和上一步创建的旋转特征,然后选择"编辑"→"合并"菜单项或单击"特征"工具栏"合并"工具按钮,直接单击"确认"按钮完成合并特征。

(33) 创建拉伸特征

按照步骤(5),输入深度值 2493,绘制如图 38-48 所示截面,生成拉伸特征如图 38-49 所示。

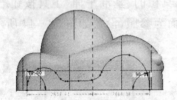

图 38-48 草绘截面

图 38-49 拉伸特征创建

按照步骤(5),选择深度方式为"对称方式"按钮,输入深度值 4255,绘制截面如图 38-50 所示,生成拉伸特征如图 38-51 所示。

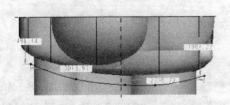

图 38-50 草绘截面

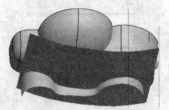

图 38-51 拉伸特征创建

按照步骤(5),输入深度值 2497,选择 DTM4 为草绘平面,绘制截面如图 38-52 所示,生成拉伸特征如图 38-53 所示。

按照步骤(5),输入深度值 2656,选择 DTM4 为草绘平面,绘制截面如图 38-54 所示,生成拉伸特征如图 38-55 所示。

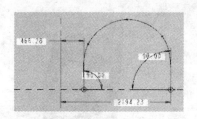

图 38-52　草绘截面

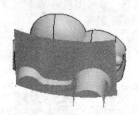

图 38-53　拉伸特征创建

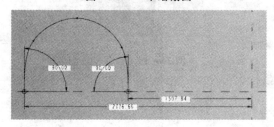

图 38-54　草绘截面

图 38-55　拉伸特征创建

(34) 创建填充特征

选择"编辑"→"填充"菜单项,出现如图 38-56 所示"填充特征"控制面板。单击"参照"按钮,选择 DTM1 基准平面为草绘平面,草绘截面如图 38-57 所示。完毕后单击"确认"按钮✔,最后单击"确认"按钮✔完成填充。

图 38-56　"填充特征"控制面板

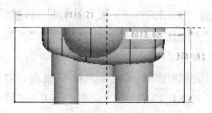

图 38-57　草绘截面

重复上一步骤,选择 DTM3 基准平面为草绘平面,草绘截面如图 38-58 所示。最后单击"确认"按钮✔完成填充。

(35) 创建合并特征

按住 Ctrl 键,选中如图 38-57 所示创建的填充面和步骤(32)创建的合并面,然后选择"编辑"→"合并"菜单项或单击"特征"工具栏"合并"工具按钮,直接单击"确认"按钮✔完成合并特征,如图 38-59 所示。

按住 Ctrl 键,选中如图 38-58 所示创建的填充面和步骤(32)创建的合并面,然后选择"编辑"→"合并"菜单项或单击"特征"工具栏"合并"工具按钮,直接单击"确认"按钮✔完成合并特征,如图 38-60 所示。

(36) 创建实体化特征

选中如图 38-60 所示曲面 1,然后选择"编辑"→"实体化"菜单项,出现如图 38-61 所示"实体化特征"控制面板,直接单击"确认"按钮✔完成合并特征。

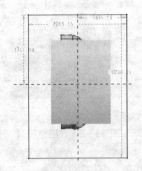

图 38-58 草绘截面

图 38-59 合并特征创建

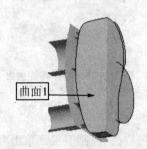

图 38-60 合并特征创建

图 38-61 "实体化特征"控制面板

选中如图38-55所示拉伸曲面,然后选择"编辑"→"实体化"菜单项,在出现的如图38-61所示"实体化特征"控制面板中选中"去除材料"按钮 ⌀,直接单击"确认"按钮 ✓ 完成合并特征如图38-62所示。

选中如图38-53所示拉伸曲面,然后选择"编辑"→"实体化"菜单项,在出现的如图38-61所示"实体化特征"控制面板中选中"去除材料"按钮 ⌀,直接单击"确认"按钮 ✓ 完成合并特征如图38-63所示。

图 38-62 实体化特征创建

图 38-63 实体化特征创建

(37) 创建拉伸特征

按照步骤(5),选择"实体方式"按钮 □,输入深度值2497,选择DTM4基准平面为草绘平面,绘制截面如图38-64所示,生成拉伸特征如图38-65所示。

(38) 创建实体化特征

选中如图38-51所示创建的拉伸平面,然后选择"编辑"→"实体化"菜单项,在出现如图38-61所示"实体化特征"控制面板中选中"去除材料"按钮 ⌀,直接单击"确认"按钮 ✓ 完成合并特征如图38-66所示。

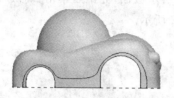

图38-64 草绘截面

图38-65 拉伸特征创建

（39）创建倒圆角特征

选择"插入"→"倒圆角"菜单项或单击工具栏的"倒圆角"工具按钮，出现如图38-67所示"倒圆角"命令控制面板。在控制面板中输入50，选择如图38-66所示交线1为参考，完毕后直接单击"确认"按钮 完成倒角。

图38-66 实体化特征创建

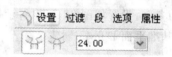

图38-67 "倒圆角命令"控制面板

（40）创建偏移特征

选择如图38-66所示曲面1，然后选择"编辑"→"偏移"菜单项，在"偏移"控制面板中选择"具有拔模特征"按钮，输入偏距值60，如图38-68所示。然后单击"参照"→"定义"选项，选择TOP基准平面为草绘平面，单击"草绘"按钮。然后绘制如图38-69所示截面，完毕后单击"确认"按钮 ，进入三维模式，直接单击"确认"按钮 ，结果如图38-70所示。

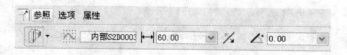

图38-68 "偏移"控制面板

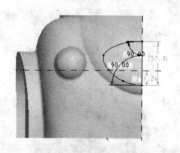

图38-69 草绘截面

图38-70 偏移特征创建

选择如图38-70中所示曲面1，然后选择"编辑"→"偏移"菜单项，在"偏移"控制面板中选择具有拔模特征按钮，输入偏距值40，然后单击"参照"→"定义"选项，选择DTM3基准平面为草绘平面，单击"草绘"按钮。然后绘制如图38-71所示截面，完毕后单击"确认"按钮，进入三维模式，直接单击"确认"按钮，结果如图38-72所示。

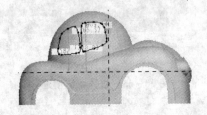

图38-71 草绘截面

图38-72 偏移特征创建

(41) 创建基准平面特征

选择"插入"→"模型基准"→"平面"菜单项或单击工具栏的"基准平面"工具按钮，出现"基准平面"对话框。选择TOP基准平面为参照，设置如图38-73所示参数。然后单击"确定"按钮，完成基准平面DTM5创建。

(42) 创建偏移特征

选择如图38-70所示曲面1，然后选择"编辑"→"偏移"菜单项，在"偏移"控制面板中选择"具有拔模特征"按钮，输入偏距值60，拔模角度值15，如图38-74所示。然后单击"参照"→"定义"选项，选择DTM5基准平面为草绘平面，单击"草绘"按钮。然后如图38-75所示绘制截面，完毕后单击"确认"按钮，进入三维模式，直接单击"确认"按钮，结果如图38-76所示。

图38-73 基准平面设置

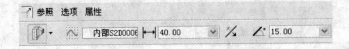

图38-74 "偏移"控制面板

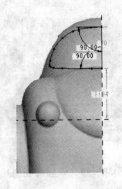

图38-75 草绘截面

图38-76 偏移特征创建

(43) 创建基准平面特征

选择"插入"→"模型基准"→"平面"菜单项或单击工具栏的"基准平面"工具按钮 ▱，出现"基准平面"对话框。选择 DTM4 基准平面为参照，设置如图 38-77 所示参数。然后单击"确定"按钮，完成基准平面 DTM6 创建。

(44) 创建草绘特征

单击"特征"工具栏"草绘"工具按钮，选择 DTM3 基准平面为草绘平面，单击"草绘"按钮，绘制截面如图 38-78 所示。完毕后单击"确认"按钮✓，完成草绘。

图 38-77 基准平面设置

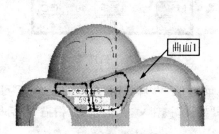

图 38-78 草绘截面

(45) 创建投影特征

选择"编辑"→"投影"菜单项，出现如图 38-79 所示"投影特征"控制面板，单击"参照"按钮，出现如图 38-80 所示"参照"上滑面板，选择"投影草绘"选项，单击"定义"选项，选择 DTM6 基准平面为草绘平面，然后草绘截面如图 38-78 所示，选择如图 38-78 所示曲面 1 为"曲面"参照，选择 DTM6 基准平面为投影方向。完毕后单击"确认"按钮✓完成投影特征创建，如图 38-81 所示。

图 38-79 "投影特征"控制面板

图 38-80 "参照"上滑面板

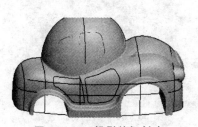

图 38-81 投影特征创建

(46) 创建扫描特征

选择"插入"→"扫描"→"伸出项"菜单项,出现如图38-82所示"扫描"对话框和如图38-83"扫描轨迹"菜单管理器,单击"选取轨迹"选项,选取如图38-81中所创建投影特征右侧的封闭投影链为扫描轨迹,然后依次单击"完成"→"正向"选项。接着绘制如图38-84所示扫描截面。完毕后单击"确认"按钮✓,最后单击"扫描"对话框中的"确定"按钮,完成扫描特征。

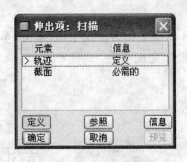

图38-82 "扫描"对话框

图38-83 "扫描轨迹"菜单管理器

重复上一步骤,选择左侧的投影链为扫描轨迹,绘制如图38-85所示扫描截面。完毕后单击"确认"按钮✓,最后单击"扫描"对话框中的"确定"按钮,完成扫描特征如图38-86所示。

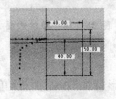

图38-84 扫描截面

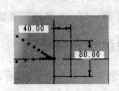

图38-85 扫描截面

(47) 创建基准点特征

选择"插入"→"模型基准"→"点"→"草绘点"菜单项或单击工具栏的"草绘点"工具按钮,选择DTM3基准平面为草绘平面,然后单击"草绘"按钮,草绘点如图38-87所示。完毕后单击"确认"按钮✓,完成基准点创建。

图38-86 扫描特征创建

图38-87 草绘点

(48) 创建基准轴特征

选择"插入"→"模型基准"→"轴"菜单项或单击工具栏的"基准轴"工具按钮，按住 Ctrl 键，选择 DTM6 基准平面和上一步创建的基准点 PNT4，设置如图 38-88 所示参数。完毕后单击"确定"按钮。完成基准轴 A_4 创建。

重复上一步骤，按住 Ctrl 键，选择 DTM6 基准平面和上一步创建的基准点 PNT5，设置如图 38-89 所示参数。完毕后单击"确定"按钮，完成基准轴 A_5 创建。

图 38-88 基准轴设置

图 38-89 基准轴设置

(49) 创建基准平面特征

选择"插入"→"模型基准"→"平面"菜单项或单击工具栏的"基准平面"工具按钮，出现"基准平面"对话框。选择 A_5 基准轴和 DTM1 基准平面为参照，设置如图 38-90 所示参数。然后单击"确定"按钮，完成基准平面 DTM7 创建。

重复上一步骤，选择 A_4 基准轴和 DTM1 基准平面为参照，设置如图 38-91 所示参数。然后单击"确定"按钮，完成基准平面 DTM8 创建。

图 38-90 基准平面设置

图 38-91 基准平面设置

重复上一步骤，选择 A_4 基准轴和 DTM1 基准平面为参照，设置如图 38-92 所示参数。然后单击"确定"按钮，完成基准平面 DTM9 创建。

(50) 创建旋转特征

选择"插入→旋转"菜单项或单击"特征"工具栏"旋转"工具按钮，选择"实体方式"按钮。单击"位置"→"定义"选项，选择 DTM9 基准平面为草绘平面，然后单击"草绘"按钮，草绘截面如图38-93所示,完毕后单击"确认"按钮☑,返回到三维模式,选择A_4为旋转轴,单击"确认"按钮☑,结果如图38-94所示。

图38-92 基准平面设置

图38-93 草绘截面

(51) 创建基准平面特征

选择"插入"→"模型基准"→"平面"菜单项或单击工具栏的"基准平面"工具按钮▱,出现"基准平面"对话框。选择A_5基准轴和DTM9基准平面为参照,设置如图38-95所示。然后单击"确定"按钮,完成基准平面DTM10创建。

图38-94 旋转特征创建

图38-95 基准平面设置

(52) 创建旋转特征

按照步骤(50),选择DTM10基准平面为草绘平面,草绘截面如图38-96所示,选择A_5为旋转轴,完成如图38-97所示旋转特征。

图38-96 草绘截面

图38-97 旋转特征创建

(53) 创建倒圆角特征

选择"插入"→"倒圆角"菜单项或单击工具栏的"倒圆角"工具按钮，在控制面板中输入150，选择两个车轮的四条边线为参考，完毕后直接单击"确认"按钮完成倒角。

(54) 创建镜像特征

在模型树中选择父特征 WUGUIQICHE.PRT，然后选择"编辑"→"镜像"菜单项或单击"特征"工具栏"镜像"工具按钮，选择 RIGHT 基准平面为镜像平面，完毕后直接单击"确认"按钮完成镜像特征创建，如图 38-98 所示。

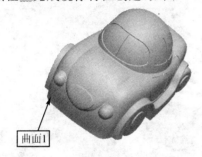

图 38-98 镜像特征创建

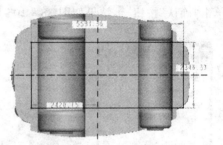

图 38-99 草绘截面

(55) 创建拉伸特征

按照步骤(5)，选择"拉伸至下一曲面方式"按钮，选择 DTM1 为草绘平面，绘制截面如图 38-99 所示，生成拉伸特征如图 38-100 所示。

(56) 创建偏移特征

选择如图 38-98 所示曲面1，然后选择"编辑"→"偏移"菜单项，在"偏移"控制面板中选择"具有拔模特征方式"按钮，输入偏距值 80。然后单击"参照"→"定义"选项，选择 DTM5 基准平面为草绘平面，单击"草绘"按钮。然后如图 38-101 所示绘制截面，完毕后单击"确认"按钮，进入三维模式，直接单击"确认"按钮，结果如图 38-102 所示。

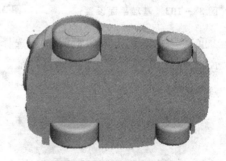

图 38-100 拉伸特征创建

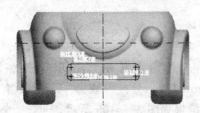

图 38-101 草绘截面

图 38-102 偏移特征创建

(57) 创建基准平面特征

按照步骤(49)，选择 DTM8 基准平面，设置基准平面如图 38-103 所示。创建基准平面 DTM11。

(58) 创建偏移特征

选择车后曲面，然后选择"编辑"→"偏移"菜单项，在"偏移"控制面板中选择具有拔模特征，输入偏距值 80。然后单击"参照"→"定义"选项，选择 DTM11 基准平面为草绘平面，单击"草绘"按钮。然后如图 38-104 所示绘制截面，完毕后单击"确认"按钮，进入三维模式，直接单击"确认"按钮，结果如图 38-105 所示。

 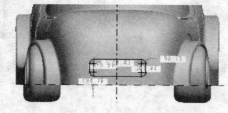 

图 38-103 基准平面设置　　图 38-104 草绘截面　　图 38-105 偏移特征创建

重复上一步骤，输入偏距值 100，选择 DTM5 基准平面为草绘平面，绘制截面如图 38-106 所示，完成如图 38-107 所示偏移特征。

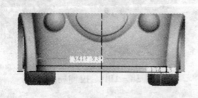 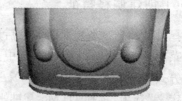

图 38-106 草绘截面　　图 38-107 偏移特征创建

38.3 简单渲染

选择"视图"→"颜色和外观"菜单项或单击"颜色和外观"工具按钮，出现"外观编辑器"对话框，如图 38-108 所示，选择 ptc_metallic_steel_light 材料，分配外观为"零件"或者"面"，选择用户喜欢的颜色进行渲染，最后单击"应用"按钮，结果如图 38-109 所示。

案例 38　玩具乌龟汽车建模

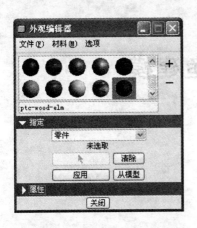

图 38-108　"外观编辑器"对话框

图 38-109　乌龟汽车

案例 39 鲤鱼建模

39.1 模型分析

鲤鱼外形如图 39-1 所示。
鲤鱼建模的具体操作步骤如下：
① 创建草绘特征。
② 创建可变剖面扫描特征。
③ 创建拉伸特征。
④ 创建投影特征。
⑤ 创建基准平面特征。
⑥ 创建草绘特征。
⑦ 创建边界混合特征。
⑧ 创建偏移特征。
⑨ 创建镜像特征。
⑩ 创建加厚特征。
⑪ 创建倒圆角特征。
⑫ 创建混合特征。
⑬ 创建拉伸特征。
⑭ 创建混合特征。
⑮ 创建镜像特征。
⑯ 简单渲染。

图 39-1 鲤鱼模型

39.2 创建鲤鱼

(1) 新建文件

启动 Pro/E Wildfire 4.0，单击工具栏"新建"工具按钮，或单击"文件"→"新建"菜单项。选择系统默认"零件"选项，子类型"实体"方式，"名称"文本框中输入 liyu，同时注意不勾选"使用缺省模板"复选框。选择公制模板 mmns-part-solid，然后单击"确定"按钮。

(2) 创建草绘特征

单击"特征"工具栏"草绘"工具按钮，选择 TOP 基准平面为草绘平面，然后单击"草绘"按钮，草绘如图 39-2 所示，完毕后单击"确认"按钮 ✓。

(3) 创建可变剖面扫描特征

选择"插入"→"可变剖面扫描"菜单项或单击"特征"工具栏"可变剖面扫描"工具按钮，出现如图39-3所示"可变剖面扫描命令"控制面板，选择"曲面方式"按钮。单击"参照"按钮，系统弹出"参照"上滑面板，按住Ctrl键，先选择上一步创建的草绘椭圆为原点，然后单击"创建或编辑扫描剖面"工具按钮，草绘鱼鳞剖面如图39-4所示(此时给出局部视图)，完毕后单击"工具"→"关系"选项，弹出"关系"对话框，然后添加关系式如图39-5所示(具体参考所给鲤鱼关系式)。完毕后单击"确定"按钮。接着单击"确认"按钮，返回到三维模式，单击"确认"按钮，如图39-6所示。

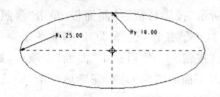

图39-2 草绘

图39-3 "可变剖面扫描命令"控制面板

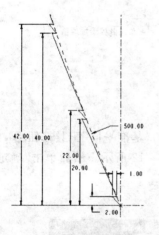

图39-4 草绘剖面

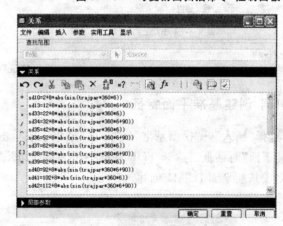

图39-5 "关系"对话框

(4) 创建拉伸特征

选择"插入"→"拉伸"菜单项或单击"特征"工具栏"拉伸"工具按钮，出现如图39-7所示"拉伸命令"控制面板，选择"曲面方式"按钮和"对称方式"按钮，输入深度值95，然后单击"放置"→"定义"选项，选择FRONT基准平面为草绘平面，单击"草绘"按钮。然后绘制截面如图39-8所示，完毕后单击"确认"按钮，进入三维模式，直接单击"确认"按钮，结果如图39-9所示。

图39-6 可变剖面扫描特征创建

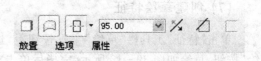

图39-7 "拉伸"控制面板

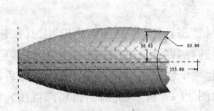
图 39-8 草绘截面

图 39-9 拉伸特征创建

(5) 创建投影特征

选择"编辑"→"投影"菜单项,出现如图 39-10 所示"投影特征"控制面板,单击"参照"按钮,在"参照"上滑面板中选择"投影草绘"选项,单击"定义"按钮,选择 TOP 基准平面为草绘平面,草绘截面如图 39-11 所示。完毕后单击"确认"按钮✓。然后选中"曲面"选项框,选择上一步创建的拉伸特征为投影面,然后选择 TOP 基准平面为方向参照,完毕后单击"确认"按钮✓,完成投影特征创建。

图 39-10 "投影特征"控制面板

(6) 创建基准平面特征

选择"插入"→"模型基准"→"平面"菜单项或单击工具栏的"基准平面"工具按钮▱,出现"基准平面"对话框。选择 TOP 基准平面为参照,设置如图 39-12 所示。然后单击"确定"按钮,完成基准平面 DTM1 创建。

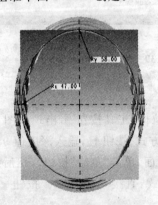
图 39-11 草绘截面

图 39-12 "基准平面"对话框

(7) 创建草绘特征

单击"特征"工具栏"草绘"工具按钮,选择 DTM1 基准平面为草绘平面,然后单击"草绘"按钮,草绘如图 39-13 所示,完毕后单击"确认"按钮✓。

接着按住 Ctrl 键,在模型树上选中基准平面 DTM1 和刚创建的草绘,右击并在弹出的菜单中选择"组"选项,将这两个特征合成一个组。

单击"特征"工具栏"草绘"工具按钮,选择 FRONT 基准平面为草绘平面,然后单击"草绘"按钮,草绘如图 39-14 所示,完毕后单击"确认"按钮。

重复上一步骤,选择 RIGHT 基准平面为草绘平面,然后单击"草绘"按钮,草绘如图 39-15 所示,完毕后单击"确认"按钮。

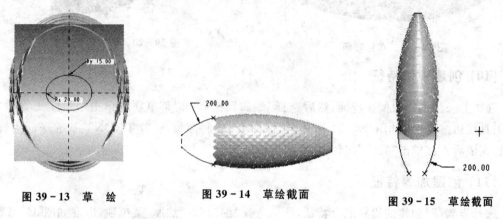

图 39-13 草 绘　　　图 39-14 草绘截面　　　图 39-15 草绘截面

(8) 创建边界混合特征

选择"插入"→"边界混合"菜单项或单击"特征"工具栏"边界混合"工具按钮,出现如图 39-16所示"边界混合特征"控制面板。然后按住 Ctrl 键,依次选择步骤(5)创建的投影线和如图 39-13 所示创建的草绘线为第一方向链参考,接着依次选择如图 39-14 所示和如图 39-15所示草绘线为第二方向链参考,完毕后直接单击"确认"按钮完成边界混合特征创建,如图 39-17 所示。

图 39-16 "边界混合特征"控制面板　　　图 39-17 边界混合特征创建

(9) 创建偏移特征

选择上一步创建的边界混合曲面,然后选择"编辑"→"偏移"菜单项,在"偏移"控制面板中选择具有拔模特征按钮,输入偏距值3,拔模角度值10,如图 39-18 所示。然后单击"参照"→"定义"选项,选择 FRONT 基准平面为草绘平面,单击"草绘"按钮。然后如图 39-19 所示绘制截面,完毕后单击"确认"按钮,进入三维模式,直接单击"确认"按钮,结果如图 39-20 所示。

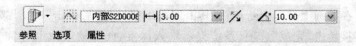

图 39-18 "偏移"控制面板

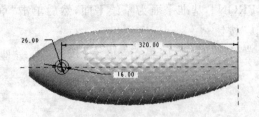

图 39-19 草绘截面　　　　　图 39-20 偏移特征创建

(10) 创建镜像特征

选择上一步创建的偏移特征,然后选择"编辑"→"镜像"菜单项或单击"特征"工具栏"镜像"工具按钮,出现如图 39-21 所示"镜像命令"控制面板,选择 FRONT 基准平面为镜像平面,完毕后直接单击"确认"按钮,完成镜像特征。

(11) 创建加厚特征

选择步骤(8)创建的边界混合特征,然后选择"编辑"→"加厚"菜单项,出现如图 39-22 所示"加厚命令"控制面板,输入厚度值是 7,完毕后直接单击"确认"按钮,完成加厚特征。

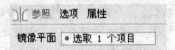

图 39-21 "镜像命令"控制面板　　　图 39-22 "加厚命令"控制面板

(12) 创建倒圆角特征

选择"插入"→"倒圆角"菜单项或单击工具栏的"倒圆角"工具按钮,在控制面板中输入 3,按住 Ctrl 键,选择鱼眼和鱼嘴的边线,完毕后直接单击"确认"按钮,完成倒角如图 39-23 所示。

(13) 创建混合特征

选择"插入"→"混合"→"伸出项"菜单项,出现如图 39-24 所示"混合选项"菜单管理器,直接单击"完成"

图 39-23 倒圆角特征创建

选项,系统弹出"属性"菜单管理器和"伸出项"对话框,单击"属性"对话框中的"完成"选项,然后选择 TOP 基准平面为草绘平面,接着单击"正向"→"缺省"选项,接着绘制截面如图 39-25 所示。接着单击"打断"工具按钮,在椭圆上打两个断点,使其由四段组成,然后在空白绘图区右击,在弹出的菜单中选择"切换剖面"选项,继续绘制截面如图 39-26 所示,接着单击"打断"工具按钮,在椭圆上打两个断点,使其由四段组成,完毕后单击"确认"按钮,在弹出的"深度"菜单中直接单击"完成"选项,系统提示输入深度,此时输入为 120,完毕后单击"确认"按钮,最后单击"伸出项"对话框中的"确定"按钮,完成混合特征如图 39-27 所示。

 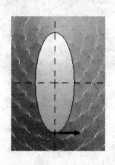 

图 39-24 "混合选项"菜单　　　图 39-25 草绘截面　　　图 39-26 草绘截面

(14) 创建拉伸特征

选择"插入"→"拉伸"菜单项或单击"特征"工具栏"拉伸"工具按钮，选择"曲面方式"按钮和"对称方式"按钮，输入深度值 100，选择"去除材料"按钮，然后单击"放置"→"定义"选项，选择 FRONT 基准平面为草绘平面，单击"草绘"按钮。然后如图 39-28 所示绘制截面，完毕后单击"确认"按钮，进入三维模式，直接单击"确认"按钮，结果如图 39-29 所示。

 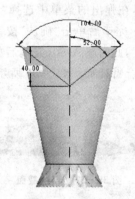 

图 39-27 混合特征创建　　　图 39-28 草绘截面　　　图 39-29 拉伸特征创建

(15) 创建混合特征

选择"插入"→"混合伸出项"菜单项，出现"混合选项"菜单管理器，直接单击"完成"选项，系统弹出"属性"菜单管理器和"伸出项"对话框，单击"属性"菜单中的"完成"选项，然后在"设置剖面"菜单中单击"产生基准"→"偏距"选项，然后选择 RIGHT 基准平面，接着单击"输入值"选项，系统提示输入值，此时输入 -18，完毕后单击"确认"按钮，继续单击"完成"→"正向"→"缺省"选项，接着绘制如图 39-30 所示截面。然后在空白绘图区右击，在弹出的菜单中选择"切换剖面"选项，继续绘制草图如图 39-31 所示(此时只是创建一个点)，完毕后单击"确认"按钮，在弹出的"深度"菜单中直接单击"完成"选项，系统提示输入深度，此时输入为 70，完毕后单击"确认"按钮，最后单击伸出项对话框中的"确定"按钮，完成混合特征如

图39-32所示。

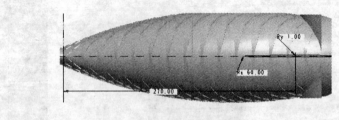

图39-30 草绘截面

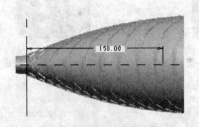

图39-31 草绘截面

图39-32 混合特征创建

继续选择"插入"→"混合"→"伸出项"菜单项,出现"混合选项"菜单管理器,直接单击"完成"选项,系统弹出"属性"菜单管理器和"伸出项"对话框,单击"属性"菜单中的"完成"命令,然后选择RIGHT基准平面为草绘平面,接着单击"正向"→"缺省"选项,接着绘制如图39-33所示截面。然后在空白绘图区右击,在弹出的菜单中选择"切换剖面"选项,继续绘制草图如图39-34所示(此时只是创建一个点),完毕后单击"确认"按钮✓。在弹出的"深度"菜单中直接单击"完成"选项,系统提示输入深度,此时输入60,完毕后单击"确认"按钮✓,最后单击"伸出项"对话框中的"确定"按钮,完成混合特征如图39-35所示。

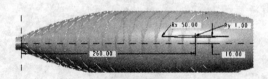

图39-33 草绘截面

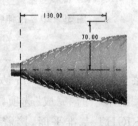

图39-34 草绘截面

图39-35 混合特征创建

(16) 创建镜像特征

选择如图39-35所示的混合特征,然后选择"编辑"→"镜像"菜单项或单击"特征"工具栏"镜像"工具按钮,选择FRONT基准平面为镜像平面,完毕后直接单击"确认"按钮✓完成镜像特征。

39.3 简单渲染

选择"视图"→"颜色外观"菜单项,出现"外观编辑器"对话框,设置用户喜欢的颜色,如图 39-36 所示,"指定"颜色到"面"模型,完毕后单击"应用"按钮,结果如图 39-37 所示。

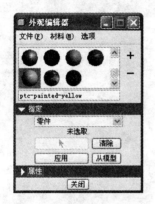

图 39-36 "外观编辑器"对话框

图 39-37 鲤鱼